高等学校土木工程专业规划教材

Jianshe Gongcheng Jianli

建设工程监理

聂春龙　主编

人民交通出版社股份有限公司
China Communications Press Co.,Ltd.

内 容 提 要

本书为土木工程专业规划教材,主要介绍了建设监理概论、建设工程监理的合同管理、建设工程安全监理、建设工程质量控制、建设工程进度控制、建设工程投资控制、建设工程监理信息管理、建设工程监理的协调、建设工程监理风险管理。

本书可作为土木工程专业的本科生教材,也可供从事建设工程监理工作的技术人员参考使用。

图书在版编目(CIP)数据

建设工程监理/聂春龙主编. — 北京:人民交通
出版社股份有限公司,2017.12
高等学校土木工程专业规划教材
ISBN 978-7-114-13577-4

Ⅰ.①建… Ⅱ.①聂… Ⅲ.①建筑工程—施工监理—
高等学校—教材 Ⅳ.①TU712.2

中国版本图书馆 CIP 数据核字(2018)第 047737 号

高等学校土木工程专业规划教材

书 名:	建设工程监理
著 作 者:	聂春龙
责任编辑:	李 喆
出版发行:	人民交通出版社股份有限公司
地 址:	(100011)北京市朝阳区安定门外外馆斜街 3 号
网 址:	http://www.ccpress.com.cn
销售电话:	(010)59757973
总 经 销:	人民交通出版社股份有限公司发行部
经 销:	各地新华书店
印 刷:	北京市密东印刷有限公司
开 本:	787×1092 1/16
印 张:	15.25
字 数:	366 千
版 次:	2017 年 12 月 第 1 版
印 次:	2017 年 12 月 第 1 次印刷
书 号:	ISBN 978-7-114-13577-4
定 价:	40.00 元

(有印刷、装订质量问题的图书由本公司负责调换)

前言

　　建设工程监理制度在我国建设领域推行以来，在工程建设中发挥了重要作用，取得了显著的成绩。工程监理事业已引起全社会的广泛关注和重视，赢得了各级政府领导的普遍认可和支持。目前，我国工程监理行业已形成了规模，建立健全了工程监理制度和法规体系，培养了一批水平较高的监理人才，积累了丰富的工程监理经验。实践证明，实施工程监理制度完全符合我国社会主义市场经济发展的要求。

　　近些年，工程建设管理体制改革的形势发生了很大变化，对工程监理行业也提出了新的更高的要求。监理行业必须适应这种形势和要求，大力增强自身实力，提高自身素质，在工程建设中继续发挥重要作用。监理人才的培养和监理理论的完善是监理行业发展的基础，因此，必须从提高监理培训教材质量水平入手。近几年，我国工程建设领域法制建设不断加强，工程监理实践经验不断丰富，新法规、新规范、新经验层出不穷，从而加快了监理理论研究工作的步伐，取得并积累了一些新的研究成果。为适应新形势的要求，我们在广泛征求政府主管部门、专家和监理人员意见的基础上，编写了本教材。

　　本教材的特点：一是，注重了现行的政策法规，对相关法规的阐释注重原文原意。二是，突出了教材的实用性，以当前实际开展的监理工作为主要介绍内容，重点说明如何操作，旨在提高监理人员实作能力。三是，注意了业务范围的前瞻性，一些在当前监理尚未普遍开展的业务，如项目可行性研究、设计阶段监理、风险管理等，虽未形成成熟经验，但在今后有可能实施的工作，也从理论上和方法上予以介绍,以满足相关监理人员和其他有关工程技术人员的需要,同时注意吸收了一些工程项目管理最新研究成果或最新模式。四是,增强了体系结构的完整性。全书体系仍沿袭以监理业务为主要内容,以"三控制、三管理"为主要框架,在内容上注意了相互衔接,避免了重复、遗漏的现象。本书可作为高等院校土木工程类教材,也可以供工程建设领域的人员学习。

在本教材编写过程中得到了南华大学立项支持,参考了相关著作,在此一并表示衷心感谢。

在本教材编写过程中,虽经反复推敲核证,仍难免有不妥之处,诚望广大读者提出宝贵意见。

南华大学土木工程学院　聂春龙
2017 年 10 月 1 日

目录

第 一 章

建设监理概论

第一节　建设监理基本概念

一、我国工程建设监理的基本概念

　　按照 1995 年原建设部和原国家计委发布的《工程建设监理规定》,我国工程建设监理是指监理单位受项目法人的委托,依据国家批准的工程项目建设文件,有关工程建设的法律、法规和工程建设监理合同及其他工程建设合同,对工程建设实施的监督管理。这一表述包含着丰富的内涵:

　　(1)工程建设监理是针对工程项目建设所实施的监督管理活动,工程建设监理是围绕着工程项目建设来开展的,离开了工程项目,就谈不上监理活动。

　　(2)工程建设监理的行为主体是监理单位。监理单位是建筑市场的建设项目管理服务主体,具有独立性、社会化和专业化的特点。只有监理单位才能按照独立、自主的原则,以公正的第三方的身份开展监理工作。非监理单位开展的对工程建设的监督管理都不是工程建设监理。

　　(3)工程建设监理的实施需要建设单位委托。《中华人民共和国建筑法》第三十一条规定：实行监理的建筑工程,由建设单位委托具有相应资质条件的工程监理单位监理。建设单位委托这种方式,表明工程建设监理与政府对工程项目的行政监督管理是不同的,前者是自愿的,后者是强制的。建设单位委托这种方式,决定了建设单位与监理单位的关系是委托与被委托的关系,这种关系具体体现在工程建设监理合同上。但在工程建设过程中,建设单位始终是建设项目管理主体,把握着工程建设的抉择权,并承担着主要风险。

(4)工程建设监理是有明确依据的工程建设管理行为。首先依据的是法律和行政法规。法律是由全国人大及常委会制定的。行政法规是由国务院制定的。我国法律、法规是广大人民群众意志的体现,具有普遍的约束力,在中国境内从事活动均须遵守,从事工程监理活动也不例外。监理单位应当依照法律、法规的规定,对承包人实施监督。对建设单位违反法律、法规的要求,监理单位应当予以拒绝。其次是合同,最主要的是工程建设监理合同和工程承包合同。监理合同是建设单位和监理单位为完成工程建设监理任务而明确相互权利义务关系的协议;工程承包合同是建设单位和承包人为完成商定的某项工程建设而明确相互权利义务关系的协议。依法签订的合同具有法律约束力,当事人必须全面履行合同规定的义务,任何一方不能擅自变更或解除合同。在开展监理工作时,监理单位必须以合同为依据办事。工程建设监理的依据还有国家批准的工程项目建设文件,如批准的建设项目可行性研究报告、规划、计划和建设文件,工程建设方面的现行规范、标准、规程等。这些依据表明监理工程师权利的另外一个来源,即法律赋予的监督工程建设各方按法律、法规办事的权利,监理工程师开展监理活动也是执法过程。理解这一点,对监理工程师开展监理工作和承包人自觉接受监理是很有意义的。

二、工程建设监理的性质

1. 服务性

服务性是工程项目建设监理的根本属性。监理工程师开展的监理活动,本质上是为建设单位提供项目管理服务。监理是一种咨询服务性的行业。咨询服务是以信息为基础,依靠专家的知识、检验和技能对客户委托的问题进行分析、研究,提出建议、方案和措施,并在需要时协助实施的一种高层次、智力密集型的服务,其目的是改善资源的配置和提高资源的效率。监理单位是建筑市场的一个主体,建设单位是其顾客,"顾客是上帝"是市场经济的箴言,监理单位应该按照监理委托合同提供让建设单位满意的服务。

工程建设监理的服务性主要表现在:它不同于承包人的直接生产活动,也不同于建设单位的直接投资活动。监理单位不需要投入大量资金、材料、设备、劳动力,一般也不必拥有雄厚的注册资金。监理单位既不向建设单位承包工程造价,也不参与承包人的盈利分成。它只是在工程项目建设过程中,利用自己在工程建设方面的知识、技能和经验为客户提供高智能监督管理服务,以满足项目建设单位对项目管理的要求。

工程建设监理服务的对象是项目建设单位,按照工程建设监理合同提供服务。国际顾问工程师联合会(FIDIC)要求"咨询工程师仅为委托人的合法利益行使其职责,他必须以绝对的忠诚履行自己的义务,并且忠诚地服务于社会性的最高利益以及维护职业荣誉和名望"。有一种错误的认识和做法,认为监理是建设单位花钱委托的,建设单位要监理工程师做什么就得做什么。其实,监理工作提供的服务有正常服务、附加服务和额外服务之分,由工程建设监理合同予以界定,监理工作没有义务承担合同外的服务。另外,在市场经济条件下,监理工程师没有任何义务也不允许为承包商提供服务。但在实现项目总目标上,三方主体是一致的,监理工程师要协调各方面关系,以使工程能够顺利进行。

2. 公正性

公正,指的是坚持原则,按照一定的标准事实地待人处事。公正性是指监理工程师在处理事务过程中,不受他方非正常因素的干扰,依据与工程相关的合同、法规、规范、设计文件等,基于事实,维护建设单位和承包人的合法权益。当建设单位与承包人产生争端时,监理工程师应公正地处理争端。公正性是咨询监理业的国际惯例。在很多工程项目管理合同条例中都强调了公正性的重要性。国际上通用的合同条件对此都有明确的规定和要求。

FIDIC 的基本原则之一就是监理工程师在管理合同时应公正无私。FIDIC 的土木工程施工条件(红皮书)第四版第 2.6 款规定:凡是合同要求工程师用自己的判断表明决定、意见或同意,表示满意或批准,确定价值或采取别的行动时,他应在合同条款规定内,并兼顾所有条件的情况下公正行事,公正行事意味着工程师专注于倾听和考虑建设单位、工程师以及承包人之间友好交流和理解的必要性,同时也强调了工程师以公正无私的态度处理问题的重要性。

FIDIC 的建设单位/咨询工程师标准服务协议书(白皮书)第五条中咨询工程师的职责提出了一个要求,就是指运用合理的技能谨慎而勤奋地工作,作为一名合同的管理者必须根据合同来进行工作,在建设单位和承包人之间公正地证明、决定或行使自己的处理权。

英国土木工程师学会(ICE)的土木工程施工合同条件第 2(8)款中,对工程师根据合同行使权利做出明确的规定:除非根据合同条款需要建设单位特别批准的事宜,工程师应在合同条款规定内,并兼顾所有条件的情况下做出公正的处理。

公正性成为咨询监理业的国际惯例,主要是因为社会上非常重视咨询工程师的声誉和职业道德,如果一个咨询工程师经常无原则地偏袒建设单位,承包人在投标时就要多考虑“工程师因素”,即将工程师的不公正因素列为风险因素,从而要增加报价中的风险费。另外,公正性是监理工作正常和顺利开展的基本条件,如果工程师无原则地偏袒建设单位,会引起承包人反感,增加许多争端,这样,一方面会影响承包人干好工程的积极性,不能精心施工;另一方面,也使监理工程师分散精力,影响其进行三大控制。如果争端不能公正解决,必将进一步激化矛盾,最终会诉诸法律程序,这对建设单位和承包人都不利。

在我国,实施建设监理制的基本宗旨是建立适合社会主义市场经济的工程建设新秩序,为开展工程建设创造安定、协调的条件,为投资者和承包人提供公平竞争的条件。建设监理制赋予监理工程师很大的权利,工程建设的管理以监理工程师为中心开展,这就要求监理工作要具有公正性。我国建设监理制沿用了国际惯例,把公正性放在首要的位置。《中华人民共和国建筑法》第三十四条对其作了规定:工程监理单位应当根据建设单位的委托,客观、公正地执行监理任务。建设部和国家计委联合颁发的《工程建设监理规定》第四条规定:把公正作为从事工程建设监理活动的准则;第二十六条规定:总监理工程师要公正地协调项目法人与被监理单位的争议。

3. 独立性

独立,是指不依赖外力,不受外界束缚。监理的独立性首先是指监理公司应作为一个独立的法人机构,与项目建设单位和承包人没有任何隶属关系。监理单位不属于建设单位和承包人签订的合同中的任何一方,它不能参与承包人、制造商和供应商的任何经营活动或在这些公司拥有股份,也不能从承包人或供应商处收取任何费用、回扣或利润分成。监理工程师和建设单位之间的关系是通过建立委托合同来确定的,监理工程师代表建设单位行使监理委托合同中建设单位赋予的工程管理权,但不能代表建设单位根据项目法人制的原则在项目管理中应负有的职责,建设单位也不能限制监理单位行使建设监理制有关规定所赋予的职责;监理工程师和承包人之间的关系是有关法律、法规赋予的,以建设单位和承包人之间签订的施工合同为纽带的监理和被监理的关系,他们之间没有也不允许有任何合同关系。

监理的独立性还指监理工程师独立开展监理工作,即按照建设监理的依据开展监理工作。只有保持独立性,才能正确地思考问题、行使判断、做出决定。

对监理工程师独立性的要求也是国际惯例。国际上用于评判一个咨询工程师是否适合于承担某一个特定项目最重要的标准之一,就是其职业的独立性。FIDIC白皮书明确指出,咨询机构是"作为一个独立的专业公司受雇于建设单位去履行服务的一方",咨询工程师是"作为一名独立的专业人员进行工作"。同时,FIDIC要求其成员"相对于承包人、制造商、供应商,必须保持其行为的绝对独立性",不得"与任何可能妨碍它作为一个独立的咨询工程师工作的商业活动有关"。

我国《中华人民共和国建筑法》第三十四条也做出了类似的规定:"工程监理单位与被监理工程的承包单位以及建筑材料、建筑构配件供应单位不得有隶属关系或其他利害关系。"《工程建设监理规定》明确指出:"监理单位应按照独立、自主的原则开展工程建设监理工作"。

监理的独立性是公正性的基础和前提。监理单位如果没有独立性,根本就谈不上公正性,只有真正成为独立的第三方,才能起到协调、约束作用,公正地处理问题。

4. 科学性

工程建设监理是为项目建设单位提供的一种高智能的技术服务,这就决定了它应当遵循科学的准则。各国从事咨询建立的人员,绝大部分都是工程建设方面的专家,具有深厚的科学理论基础和丰富的工程方面的经验。建设单位所需要的正是这些以科学为基础的"高智能"服务。

工程建设监理的对象是专业化和社会化的承包人,他们在各自的领域长期进行承包活动,在技术和管理上都达到了相当的水平。监理工程师要对他们进行有效的监督管理,必须有相应的甚至更高的水平。同时,监理工作与一般的管理有所不同,是以技术为基础的管理工作,专业技术是沟通监理工程师和承包人的桥梁,强调监理的科学性,有利于进行管理和组织协调。

工程建设监理的主要任务也决定了它的科学性。监理的主要任务是协助建设单位在预定的投资、进度和质量目标内实现工程项目。而当今工程规模日趋庞大,功能、标准越来越高,新技术、新工艺和新材料不断涌现,参加组织和建设的单位越来越多,市场竞争激烈,风险高,监理工程师只有采用科学的思想、理论、方法、手段才能完成监理任务。

监理的科学性还是其公正性的要求。科学本身就有公正性的特点,是就是,不是就不是。监理公正性最充分的体现就是监理工程师用科学的态度待人处事,监理实践中的"用数据说话",既反映了科学性,也反映了公正性。

监理的科学性主要包括两个方面。一是监理组织的科学性。要求监理单位应当有足够数量的、业务素质合格的监理工程师,有一套科学的管理制度,要掌握先进的监理理论、方法,要有现代化的监理手段。二是监理运作的科学性。即监理人员按照客观规律,以科学的依据、科学的监理程序、科学的监理方法和手段开展监理工作。其中,对监理人员素质的高要求是科学性最根本的体现。我国目前监理工作中,通过监理工程师培训、考试、注册等措施提高了监理人员的素质。

三、我国建设监理的发展

1.我国建设监理制度的缘起

实行建设监理制度,是我国工程建设管理体制的一次重大改革。与发达国家不同,我国的建设监理制度不是直接产生的,而是移植、引入的。

长期以来,我国实行的是计划经济体制,企业的所有权和经营权不分,投资和工程项目均属国家,也没有建设单位和监理单位,设计、施工单位也不是独立的生产经营者,工程产品不是商品,有关方面也不存在买卖关系,政府直接支配建设投资、进行建设管理,设计、施工单位在计划指令下开展工程建设活动。在工程建设管理上,则一直沿用着建设单位自筹自管自建方式:国家按投资计划将建设资金分配给各地方或部门,再根据需要安排建设任务,由建设单位自筹自管自建工程项目。建设单位不仅负责组织设计、施工、申请材料设备,还直接承担了工程建设的监督和管理职能。这种由建设单位自行管理项目的方式,使得一批批的筹建人员刚刚熟悉项目管理业务,就随着工程竣工而转入生产或使用单位,而另一批工程的筹建人员,又要从头学起。如此周而复始地在低水品上重复,严重阻碍了我国建设水平的提高。这是一家一户的、封闭式的小生产的管理模式,它与设计、施工单位和商品厂家的社会化、专业化的大生产方式相比十分不相称。它在以国家为投资主体采用行政手段分配建设任务的情况下,已经暴露出许多缺陷,投资规模难以控制,工期、质量难以保证,浪费现象普遍严重。在投资主体多元化并全面开放建设市场的新形势下,就更为不适应了。那种不做科学研究,用高度集中的政府权力决定工程上马,直接组织工程的设计、施工和材料供应的办法,只能使参与建设的各方始终处于被动和等待的状态,主动性和创造性不能充分发挥。那种用一次性行政建设指挥部的非专业化管理方式管理建设,只能使各个工程项目建设始终处于低水平管理状态,投资、进度和质量难以控制也就成了必然。1985 年 12 月召开的全国基本建设管理体制改革会议指出:综合管理基本建设是一项专门的学问,需要一大批这方面的专门机构和专门人才,不发展专门从事组织管理工程建设的行业是不行的。这是我国实行专业化和社会化的建设监理的最初思想基础。

2.改革开放实践的推动

改革开放的实践也极大地推动了建设监理制度的出台。在引进外资的过程中,世界银行等国际金融组织把按照惯例进行项目管理作为贷款的必备条件,按照国际惯例进行项目管理即实行监理制度。为了赢得外资,我国把在世界银行贷款等项目引入了建设监理制度。最早实行这一制度的是 1984 年开工的云南鲁布革水电站引水隧道工程,该工程按照国际惯例进行项目管理即实行监理制度。1986 年开工的西安至三原高速公路工程也实行了监理制度。监理制度在这些工程中的实践获得了极大的成功。实践证明,作为国际惯例的建设监理在工程项目管理上具有很大的优势,而且它并不妨碍各种形式所有制的实现,与我国社会的基本制度也不矛盾。另一方面,在这些项目实行监理制度时,由于我国没有这一制度,也没有相应的监理工程师,监理工作都得花较高的代价请外国公司进行。如果不聘请外国监理,则我国又很难获得外国的投资和技术。这就促使我国也应当有相应的监理机构,首当其冲的是必须建立与国际惯例接轨的建设监理制度。在很大程度上可以说,我们国家是在世界银行等国际组织的推动下实行监理制的。

3. 治理整顿建筑市场的要求

改革开放以后,工程建设领域充满了活力,同时也出现了一些问题,对这些问题的寻求解决,又进一步促进了建设监理制的出台。1984 年我国开始推行招标承包制和开放建设市场,建筑领域的活力大大增强。但同时也出现了建设市场秩序混乱、工程质量形势十分严峻的局面,全国平均每四天就有一栋房子倒塌,建筑市场上的腐败现象也很严重。产生这种状况的原因,是在注入激励机制的同时,没有建立约束机制。1988 年 3 月,七届人大一次会议的《政府工作报告》特别强调:在进行各项管理制度改革的同时,一定要加强经济立法和司法,要加强经济管理与监督。同时,中央还提出:要继续深化改革,建立社会主义商品经济新秩序。正是在这种大背景下,人们意识到,改革中的问题只能通过改革的途径来解决。如果说简政放权、实行承包制和开放市场是注入激励机制,那么加强政府监督管理和实施专业化监理就是建立协调约束机制。这种机制对克服自由化的无序状态是十分必要的。于是在 1988 年组建建设部时,增设了建设监理司,除具体归口管理质量、安全和招标投标外,还具体实施一项重大改革,即实行建设监理制度。对此,建设部进行了两个多月的研究,还组织在国外做过工程建设管理的专家进行多次讨论,拟定了我国建设监理制的基本框架及其实施方案。1988 年 7 月 25 日,建设部向全国建设系统印发了第一份建设监理文件——《关于开展建设监理工作的通知》。阐述了我国建立建设监理制的必要性,明确了监理的范围和对象、政府的管理机制与职能、社会监理单位以及监理的内容,对于监理立法和监理的组织领导提出了要求。1988 年 8 月 1 日,人民日报在头版以显著的标题"迈向社会主义商品经济新秩序的关键一步——我国将按国际惯例建设监理制",向全世界宣告了我国建设领域的这一重大改革。

4. 我国建设监理制度的发展

我国的建设监理实施过程分为三个阶段:1988 至 1993 年为试点阶段,1993 至 1995 年为稳步推进阶段,1996 开始进入全面推行阶段。

1988 年 8 月和 10 月,建设部分别在北京和上海召开第一、第二次建设监理工作会议,确定北京、上海、天津、南京、宁波、沈阳、哈尔滨、深圳 8 市和交通、能源两部分的公路和水电系统进行监理试点。同年 11 月 12 日,研究制定了《关于开展建设监理试点工作的若干意见》,为试点工作的开展提供了依据。各试点单位迅速建立或指定负责监理试点工作的机构,选择监理试点工程,组建建设监理单位等,1998 年底,监理试点工作同时在"8 市 2 部"展开。1992 年,监理试点工作迅速发展,《工程建设监理单位资质管理试行办法》《监理工程师资格考试和注册试行办法》先后出台,监理取费办法也会同国家物价局制定颁发。1993 年 3 月 18 日,中国建设监理协会成立,标志着我国建设监理行业初步形成。

经过几年的试点工作,建设监理工作取得了很大进展,1993 年 5 月,建设部在天津召开了第 5 次全国建设监理工作会议。会议分析了全国建设监理工作的形势,总结了试点工作特别是"8 市 2 部"试点工作经验,对各地区、各部门建设监理工作给予了充分肯定。建设部决定在全国结束建设监理试点,当年转入稳定发展阶段。

自 1993 年转入稳步推进阶段后,建设监理工作取得了很大发展。截至 1995 年底,全国已有 29 个省、自治区、直辖市和国务院 39 个工业、交通等部门推行了建设监理制度。全国已开展监理工作的地级以上城市有 153 个,占总数的 76%;已成立监理单位有 1500 多家,其中甲级监理单位有 64 家;监理工作从业人员达 8 万人,其中有 1180 多名监理工程师获得了注册证书;一支具有较高素质的监理队伍正在形成。全国累计受监理工程的投资规模达 5000 多亿元,受监理工程的覆盖率在全国平均约有 20%,其中全国大型水电工程、铁路工程、大部分国道和高等级公路工程全部实行了监理。

1995 年 12 月,建设部在北京召开了全国第 6 次全国建设监理工作会议。会议总结了 7 年来建设监理工作的成绩和经验,对下一步的监理工作进行了全面部署,对先进单位和个人进行表彰。为配合这次会议的召开,还出台了《工程建设监理规定》和《工程建设监理合同示范文本》,进一步完善了我国的建设监理制。这次会议的召开,标志着建设监理工作已进入全面推行的新阶段。

1997 年 11 月,全国人大通过的《中华人民共和国建筑法》载入了建设监理的内容,并专拟一章对我国工程建设监理制度做出了规范,使建设监理在建设体制中的重要地位得到了国家法律的保障。《建设工程监理规范》《工程监理企业资质管理规定》《建设工程监理范围和规模标准规定》等重要法规也出台实施。另外,全国绝大多数地方政府或人大以及各部门,也制定了本地区、本部门的建设监理法规和实施细则,形成了上下衔接的法规体系,使建设监理工作基本上做到有章可循,保障其健康发展。实施建设监理的工程项目,都取得了比较明显的成效。监理单位积累了丰富的监理工作经验,建设监理得到了社会普遍认可。实行建设监理制以来,我国建设监理事业发展迅猛,但从我国监理协会组织的出国考察和进行的调查研究情况来看,我国的建设监理制仍然处在初期阶段,还存在不少问题,如建设监理市场存在着不规范的现象,一些监理单位还不是真正独立的法人实体,监理队伍总体素质还不高,一些工程项目上监理工作还不到位、监理责任不落实,一些监理人员中存在腐化现象等,这些均需要在实践中探索解决。随着我国社会主义市场经济的进一步建立完善,我国建设监理事业必将得到更大的发展。

四、实行建设监理制后我国的工程建设监理体制

我国传统的工程建设项目实行的是自管自的管理体制,实行建设监理制的目的之一就是要改革这一传统的体制,形成一个新型的管理体制。这一新型的管理体制就是:在政府有关部门的监督管理下,由项目建设单位、承包人和监理单位直接参加的"三方"管理体制。我国现行的建设监理体制是一种与国际惯例一致的管理体制,由建设单位、承包人和监理单位构成的"三方"管理体制。为世界上大多数国家所采用,引入监理工程师这一社会化、专业化的组织参与项目,是国际公认的工程项目管理的重要原则。我国现行的建设监理体制是一种宏观管理与微观管理相结合的管理体制。政府部门简政放权,调整和转变职能,实行政企分开,改变了过去既要宏观管理又要微观管理,实际上两者都管不好的状况,把重点放在宏观管理上,即对建筑市场的规范化管理上。建立各种规章制度,规范市场主体行为;依照这些规章制度,监督市场主体行为;为市场主体提供一个统一、开放、竞争、有序的市场环境。对具体的工程项目管理,则交由市场主体进行。在工程建设项目建设单位负责制下,建设单位、承包人和监理单位按照合同各自对工程建设项目进行管理。这样,宏观管理与微观管理相结合,使管理工作井然有序,效率倍增。

我国现行的建设监理体制是一种系统化的管理体制。围绕着工程建设项目,建设单位、承包人和监理单位形成了三种关系:一是建设单位利用市场竞争机制,择优选择承包人,并与其签订工程承包合同而建立起来的承发包关系;二是建设单位通过直接委托或通过市场竞争,择优监理单位,与之签订工程建设监理合同而建立起来的委托服务关系;三是根据建设监理制度和工程承包合同、工程监理合同建立起来的监理单位和承包人之间的监理与被监理的关系。市场三大主体通过这三种关系紧密联系在一起,形成了相互协作、相互促进、相互约束的项目组织系统。其中监理方起到了关键的协调约束作用,这样的项目组织系统实际上是以监理工程师为中心展开的。通过具有专业知识和实践经验的监理工程师进行监理,使整个项目组织系统始终朝向工程项目的总目标运行。总之,我国新型的工程建设监理管理体系,在建设单位和承包人之间引入了咨询服务性质的建设监理单位作为工程建设的第三方,以经济合同为纽带,以提高工程建设水平为目的,以监理工程师为中心,初步形成了社会化、专业化、现代化的管理模式。

经过 20 多年的发展。我国就建设监理工作颁发了各种法律、法规。这些法律、法规的具体规定构成了我国建设监理制度的主要内容。主要包括以下几个方面:

1. 一定范围内的工程项目实现能够强制性建设监理

这是我国建设监理的一大特色,是由我国的具体国情所决定的。工程建设监理的本质是专业化、社会化的监理单位为建设单位提供高智能的项目管理服务。建设项目是否实行监理,应由建设单位决定,建设监理并不具有强制性。但我国是以公有制为主的社会主义国家,这就决定了:第一,必须加强对涉及国计民生的建筑工程管理。我国大中型项目和住宅小区工程等,其工程质量、投资效益等直接影响国民经济的发展和人民生命财产安全,对此类工程应当实行先进、科学的管理方式,即应实行监理制度。第二,必须加强对政府和国有企业投资的监理管理。目前,由于我国政府和国有企业投资的建设单位,工程管理水平低,责任不清,往往对投资效益和工程质量关心不足,因此,在工程建设管理方式上,必须引进制约机制,实行监理,以提高政府和国有企业的投资效益,确保工程质量。从我们国家的角度考虑,强制实行监理与监理的服务性本质并不矛盾。另外,我国建设监理并不是自生自长的,而是引进的,推行的时间不长,人们对其认识不足,建设监理市场不发达,必须在一定范围内强化工程建设监理的推行力度。由于以上原因,《中华人民共和国建筑法》在明确规定国家推行工程监理制度时,还授权国务院规定实行强制监理的建筑工程的范围。国务院第 279 号令《建筑工程质量管理条例》第十二条对此做了明确规定,规定以下工程项目必须实行建设监理:

(1)国家重点建设工程。

(2)大中型公用事业工程。

(3)成片开发建设的住宅小区工程。

(4)利用外国政府或者国际组织贷款、援助资金的工程。

(5)国家规定必须实行监理的其他工程。

建设部 86 号令《建设工程监理范围和规模标准规定》则对上述工程做了详细的描述。实践证明,我国在一定范围内强制实行监理是完全必要的,它对推进我国的建设监理事业起到了重要作用。我国建设监理事业的发展,要继续进行这种强制性的做法,此外,还要通过其他方式进一步完善监理市场,其中最重要的一点是真正落实项目监理制度。

2. 工程建设监理企业实行资质管理

严格监理企业的资质管理,是保证建筑市场秩序的和重要措施。《中华人民共和国建筑法》规定了工程监理企业从事监理活动应当具备的条件:有符合国家规定的注册资本;有与其从事的建筑活动相适应的具有法定执业资格的专业技术人员;有从事相关建筑活动所应有的技术装备;法律、行政法规规定的其他条件。《工程建设监理规定》也对资质审查进行了规定。建设部 102 号令《工程监理企业资质管理规定》对工程监理企业的资质等级和业务范围、资质申请审批、监督管理和处罚等做了更详细的规定。

3. 监理工程实行开始和注册制度

实行监理工程师考试和注册制度,主要是限定从事监理工作的人员范围,保持监理工程师队伍具有较高的业务素质和工作水平。《中华人民共和国建筑法》第 14 条要求:"从事建筑活动的专业技术人员,应当依法取得相应的执业资格证书,并在执业资格证书许可的范围内从事建筑活动。"建设部 18 号令《监理工程师资格考试和注册试行办法》对监理工程师的从业资格做了详细规定。监理工程师是岗位职务,不是专业技术职务,是在已具有中级及其以上的专业技术职称的人员中产生的,他们不仅要精通本专业的技术知识,还要掌握经济和法律知识,并有组织、协调能力。监理工程师的执业资格证书即《监理工程师资格证书》,在取得资格证书前,要进行适当的培训和严格的考试;取得资格证书后,如果本人正在监理单位任职,则可申请注册。监理工程师资格考试、考核工作,由中华人民共和国住房和城乡建设部(以下简称建设部)、中华人民共和国人力资源和社会保障部(以下简称人社部)共同组织实施。监理工程师注册,由监理工程师所在监理单位提出申请,经本省或本部门监理工程师注册机关核准并报国家建设部备案后,发给注册证书,予以注册。只有取得注册证书的人才能以监理工程师的名义上岗执业。

4. 从事监理工作可以合法获取酬金

工程建设监理是高智能的技术服务,这种服务是有偿的。监理工作具有高智能特点,相应的报酬应高于社会平均水平。应该说,目前我国建设监理的取费标准偏低,且在执行时压价现象时有发生,这已引起了有关部门的关注。建设监理制度将在这方面进一步完善。

第二节 监理工程师

一、监理工程师的概念

监理工程师是指取得国家监理工程师执业资格证书并经注册的监理人员。含义如下:

(1)监理工程师是岗位职务,不是专业技术职称,是经过授权的职务(责任岗位)。

(2)经全国监理工程师执业资格考试合格并通过一个监埋单位申请注册获得《监理工程师岗位证书》的监理人员。

(3)在岗的监理人员。不在监理工作岗位上,不从事监理活动者,都不能称为监理工程师。

参加工程建设的监理人员,根据工作岗位设定的需要可分为总监理工程师(简称总监)、总监理工程师代表、专业监理工程师和监理员等。

总监理工程师是由监理单位法定代表人书面授权,全面负责委托监理合同的履行、主持项目监理机构工作的监理工程师。

总监理工程师代表是经监理单位法定代表人同意,由监理工程师书面授权,代表总监理工程师行使其部分职责和权力的项目监理机构中的监理工程师。

专业监理工程师是根据项目监理岗位职责分工和总监理工程师指令,负责实施某一专业或某一方面的监理工作,具有相应监理文件签发权的监理工程师。监理工程师可按相应的专业需要设定岗位。

监理员是经过监理业务培训,具有同类工程相关专业知识,从事具体监理工作的监理人员。

工程项目建设监理实行总监理工程师负责制。工程项目总监理工程师对监理单位负责;监理工程师代表和专业监理工程师对总监理工程师负责;监理员对监理工程师负责。监理单位的常设机构都要为工程项目的监理提供服务,而不是项目总监理工程师的领导。

二、监理工程师的素质

监理工程师在工程项目建设的管理中处于中心地位。这就要求监理工程师不仅要有较强的专业技术能力和较高的政策水平,能够解决工程设计与施工中的技术问题,而且要能够组织和协调工程施工,能够管理工程合同、调解争议,能够控制投资、进度和质量。监理工程师应是具有高素质的复合型人才,其素质要求体现在以下几个方面:

(1)要有较高的学历和多学科专业知识。

现代工程建设规模巨大,多功能兼备,涉及领域较多,应用科技门类广泛,人员分工协作繁杂,只有具备现代科技理论知识、经济管理理论知识和法律知识,监理工程师才能胜任监理岗位的工作。监理工程师应具有较高的学历和水平。在国外,监理工程师、咨询工程师都具有大专以上的学历,而且大都具有硕士甚至是博士学位。参照国外对监理人员学历、学识的要求,我国规定监理工程师必须具有大专以上学历和工程师(建筑师、经济师)以上的技术职称。

工程建设应用的学科很多,监理工作要涉及多种专业技术和基础理论,监理工程师不可能同时学习和掌握这么多的专业理论知识。但至少应学习、掌握一种专业理论知识,在该项技术领域里有扎实的理论基础,同时力求了解和掌握更多的专业知识和一定的经济、法律和组织管理等方面的理论知识,从而达到一专多能的程度,用以正确指导现代工程建设的实践。

(2)要有丰富的工程建设实践经验。

工程建设实践经验就是理论知识在工程建设中的成功应用。一般来说,一个人在工程建设中工作的时间越长,参与经历的工程项目越多,经验就越丰富。工程建设中出现失误或对问题处理不当,往往与经验不足有关。监理工程师每天都要处理很多有关工程实施中的设计、施工、材料等问题以及面对复杂的人际关系,不仅要具备相关的理论知识,而且要有丰富的工程建设实践经验。

世界各国都很重视工程实践经验,并把它作为获得监理工程师资格的一项先决条件。如英国咨询工程师协会规定,入会的会员年龄在38岁以上;新加坡要求注册结构工程师,必须具有 8 年以上的工程机构设计实践经验。我国在考核监理工程师的资格时,也要求具有高级专业技术职称或取得中级专业技术职称后具有 3 年以上的实践经验。

（3）要有健康的体魄和充沛的精力。

为了有效地对工程项目实施控制,监理工程师必须经常深入到工程建设现场。由于现场工作强度高、流动性大、工作条件差、任务重,监理工程师必须具有健康的身体和充沛的精力,否则难以胜任监理工作。我国从人体的体质上考虑,规定年满 65 周岁就不宜再承担监理工作。年满 65 周岁的监理工程师不予以注册。

（4）要有良好的品德。

监理工程师良好的品德主要表现在：

①热爱社会主义祖国、热爱人民、热爱建设事业。

②具有科学的工作态度。要坚持严谨求实、一丝不苟的科学态度,一切从实际出发,要做到事前有依据,事后有证据,不草率从事,以使问题能得到迅速而正确的解决。

③具有廉洁奉公、为人正直、办事公道的高尚情操。对自己不谋私利;对建设单位和上级既能贯彻其真正意图,又能坚持正确的原则;对承包单位既能严格监理,又能热情帮助;对各种争议,要能站在公共立场上,使各方的正当权益得到维护。

④具有良好的性格。对不同的意见,能权衡与否,不轻易行使自己的否决权,善于同各方面合作行事。

三、监理工程师的职业道德

监理工程师的职业道德是用来约束和指导监理工程师职业行为的规范要求,是确保建设监理事业的健康发展、规范监理市场的基本准则,每一个监理工程师都必须自觉遵守。

1. 职业道德

（1）维护国家的荣誉和利益,按照"守法、诚信、公正、科学"的准则执行。

（2）执行有关工程建设的法律、法规、规范、标准和制度,履行监理合同规定的义务和职责。

（3）努力学习专业技术和建设监理知识,不断提高业务能力和监理工作水平。

（4）不以个人名义承揽监理业务。

（5）不同时在两个以上监理单位注册和从事监理活动,不在政府部门和施工、材料、设备的生产供应等单位兼职。

（6）不为监理项目指定承包单位、建筑构配件设备、材料和施工方法。

（7）不收受被监理单位的任何礼金。

（8）不泄露所监理工程各方认为需要保密的事项。

（9）独立自主地开展工作。

2. FIDIC 道德准则

FIDIC 建立了一套咨询（监理）工程师的道德准则,这些准则是构成 FIDIC 的基石之一。FIDIC 的道德准则是建立在这样一种观念的基础上,即认识到工程师的工作取得社会及其环境的持续发展十分关键。而监理工程师的工作要充分有效,必须获得社会对其工作的信赖,这就要求从业咨询（监理）工程师要遵守一定的道德准则。这些准则包括以下几个方面：

（1）对社会和职业的责任

①接受对社会和职业的责任。

②寻求与确认的发展原则相适应的解决办法。

③在任何时候，维护职业的尊严、名誉和荣誉。

（2）能力

①保持其知识和技能与技术、法规、管理的发展相一致的水平，对于委托人要求的服务采用相应的技能，并尽心尽力。

②仅在有能力从事服务时方才进行。

（3）正直性

在任何时候均为委托人的合法权益行使其职责，并对正直和忠诚地进行职业服务。

（4）公正性

①在提供职业咨询、审评或决策时不偏不倚。

②通知委托人在行使其委托权时可能引起的任何潜在的利益冲突。

③不接受可能导致判断不公的报酬。

（5）对他人的公正

①加强"根据质量选择咨询服务"的观念。

②不得故意或无意地做出损害他人名誉或事务的事情。

③不得直接或间接取代某一特定工作中已经任命的其他咨询工程师的位置。

④在通知该咨询工程师并且接到委托人终止其先前任命的建议前，不得取代该咨询工程师的工作。

⑤在被要求对其他咨询工程师的工作进行审查的情况下，要以适当的执业行为和礼节进行。

四、监理工程师的培养

我国引入和推行工程建设监理制，面临着监理队伍建设的重要问题。如何建设监理队伍，监理工程师需要怎样的知识结构及监理工程师培养的途径是我们需要研究的课题。

1. 监理工程师的知识结构

在现阶段，我国监理工程师主要是来自工程设计、施工、科研和建设管理技术的管理工作和管理人员。他们虽具有技术专业知识基础，但却缺乏建设监理、经济管理和法律等方面的知识与实践经验，因此，要展开全方位、高层次的监理工作，就要完善监理工程师的知识结构。监理工程师除应掌握原有的专业知识外，还应学习和补充必要的经济、管理和法律等方面的知识。

（1）技术经济学

技术经济学是研究技术经济规律、技术和经济的关系，使生产技术更有效地服务和推动社会生产力发展的科学。通过对技术与经济之间的矛盾统一关系、技术经济的客观规律、技术方案的分析、评价理论和方法的研究，使技术和经济更好地相互适应，力求经济上合理，技术上可行，为提高生产与经济效益服务。

（2）市场学

市场学是研究实现现实与潜在交换所进行一切市场经营销售活动及其规律的科学。通过对市场需求、市场营销规律、市场组织管理、产品定价策略、市场承发包体制等问题的研究,为市场活动提供理论指导。

(3)经济合同学

经济合同学是研究社会各类组织或商品经营在经济往来的活动中,当事人之间的权利、责任和义务的科学。通过对人们在经济交往中人际关系、经营范围、商品目标的要求及所形成的责、权、利的研究,使经济活动有序、依法地进行。

(4)工程项目管理知识

工程项目管理是研究项目在实施阶段的组织与管理规律的科学。通过对工程实施阶段的管理思想、管理组织、管理方法、管理手段和实施阶段费用、工期、质量三大目标的研究,使工程项目通过投资控制、进度控制、质量控制、合同管理、信息管理和组织协调实现总目标最优的效果。

2.监理工程师的培养途径

为了适应建设监理工作的需要,监理工程师要具有较高的学历、广博的理论知识、丰富的实践经验、良好的道德品质和健康的身体等素质。监理工程师的培养普遍采取再教育的方式,即吸收从事过工程设计、施工和工程建设管理工作的工程技术和工程经济人员参加工程建设监理知识的培训。

对监理工程师再教育的内容集中在以下几个方面:

(1)更新专业技术知识

随着科学的进步、知识的更新,各类学科每年都会增加不少新的内容。作为监理工程师,应随着时代的发展,了解本专业范围内新产生的应用科学理论知识和技术。

(2)充实管理知识

从一定意义上说,建设监理是一门管理学科。监理工程师要及时地了解掌握有关管理的新知识,包括新的管理思想、体制、方法和手段等。

(3)加强法律、法规等方面的知识

监理工程师尤其要及时学习和掌握有关工程建设方面的法律、法规,并能准确、熟练地运用。

(4)掌握计算机的使用

计算机在工程建设监理领域有着广泛应用,监理工程师应熟练地掌握这种工具,将计算机作为技术控制和管理手段运用到监理工作中。

(5)提高外语水平

监理工程师应具有一定的外语水平,以了解国外有关工程建设监理法规的知识,借鉴国外工程监理的成功经验,并有能力胜任国内、国外工程监理任务。

随着我国建设监理事业的发展,以及与国际惯例接轨的需要,一个多途径的监理培训模式正在形成。全国监理工程师培训和各地区开展了各种形式的监理培训,有关高等院校开设了监理选修课、双学位、监理专业教育、研究生教育和函授教育等。这些培养方式对我国监理队伍的建设具有十分重要的意义。

五、监理工程师的考试和注册

监理工程师是一种称号,专业人员学习了工程建设监理基本知识,经过考试取得合格证书后,经过注册取得《监理工程师岗位证书》,才具有监理工程师称号。

1. 监理工程师考试

(1) 资格考试报考条件

建设部颁布的《监理工程师资格考试和注册试行办法》中规定,参加监理工程师资格考试者,必须具备以下条件:

①具有高级专业技术职称或取得中级专业技术职称后具有 3 年以上工程设计或施工管理实践经验。

②在全国监理工程师注册管理机关认定的培训单位经监理业务培训,并取得培训结业证书。

上述两条体现了对监理工程师的基本素质要求,即要有相关的专业技术知识和较为丰富的工程实践经验,又要了解我国工程建设的监理体制和掌握必需的建设监理知识。这样才能保证监理人员符合工程建设需要。

(2) 考试的内容和方式

①考试内容。监理工程师资格考试的内容包括工程建设监理的基本概念、工程建设合同管理、工程建设质量控制、工程建设进度控制、工程建设投资控制和工程建设信息管理等 6 方面的理论知识和技能。

考试设有 4 个科目,即工程监理基本概念及相关法规、工程建设合同管理、工程建设质量控制(投资、进度、质量)、工程建设监理案例分析。其中,工程建设监理案例分析主要是考评对建设监理管理理论知识的理解和在工程中运用这些基本理论的综合能力。

②考试方式。凡参加监理工程师资格考试者,由所在监理单位向本地区或本部门监理工程师资格考试委员会提出书面申请,经审查批准后,方可参加考试。

为了保障全国工程师水准的统一,国家建设主管部门设立了全国考试委员会,统一规划与组织,制订统一考试大纲和确定统一的考试命题与评分标准,采取闭卷考试,分科记分,统一标准录用的方式。

(3) 考试管理

根据我国国情,对监理工程师资格考试工作实行政府统一管理的原则。国家成立由建设行政主管部门、人事行政主管部门、计划行政主管部门和有关方面的专家组成的"全国监理工程师资格考试委员会",省、自治区、直辖市成立"地方监理工程师资格考试委员会"。

全国监理工程师资格考试委员会是全国监理工程师资格考试工作的最高管理机构,其主要职责是:

①拟订考试计划。

②组织制订发布考试大纲。

③组成命题小组,领导命题小组确定考试命题,拟订标准答案和评分标准,印制试卷。

④确定考试时间,规定考试要求,指导、监督考试工作。

⑤拟订考试合格标准,报国家人事行政主管部门、建设行政主管部门审批。

⑥进行考试总结。

地方监理工程师考试委员会在全国监理工程师资格考试委员会领导下,具体负责当地的考试工作。

2. 监理工程师注册

执业资格实行注册制度,是国际上通行的做法。目前,我国对从事建筑活动的专业技术人员已建立起4种执业资格制度,即注册建筑师、注册监理工程师、注册结构工程师和注册造价工程师。

经监理工程师考试合格者,由监理工程师注册机关核发《监理工程师资格证书》,但并不一定意味着取得了监理工程师岗位资格。因为考试仅仅是对考试者知识含量的检验,只有经过政府建设主管部门注册机关注册才是对申请注册者素质和岗位责任能力的全面考查。

(1)监理工程师注册条件

申请监理工程师者,必须具备下列条件:

①热爱中华人民共和国,拥护社会主义制度,遵纪守法,遵守监理工程师职业道德。

②身体健康,胜任工程建设的现场监理工作。

③已取得《监理工程师资格证书》。

(2)监理工程师的注册管理

监理工程师注册实行分级管理。国务院建设行政主管部门为全国监理工程师注册管理机关;省、自治区、直辖市人民政府建设行政主管部门为本行政区域内地方工程建设监理单位监理工程师的注册机关。

申请监理工程师注册,由拟聘用申请者的工程建设监理单位统一向本地区或本部门的监理工程师注册机关提出申请。监理工程师注册机关收到申请后,依照注册条件进行审查。对符合条件的,根据全国监理工程师注册管理机关批准的注册计划择优予以注册,颁发《监理工程师岗位证书》,并报全国监理工程师注册管理机关备案。

已取得《监理工程师资格证书》但未经注册的人员,不得以监理工程师的名义从事工程建设监理业务。已经注册的监理工程师,不得以个人名义私自承接工程建设监理业务。

监理工程师注册机关每5年对《监理工程师岗位证书》持有者复查一次。对不符合条件的,核销注册,并收回《监理工程师岗位证书》。

监理工程师退出、调出所在地的工程建设监理单位或被解聘,须向原注册机关交回《监理工程师岗位证书》,核销注册。核销注册不满5年再从事监理业务的,须由拟聘用的工程建设监理单位向本地区或本部门监理工程师注册机关重新申请注册。

注册监理工程师按专业设置岗位,并在《监理工程师岗位证书》注明专业。注明每个监理工程师的专业类别有很多用途:便于政府建设主管部门建设监理工程师队伍的合理专业结构;便于建设单位按工程项目专业、工程的需要审核监理班子;便于政府建设主管部门对监理班子的监督;便于单位按所学技术专业和工作性质建设建立内部的岗位责任制。

第三节 工程建设监理单位

一、工程建设监理单位的概念

1. 工程建设监理单位的概念

监理单位,一般是指取得监理资质证书、具有法人资格的监理公司、监理事务所和兼营监理业务的工程设计、科学研究及工程建设咨询的单位。

监理单位是建筑市场的主体之一,建设监理是一种高智能的有偿技术服务。监理单位与项目法人之间是委托和被委托的合同关系;与被监理单位是监理与被监理的关系。监理单位按照"公正、独立、自主"的原则,开展工程建设监理工作,公平地维护项目法人和监理单位的合法权益。

2.监理单位和建设单位、承包人之间的关系

监理单位是建筑市场的三大主体之一,监理单位、承包人和建设单位之间的关系是平等的关系。作为法人,它们都是建筑市场的主体,只有社会分工的不同、经营性质的不同和业务范围的不同,没有主仆关系,也没有领导与被领导的关系。监理单位和建设单位的关系是通过建设工程监理委托合同来建立的,两者是合同关系。在建设监理委托合同中,建设单位将其进行项目管理的一部分权力授予监理单位,因而双方又是一种委托与被委托、授权与被授权的关系。

监理单位与承包人的关系则不是建立在合同基础上的,而且他们之间根本就不应有任何合同关系及其他经济关系。在工程项目建设中,它们是监理与被监理的关系。这种关系的建设首先是我国的建设法律制度所赋予的,《中华人民共和国建筑法》明确规定:国家推行建筑工程监理制,即只要是在国家或地方政府规定实行强制监理的建筑工程的范围内,承包人就有义务接受监理,监理单位就有权进行监督;其次是在工程建设有关合同中加以确定的,施工合同和建设监理委托合同中都有监理方面的具体条款。监理单位与承包人的关系就是以建设监理制和有关合同为基础的监理与被监理的关系。

《中华人民共和国建筑法》和《建设工程质量管理条例》中有关工程建设监理的条款相当多,这表明了国家对工程建设监理的重视和对监理单位地位的肯定。

随着我国建筑市场的不断完善和建设监理制的推行,监理单位在建筑市场中发挥了越来越大的作用,并上升到不可替代的程度。建设单位、监理单位和承包人构成了建筑市场的三大主体。

二、工程建设监理单位的设立

1.设立条件

(1)设立工程建设监理单位的基本条件

①有自己的名称和固定的办公场所。

②有自己的组织机构,如领导机构、财务机构、技术机构等;有一定数量的专门从事监理工作的工程经济、技术人员,而且专业基本配套、技术人员数量和职称符合要求。

③有符合国家规定的注册资金。

④拟定有监理单位的章程。

⑤有主管单位的,要有主管单位同意设立监理单位的批准文件。

⑥拟从事监理工作的人员中,有一定数量的人已取得国家建设行政主管部门颁发的《监理工程师资格证书》,并有一定数量的人取得了监理工程师培训结业合格证书。

(2)设立建设监理有限责任公司的条件

除应符合上述6点基本条件外,还必须同时符合下列条件:

①股东数量符合法定人数。一般情况有 2 个以上 50 个以下股东共同出资设立,特殊情况下,国家和外商可单独设立。

②有限责任公司名称中必须有有限责任公司字样。

③有限责任公司的内部组织机构必须符合有限责任公司的要求。其权力机构为股东会,经营决策和业务执行机构为董事会,监督机构为监事会。

(3)设立建设监理股份有限责任公司的条件

除应符合上述 6 点基本条件外,还必须同时符合下列条件:

①发起人数符合法定人数。一般应有 5 个以上为发起人,其中须有过半数的发起人在中国境内有住所。国有企业改建为股份有限公司的发起人可以少于 5 人,但应当采取募集设立方式,即发起人认购的股份数额至少为公司股份总数的 35%,其余股份可向社会公开募集。

②股份发行、筹办事项符合法律规定。

③按照组建股份有限公司的要求组建机构。

2.设立程序

工程建设监理单位的设立应先申领企业法人营业执照,再申报资质。设立监理单位的申报、审批程序包括:

(1)新设立的工程建设监理单位,应根据法人必须具备的条件,先到工商行政管理部门登记注册并取得企业法人营业执照。

(2)取得企业法人营业执照后,即可向建设监理行政主管部门申请资质。新设立的工程监理企业申请资质,应当向建设行政主管部门提供下列资料:

①工程监理企业资质申请表。

②企业法人营业执照。

③企业章程。

④企业负责人和技术负责人的工作简历、监理工程师注册证书等有关证明材料。

⑤工程监理人员的监理工程师注册证书。

⑥需要出具的其他有关证件、资料。

(3)审查、核发暂时资质证书。审核部门应当对工程监理企业的资质条件和申请资质提供的资料审查核实。新设立的工程监理企业,其资质等级按照最低等级核定,并设一年的暂定期。

甲级工程监理企业资质,经省、自治区、直辖市人民政府建设行政主管部门审核同意后,由国务院建设行政主管部门组织专家评审,并提出初审意见;其中涉及铁道、交通、水利、信息产业、民航工程等方面工程监理企业资质的,由省、自治区、直辖市人民政府建设行政主管部门商同级有关专业部门审核同意后,报国务院建设行政主管部门,由国务院建设行政主管部门送国务院有关部门初审。国务院建设行政主管部门根据初审意见审批。

乙、丙级工程监理企业资质,由企业注册所在地省、自治区、直辖市人民政府建设行政主管部门审批;其中交通、水利、通信等方面的工程监理企业资质,由省、自治区、直辖市人民政府建设行政主管部门争得同级有关部门初审同意后审批。申请甲级工程监理企业资质的,国务院建设行政主管部门每年定期集中审批一次。国务院建设行政主管部门应当在工程监理企业申请材料齐全后 3 个月内完成审批。由有关部门负责初审的,初审部门应当从收齐工程监理企业的申请材料之日起1个月内完成审批。国务院建设行政主管部门应当将审批结果通知初审部门。申请乙、丙级工程监理企业资质的,实行即时审批或者定期审批,由省、自治区、直辖市人民政府建设行政主管部门规定。由于企业改制,或者企业分立、合定后组建设立的工程监理企业,其资质等级根据实际达到的资质条件,按照规定的审批程序核定。

三、工程建设监理单位的资质与管理

1. 工程建设监理单位的资质和构成要素

(1)监理单位的资质

监理单位的资质,主要体现在监理能力及其监理的效果上。所谓监理能力,是指能够监理的工程建设项目的规模和复杂程度。监理效果,是指对工程建设项目实施监理后,在工程投资控制、工程质量控制、工程进度控制等方面取得的成果。

监理单位的监理能力和监理效果主要取决于:监理人员素质、专业配套能力、技术装备、监理经历和管理水平等。正因为如此,我国的建设监理法规规定,按照这些要素的状况来划分与审定监理单位的资质等级。

(2)监理单位的资质构成要素

监理单位是智能型企业,提供的是高智能的技术服务;较一般物质生产企业来说,监理单位对人才的素质的要求更高,其资质构成要素主要有以下几方面:

①监理人员要具备较高的工程技术或经济专业知识。监理单位的监理人员应有较高的学历,一般应为大专以上学历,且应以本科以上学历者为大多数。

技术职称方面,监理单位拥有中级以上专业职称的人员应在70%左右,具有初级专业技术职称的人员在20%左右,没有专业技术职称的其他人员应在10%以下。

对监理单位技术负责人的素质要求则更高一些,应具有较高的专业技术职称,应具有较强的组织协调和领导才能,应当取得国家承认的《监理工程师资格证书》。

每一个监理人员不仅要具备某一专业技能,而且还要掌握与自己专业相关的其他专业方面的知识,成为一专多能的复合型人才。

②专业配套能力。工程建设监理活动的开展需要多专业监理人员的相互配合。一个监理单位,应当按照他的监理业务范围的要求来配备专业人员。同时,各专业都应当拥有素质较高、能力较强的骨干监理人员。

审查监理单位资质的重要内容是看它的专业监理人员的配备是否与其所申请的监理业务范围相一致。例如,从事一般工业与民用建筑工程监理业务的监理单位,应当配备建筑、结构、电气、通信、给水排水、暖气空调、工程测量、建筑经济、设备工艺等专业的监理人员。

从工程建设监理的基本内容要求出发,监理单位还应当在质量控制、进度控制、投资控制、合同管理、信息管理和组织协调方面具有专业配套能力。

③技术装备。监理单位应当拥有一定数量的检测、测量、交通、通信、计算等方面的技术装备。例如,应有一定数量的计算机,以用于计算机补助监理;应有一定数量的测量、检测仪器,以用于监理中的检查、检测工作;应有一定数量的交通、通信设备,以便于高效率地开展监理活动;应拥有一定数量的照相、录像设备,以便于及时、真实地记录工程实况等。

　　监理单位所用于工程项目监理的大量设施、设备可以由建设单位提供,或由有关检测单位代为检查、检测。

　　④管理水平。监理单位的管理水平,首先要看监理单位负责人和技术负责人的素质和能力。其次,要看监理单位的规模制度是否健全完善。例如,有没有组织管理制度、人事管理制度、财务管理制度、经济管理制度、设备管理制度、技术管理制度和档案管理制度等,并且能否有效执行。

　　监理单位的管理水平主要反映在能否将本单位的人、财、物的作用充分发挥出来,做到人尽其能,物尽其用;监理人员能否做到遵纪守法,遵守监理工程师职业道德准则;能否沟通各种渠道,占领一定的监理市场;能否在工程项目监理中取得良好的业绩。

　　⑤监理经历和业绩。一般而言,监理单位开展监理业务的时间越长,监理的经验越丰富,监理能力也会越高,监理的业绩就会越大。监理经历是监理单位的宝贵财富,是构成其资质的因素之一。

　　监理业绩主要是指监理在开展项目监理业务中所取得的成效。其中,包括监理业务量的多少和监理效果的好坏。因此,有关部门把监理单位监理过多少工程,监理过什么等级的工程,以及取得什么样的效果作为监理单位重要的资质要素。

　　2.监理单位的资质等级条件和监理范围

　　专业监理单位的资质等级分为甲级、乙级和丙级,各资质等级所需注册监理工程师人数见表1-1。各专业级监理单位的资质标准见附录一。

　　3.监理单位资质的动态管理

　　建设行政主管部门对监理单位的资质实行动态管理,内容包括年检、定级和升级、降级、变更和违规处罚。

　　(1)年检

　　建设行政主管建设部门对工程管理企业资质实行年检制度。

　　甲级工程监理企业资质,由国务院建设行政主管部门负责年检,其中铁道、交通、水利、信息产业、民航等方面的工程监理企业资质,由国务院建设行政主管部门会同国务院有关部门联合年检。

　　乙、丙级工程监理企业资质,由企业注册所在地省、自治区、直辖市人民政府建设行政主管部门负责年检;其中交通、水利、通信等方面的工程监理企业资质,由建设行政主管部门会同同级有关部门联合年检。

　　工程监理企业资质年检按照下列程序进行:

　　①工程监理企业在规定时间内向建设行政主管部门提交《工程监理企业资质年检表》《工程监理企业资质证书》《监理业务手册》以及工程监理人员变化情况及其他有关资料,并交验《企业法人营业执照》。

　　②建设行政主管部门会同有关部门在收到工程监理企业年检资料后40日内,对工程监理企业资质年检做出结论,并记录在《工程监理企业资质证书》副本的年检记录栏内。

　　工程监理企业资质年检的内容,是检查工程监理企业资质条件是否符合资质等级标准,是否存在质量、市场行为等方面的违规行为。

　　工程监理企业年检结论分为合格、基本合格、不合格三种。

工程监理企业资质条件符合资质等级标准,且在过去一年内未发生下列行为的,年检结论为合格:

①与建设单位或者工程监理企业之间相互串通投标,或者以行贿等不正当手段谋取中标的。

②与建设单位或者施工单位串通,弄虚作假,降低工程质量的。

③将不合格的建设工程、建筑材料、建筑构配件和设备按照合同签字的。

④超越本单位资质等级承揽监理业务的。

⑤允许其他单位或个人以本单位的名义承揽工程的。

⑥转让工程监理业务的。

⑦因监理责任而发生过三级以上工程建设重大质量事故或者发生过两起以上四级工程建设质量事故的。

⑧其他违反法律法规的行为。

工程监理企业资质条件中监理工程师注册数量、经营规模未达到资质标准,但不低于资质等级标准的80%,其他各项均达到标准要求,且在过去一年内未发生上述所列8种行为的,年检结论为基本合格。

有下列情形之一的,工程监理企业的资质年检结论为不合格:

①资质条件中监理工程师注册人员数量、经营规模的任何一项未达到资质等级标准的80%,或者其他任何一项未达到资质等级标准。

②有上述所列8种行为之一的。

已经按照法律、法规的规定予以降低资质等级处罚的行为,年检中不再重复追究。

在规定时间内没有参加资质年检的工程监理企业,其资质证书自行失效,且一年内不得重新申请资质。

(2)定级和升级

实行即时审批或者定期审批。工程监理企业连续两年年检合格,方可申请晋升上一个资质等级。

申请定级和升级的监理单位应当向建设行政主管部门提供下列资料:

①工程监理企业资质申请表。

②企业法人营业执照。

③企业章程。

④企业负责人和技术负责人的工作简历、监理工程师注册证书等有关证明材料。

⑤工程监理人员的监理工程师注册证书。

⑥企业原资质证书正、副本。

⑦企业的财务决算年报表。

⑧《监理业务手册》及以完成代表工程的监理合同、监理规划及监理工作总结。

⑨需要出具的其他有关证件、资料。

资质管理部门根据申请材料,对其人员素质、专业技能、管理水平、资金数量以及实际业绩等进行综合评审;经审核符合等级标准的,发给相应的《工程监理企业资质证书》。

(3)降级

工程监理企业资质年检不合格或者连续两年基本合格的,建设行政主管部门应当重新核定其资质等级。新核定的资质等级应当低于原资质等级,达不到最低资质等级标准的,取消资质。

降级的工程监理企业,经过一年以上时间的整改,经建设行政主管部门核查确认,达到规定的资质标准,且在此期间内未发生前述所列 8 种违规行为的,可以按规定重新申请原资质等级。

(4)变更

工程监理企业变更名称、地址、法定代言人、技术负责人等,应当在变更后 1 个月内,到原资质审批部门办理变更手续。其中由国务院建设行政主管部门审批的企业除企业名称变更由国务院建设行政主管部门办理外,企业地址、法定代表人、技术负责人的变更委托省、自治区、直辖市人民政府建设行政主管部门办理,办理结果向国务院建设行政主管部门备案。

(5)违规处罚

①以欺骗手段取得《工程监理企业资质证书》承揽工程的,吊销资质证书,处合同约定的监理酬金 1 倍以上 2 倍以下的罚款;有违法所得的,予以没收。

②未取得《工程监理企业资质证书》承揽监理业务的,予以取缔,处合同约定的监理酬金 1 倍以上 2 倍以下的罚款;有违法所得的,予以没收。

③超越本企业资质等级承揽监理业务的,责令停止违法行为,处合同约定的监理酬金 1 倍以上 2 倍以下的罚款;可以责令停业整顿,降低资质等级;情节严重的,吊销资质证书;有违法所得的,予以没收。

④转让监理业务的,责令改正,没收违法所得,处合同约定的监理酬金 25% 以上 50% 以下的罚款;可以责令停业整顿,降低资源等级;情节严重的,吊销资质证书。

⑤工程监理企业允许其他单位或者个人以本企业名义承揽监理业务的,责令改正,没收违法所得,处合同约定的监理酬金 1 倍以上 2 倍以下的罚款;可以责令停业整顿,降低资质等级;情节严重的,吊销资质证书。

⑥有下列行为之一的,责令改正,处 50 万元以上 100 万元以下的罚款,降低资源等级或者吊销资质证书;有违法所得的,予以没收;造成损失的,承担连带赔偿责任:

a. 与建设单位或者施工单位串通,弄虚作假、降低工程质量的。

b. 将不合格的建设工程、建筑材料、建筑构配件和设备按照合同签字的。

⑦工程监理单位与被监理工程的施工承包单位以及建筑材料、建筑构配件和设备供应单位有隶属关系或者其他利害关系承担该项建设工程的监理业务的,责令改正,处 5 万元以上 10 万元以下的罚款,降低资质等级或者吊销资质证书;有违法所得的,予以没收。

⑧本单位的责令停业整顿、降低资质等级和吊销资质证书的行政处罚,由颁发资质证书的机关决定;其他行政处罚,由建设行政主管部门或者其他有关部门依照法定职权决定。

⑨资质审批部门未按照规定的权限和程序审批资质的,由上级资质审批部门责令改正,已审批的资质无效。

⑩从事资质管理的工作人员在资质审批和管理工作中玩忽职守、滥用职权、徇私舞弊的、依法给予行政处分;构成犯罪的,依法追究刑事责任。

(6)监理单位的资质证书管理

《工程监理企业资质证书》分为正本和副本,由国务院建设行政主管部门统一印制,正、副本具有同等法律效力。

任何单位和个人不得涂改、伪造、出借、转让《工程监理企业资质证书》；不得非法扣押、没收《工程监理企业资质证书》。

工程监理企业在领取新的《工程监理企业资质证书》的同时，应当将原资质证书交回原发证机关予以注销。

工程监理企业因破产、倒闭、撤销、停业的，应当将资质证书交回原发证机关予以注销。

工程监理企业遗失《工程监理企业资质证书》，应当在公众媒体上声明作废。其中甲级监理企业应当在中国工程建设和建筑业信息网上声明作废。

四、工程建设监理单位的服务内容与道德准则

1. 工程建设监理单位的服务内容

监理单位接受建设单位的委托，为其提供服务。根据委托要求进行以下各阶段全过程或阶段性的监理工作。各阶段监理工作的主要内容如下：

（1）工程项目建设决策阶段

工程建设的决策监理，不是监理单位替建设单位决策，而是受建设单位委托选择决策咨询单位，协助建设单位与决策咨询单位签订咨询合同，并监督合同的履行，对咨询意见进行评估。

①协助建设单位编制项目建议书，并报有关部门审批。

②协助建设单位选择咨询单位，委托其进行可行性研究，并协助签订咨询合同书。

③监督管理咨询合同的实施。

④审核咨询单位提交的可行性研究报告。

⑤协助建设单位组织对可行性研究报告的评估，并报有关部门审批。

（2）工程项目建设勘测阶段

①协助编制勘察任务书。

②协助确定委托任务方式。

③协助选择勘测队伍。

④协助合同商签。

⑤勘测过程中的质量、进度、费用管理及合同管理。

⑥审定勘察报告，验收勘察成果。

（3）工程建设设计阶段

①协助编制设计大纲。

②协助确定设计任务委托方式。

③协助选择设计单位。

④协助合同商签。

⑤与设计单位共同选定在投资限额内的最佳方案。

⑥设计中的投资、质量、进度控制，设计管理，合同管理。

⑦设计方案与政府有关部门规定的协调统一。

⑧设计方案审核与审批。

⑨设计文件的验收。

（4）工程建设施工招标阶段

①协助确定任务委托方式。

②拟发招标通知。

③组织编制招标文件。

④组织编制标底。

⑤审核标底。

⑥勘察现场并解释标书。

⑦协助组织开标、评标,并提出决标建议。

⑧拟订施工合同,参与合同谈判与签订。

(5)工程建设施工阶段

①协助建设单位与承包人编写开工申请报告。

②察看工程项目建设现场,向承包人办理移交手续。

③审查、确认承包人选择的分包单位。

④审查承包人的施工组织设计或施工技术方案,签署单位工程施工开工令。

⑤审查承包人提出的建筑材料、建筑物配件和设备的采购清单。

⑥检查工程使用的材料、构件、设备的规格和质量。

⑦检查施工技术措施和安全防护措施。

⑧主持协商建设单位或设计单位或监理单位本身提出的设计变更。

⑨监督管理工程施工合同的履行,主持协商合同条款的变更,调节合同双方的争议,处理索赔事项。

⑩核查完成的工程量,验收分项分部工程,签署工程付款凭证。

⑪督促施工单位整理施工文件的归档准备工作。

⑫参与工程竣工预验收,并签署监理意见。

⑬审查工程结算。

⑭编写竣工验收申请报告、参加竣工验收、协助办理工程移交。

⑮在规定的工程质量保修期内,负责检查工程质量状况,组织鉴定质量问题责任,督促责任单位维修。

以上是从一个行业整体而言,监理单位可以承担的各项监理业务和咨询业务。具体到每一个工程项目,监理的业务范围视工程项目建设单位的委托而定。

2.监理单位的道德准则

监理单位从事工程建设监理活动,应当遵循"守法、诚信、公正、科学"的道德准则。

(1)守法

守法,这是任何一个具有民事行为能力单位或个人最起码的行为准则。监理单位的守法,就是要依法经营。

①监理单位只能在核定的业务范围经营活动。核定的业务范围,是指监理单位资质证书中填写的、经建设监理资质管理部门审查确认的经营范围。核定的业务范围有两层内容:一是监理业务的性质;二是监理业务的等级。核定的经营业务范围以外的任何业务,监理单位不得承接。否则,就是违反经营。

②监理单位不得伪造、涂改、出租、出借、转让、出卖《资质等级证书》。

③工程建设监理合同一经双方签订,即具有一定的法律约束力(违背国家法律、法规的合同,即无效合同除外),监理单位应按照合同的规定认真履行,不得无故或故意违背自己的

承诺。

④监理单位离开原住所承接监理业务,要自觉遵守当地人民政府颁发的监理法规的有关规定,并要主动向监理工程所在地的省、自治区、直辖市建设行政主管部门备案登记,接受其指导和监督管理。

⑤遵守国家关于企业法人的其他法律、法规的规定,包括行政的、经济的和技术的。

（2）诚信

所谓诚信,就是忠诚老实、讲信用,它是考核企业信誉的核心内容。没有向建设单位提供与其监理水平相适应的技术服务;或者本来没有较高的监理能力,却在竞争承揽监理业务时,有意夸大自己的能力;或者借故不认真履行监理合同规定的业务和职责等,都是不讲诚信的行为。

我国的建设监理业务刚刚兴起,监理单位甚至每一个监理人员能否做到诚信,都会给自己和单位的声誉带来很大影响。

（3）公正

公正,主要是指监理单位在协调建设单位与承包人之间的矛盾和纠纷时,要站在公正的立场,是谁的责任,就由谁承担;该维护谁的权益,就维护谁的权益。决不能因为监理单位是受建设单位的委托进行监理,就偏袒建设单位。

一般说来,监理单位维护建设单位的合法权益容易做到,而维护承包人的合法权益比较困难,要真正做到公正地处理问题也不容易。监理单位要做到公正,必须要做到以下几点:

①要培养良好的职业道德,不为私利而违心地处理问题。

②要坚持实事求是的原则,不唯上级或建设单位的意见是从。

③要提高综合分析问题的能力,不为局部问题或表面现象而迷惑。

④要不断提高自己的专业技术能力,尤其是要尽快提高综合理解、熟练运用工程建设有关合同条款的能力,以便以合同条款为依据,恰当地协调、处理问题。

（4）科学

科学,是指监理单位的监理活动要依据科学的方案,运用科学的手段,采取科学的方法。工程项目结束后,要进行科学的总结。

①科学的方案。在实施监理前,要尽可能地把各种问题都列出来,并拟订解决方案,使各项监理活动都纳入计划管理的轨道。要集思广益,充分运用已有的经验和智能,制订出切实可行、行之有效的监理方案,指导监理活动顺利地进行。

②科学的手段。借助于先进的科学仪器,如使用计算机,各种检测、试验仪器等开展监理工作。

③科学的方法。监理工作的科学方法主要体现在监理人员在掌握大量的、确凿的有关监理对象及其外部环境实际情况的基础上,适时、妥帖、高效地处理有关问题,要依据事实,尽量采用书面文字交流,争取定量分析问题,利用计算机进行辅助监理。

五、工程建设监理单位的选择

1.监理单位的选择方式

按照市场经济体制的观念,建设单位把监理业务委托给哪个监理单位是建设单位的自由,监理单位愿意接受哪个建设单位的监理委托是监理单位的权利。

监理单位承揽监理业务的方式有两种：一是通过投标竞争取得监理业务；二是由建设单位直接委托取得监理业务。

我国有关法律规定：建设单位一般通过招标投标的方式择优选择监理单位。在不宜公开招标的机密工程或没有投标竞争对手的情况下，或者是工程规模比较小、比较单一的监理业务，或者是对原监理单位的续用等情况下，建设单位可以不采用招标的形式而把监理业务直接委托给监理单位。无论是通过投标承揽监理业务，还是由建设单位直接委托取得监理业务，都有一个共同的前提，即监理单位的资质能力和社会信誉得到建设单位的认可。从这个意义上讲，市场经济发展到一定程度，企业的信誉比较稳固的情况下，建设单位直接委托监理单位承担监理业务的方式会增加。

2. 建设单位监理招标投标

（1）招标宗旨

监理招标标的是监理业务。与工程项目建设中其他各类招标的最大区别表现为监理单位不承担物质生产任务，只是受招标人委托对生产建设过程提供监督、管理、协调、咨询等服务。招标人选择中标人的基本宗旨是"选择咨询服务质量"。监理服务是监理单位的高智能投入，服务工作完成的好坏不仅依赖于执行监理业务是否遵循了规范化的管理程序和方法，更多地取决于参与监理选择监理单位时，鼓励的是能力竞争，而不是价格竞争。如果对监理单位的资质和能力不给予足够重视，只依据报价高低确定中标人，就忽视了高质量服务，报价最低的投标人不一定就是最能胜任工作者。

（2）报价的选择

工程项目的施工、物资供应招标选择中标人的原则是，在技术上达到要求标准的前提下，主要考虑价格的竞争性。而监理招标对服务质量的选择放在第一位，因为当价格过低时监理单位很难把招标人的利益放在第一位，为了维护自己的经济利益采取减少数量或多派业务水平低、工资低的人员，其后果必然导致对工程项目的损害。另外，监理单位提供高质量的服务，往往能使招标人获得节约工程投资和提前投产的实际效益，因此过多考虑报价因素得不偿失，一般报价的选择居于次要地位。从另一个角度来看，服务质量与价格之间应有相应的平衡关系，所以招标人应在服务质量相当的投标人之间再进行价格比较。

（3）招标方式

选择监理单位一般采用邀请招标，且邀请数量以 3~5 家为宜。因为监理招标是对知识、技能和经验等方面综合能力的选择，每一份标书内都会提出具有独特见解或创造性的实施建议，但又各有长处或短处。如果邀请过多投标人参与竞争，会增大评标工作量。

3. 招标文件

监理招标实际上是征询投标人实施监理工作的方案建议。为了指导投标人正确编制投标书，招标文件应包括以下几方面内容，并提供必要的资料：

（1）投标须知

①工程项目综合说明，包括项目的主要建设内容、规模、工程等级、地点、总投资、现场条件、开竣工日期。

②委托的监理范围和监理业务。

③投标文件的格式、编制、递交。

④无效投标文件的规定。

⑤投标起止时间、开标、评标、定标时间和地点。

⑥招标文件、投标文件的澄清与修改。

⑦评标的原则等。

（2）合同条件

①建设单位提供的现场办公条件，包括交通、通信、住宿、办公用房等。

②对监理单位的要求，包括对现场监理人员、检测手段，工程技术难点等方面的要求。

③有关技术规定。

④必要的设计文件、图纸和有关资料。

⑤其他事项。

4.投标文件

投标书主要包括以下几方面：

（1）投标人的资质。包括资质等级、批准的监理业务范围、主管部门或股东单位、人员综合情况等。

（2）监理大纲。

（3）拟派项目的主要监理人员，主要是总监理工程师的资质和能力。

（4）人员派驻计划和监理人员的素质，可从人员的学历证书、职称证书和上岗证书得到反映。

（5）监理单位提供用于工程的检测设备和仪器，或委托有关单位检测的协议。

（6）近几年监理单位的业绩及奖惩情况。

（7）监理费报价和费用组成。

（8）招标文件要求的其他情况。

六、建设工程委托监理合同

2012年3月，国家建设部和工商行政管理局联合发布了《建设工程委托监理合同（示范文本）》（GF—2012—0202），该合同是现阶段我国建设单位委托监理任务的主要合同文本形式。

1.监理合同文件的组成

（1）合同。

（2）监理投标书或中标通知书。

（3）合同标准条件。

（4）合同 专用条件。

（5）在实施过程中双方共同签署的补充与修正文件。

2.监理合同文件词语定义

（1）工程：是指委托人委托实施监理的工程。

（2）委托人：是指承担直接投资责任和委托监理业务的一方以及其合法继承人。

（3）监理人：是指承担监理任务和 监理责任的一方公司以及其合法继承人。

（4）监理机构：是指监理人派驻本工程现场实施监理任务的组织。

（5）总监理工程师：是指经委托人同意，监理人派到监理机构全面履行本合同的全权负责人。

（6）承包人：是指除监理人以外，委托人就工程建设有关事宜签订合同的当事人。

（7）工程监理的正常工作：是指双方在专用条件中约定，委托人委托的监理工作范围和内容。

（8）工程监理的附加工作：

①委托人委托监理范围以外，通过双方书面协议另外增加的工作内容。

②由于委托人或承包人原因，使监理工作受到阻碍或延误，因增加工作量或持续时间而增加的工作。

（9）工程监理的额外工作：是指正常工作或附加工作以外，根据规定监理人必须完成的工作，或监理人自己的原因而暂停或终止监理业务，其善后工作及恢复监理业务工作。

3. 监理合同规定监理人义务

（1）监理人按合同约定派出监理工作需要的监理机构及监理人员，向委托人报送委派的总监理工程师及其监理机构主要成员名单、监理规划，完成监理合同专用条件中约定的监理工程范围内的监理业务。在履行合同义务期间，应按合同约定定期向委托人报告监理工作。

（2）监理人在履行合同的义务期间，应认真、勤奋地工作，为委托人提供与其水平相适应的咨询意见，公正维护各方面的合法权益。

（3）监理人使用委托人提供的设施和物品属委托人的财产。在监理工作完成或中止时，应将其设施和剩余的物品按合同约定的时间和方式移交给委托人。

（4）在合同期内或合同终止后，未征得有关方同意，不得泄露与工程、合同业务有关的保密资料。

4. 合同双方当事人的权利

（1）委托人权利

①委托人有选定工程总承包人，以及与其订立合同的权利。

②委托人有对工程规模、设计标准、规划设计、生产工艺设计和设计使用功能要求的认定权，以及对工程设计变更的审批权。

③监理人调换总监理工程师须事先经委托人同意。

④委托人有权要求监理人提交监理工作月报及监理业务范围内的专项报告。

⑤当委托人发现监理人员不按监理合同履行监理职责，或与承包人串通给委托人或工程造成损失的，委托人有权要求更换监理人员，直到终止合同并要求监理人承担相应的赔偿责任或连带赔偿责任。

（2）监理人权利

监理人在委托人委托的工程范围内，享有以下权利：

①选择工程总承包人和建议权。

②选择工程分包人的认可权。

③对工程建设有关事项包括工程规模、设计标准、规划设计、生产工艺设计和使用功能要求，向委托人的建议权。

④对工程设计中的技术问题,按照安全和优化的原则,向设计人提出建议;如果拟提出的建议可能会提高工程造价,或延长工期,应当事先征得委托人的同意。当发现工程设计不符合国家颁布的建设工程质量或设计合同约定的质量标准时,监理人应当书面报告委托人并要求设计人更正。

⑤审批工程施工组织设计和技术方案,按照保质量、保工期和降低成本的原则,向承包人提出建议,并向委托人提出书面报告。

⑥主持工程建设有关协作单位的组织协调,重要协调事项应当向委托人报告。

⑦征得委托人同意,监理人有权发布开工令、停工令、复工令,但应当事先向委托人报告。如在紧急情况下未能事先报告时,则应在24小时内向委托人做出书面报告。

⑧工程上使用的材料和施工质量的检验权。对于不符合设计要求和合同约定及国家质量标准的材料、构配件、设备,有权通知承包人停止使用;对于不符合规范和质量标准的工序、分部分项工程和不安全施工作业,有权通知承包人停工整改、返工。承包人得到监理机构复工令后才能复工。

⑨工程施工进度的检查、监督权,以及工程实际竣工日期提前或超过工程施工合同规定的竣工期限的签认权。

⑩在工程施工合同约定的工程范围内,工程款支付的审核和签认权,以及工程结算的复核确认权与否决权。未经总监理工程师签字确认,委托人不得支付工程款。

5.合同双方当事人的责任

(1)委托人责任

①委托人应当履行委托监理合同约定的义务,如有违反则应当承担违约责任,赔偿给监理人造成的经济损失。

②监理人处理委托业务时,因非监理人原因的事由受到损失的,可以向委托人要求补偿损失。

③委托人如果向监理人提出赔偿的要求不能成立,则应当补偿由该索赔所引起监理人的各种费用支出。

(2)监理人的责任

①监理人的责任期即委托监理合同有效期。在监理过程中,如果因工程建设进度的推迟或延误而超过书面约定的日期,双方应进一步约定相应延长的合同期。

②监理人在责任期内,应当履行约定的义务,如果因监理人过失而造成了委托人的经济损失,应当向委托人赔偿。累计赔偿总额(除监理人员与承包人串通给委托人或工程造成损失的,监理人承担相应的连带赔偿责任以外)不应超过监理报酬总额(除去税金)。

③监理人对承包人违反合同规定的质量要求和完工(交图、交货)时限,不承担责任。因不可抗力导致委托监理合同不能全部或部分履行,监理人不承担责任。但对监理人在履行本合同的义务期间,不能认真、勤奋地工作,不能为委托人提供与其水平相适应的咨询意见,不能公正维护各方面的合法权益,而引起的与之有关的事宜,应向委托人承担索赔责任。

④监理人相委托人提出赔偿要求不能成立时,监理人应当补偿由于该索赔多导致委托人的各种费用支出。

6.合同生效、变更与终止及监理报酬

(1)合同生效、变更与终止

①由于委托人或承担人的原因使监理工作受到阻碍或延误,以致发生了附加工作或延长了持续时间,则监理人应当将此情况与可能产生的影响及时通知委托人。完成监理业务的时间相应延长,并得到附加工作的报酬。

②在委托监理合同签订后,实际情况发生变化,使得监理人不能全部或部分执行监理业务时,监理人应当立即通知委托人。该监理业务的完成时间应予延长。当恢复执行监理业务时,应当增加不超过42日的时间用于恢复执行监理业务。并按双方约定的数量支付监理报酬。

③监理人向委托人办理完竣工验收或工程移交手续,承包人和委托人已签订工程保修责任书,监理人收到监理报酬尾款,本合同即终止。保修期间的责任,双方在专用条款中约定。

④当事人一方要求变更或解除合同时,应当在42日前通知对方,因解除合同使一方遭受损失的,除依法可以免除责任的外,应由责任方负责赔偿。

变更或解除合同的通知或协议必须采取书面形式,协议未达成之前,原合同仍然有效。

⑤监理人在应当获得监理报酬之日起30日内仍未收到支付单据,而委托人又未对监理人提出任何书面解释时,根据第三十三条及第三十四条已暂停执行建立业务时限超过6个月的,监理人可向委托人发出终止合同的通知,发出通知后14日仍未得到委托人答复,可进一步发出终止合同的通知,如果第二份通知发出后42日内仍未得到委托人答复,可终止合同或自行暂停或继续暂停执行全部或部分监理业务。委托人承担违约责任。

⑥监理人由于非自己的原因而暂停或终止执行监理业务,其善后工作以及恢复执行建立业务的工作,应当视为额外工作,有权得到额外的报酬。

⑦当委托人认为监理人无正当理由而又未履行监理义务时,可向监理人发出指明其未履行义务的通知。若委托人发出通知后21日内没有受到答复,可在第一个通知发出后35日内发出终止委托监理合同的通知,合同即行终止。监理人承担违约责任。

⑧合同协议的终止并不影响各方应有的权利和应当承担的责任。

(2)监理报酬

①正常的监理工作,附加工作和额外工作的报酬,按照监理合同专用条件中的方法计算,并按约定的时间和数额支付。

②如果委托人在规定的支付期限内未支付监理报酬,自规定之日起,还应向监理人支付滞纳金。滞纳金从规定支付期限最后一日起计算。

③支付监理报酬所采取的货币币种,汇率由合同专用条件约定。

④如果委托人对监理人提交的支付通知中报酬或部分报酬项目提出异议,应当在收到支付通知书24小时内向监理人发出表示异议的通知,但委托人不得拖延其他无异议报酬项目的支付。

(3)其他

①委托的建设工程监理所必要的监理人员出外考察、材料设备复试,其费用支出经委托人同意的,在预算范围内向委托人实报实销。

②在监理业务范围内,如需聘用专家咨询或协助,由监理人聘用的,其费用由监理人承担;由委托人聘用的,其费用由委托人承担。

③监理人在监理工作过程中提出的合理化建议,使委托人得到了经济效益,委托人应按专用条件中的约定给予经济奖励。

④监理人驻地监理机构及其职员不得接受监理工程项目施工承包人的任何报酬或者经济

效益。监理人不得参与可能与合同规定的委托人的利益相冲突的任何活动。

⑤监理人在监理过程中,不得泄露委托人申明的秘密,监理人亦不得泄露设计人、承包人等提供并申明的秘密。

⑥监理人对于由其编制的所有文件拥有版权,委托人仅有权为本工程使用或复制此类文件。

第四节　工程建设监理的组织

一、组织的概念与组织活动的基本原理

1. 组织的概念

组织是指人们为了实现共同的目标,通过明确分工协作关系,明确权力、责任体系,而构成行为系统及运行的过程。

组织有两种含义:一是作为名词出现的,指组织机构。组织机构是按一定领导体制,部门设置,层次划分,职责分工,规章制度和信息系统等构成的有机整体,是社会人的结合形式,可以完成一定的任务,并为此而处理人和人、人和事及人和物的关系。二是作为动词出现的,指组织行为,即通过一定的权力和影响力,为达到一定目标,对所需资源进行合理配置,处理人和人、人和事以及人和物的关系的行为。

2. 组织职能

组织职能是通过合理的组织设计和职权关系结构来使各个方面的工作协同一致,以高效、高质量地完成任务。组织职能包括以下几个方面:

(1)组织设计

组织设计是指选定一个合理的组织系统,划分各个部门的权限和职责,确立各种基本规章制度。

(2)组织关系

组织关系是指组织系统中各部门的相互关系,明确信息流通和反馈的渠道,以及各部门的协调原则和方法。

(3)组织运行

组织运行是指组织系统中各部门根据规定的工作顺序,按分担的责任完成各自的工作。

(4)组织行为

组织行为是指应用行为科学,社会学及社会心理学原理来研究,理解和影响组织中人们的行为、语言、组织过程以及组织变更等。

(5)组织调整

组织调整是指根据工作的需要,环境的变化,分析原有的项目组织系统的缺陷,适应性的效率状况,对原组织系统进行调整和重新组合。包括组织形式的变化,人员的变动,规章制度的修订或废止,责任系统的调整以及信息系统的调整等。

3. 组织的基本原理

(1)要素合理利用性原理

一个组织系统中的基本要素有人力、财力、物力、信息、时间等,这些要素都是有用的,但每个人要素的作用大小是不一样的,而且会随着时间、场合的变化而变化。所以在组织活动过程中应根据个要素在不同的情况下不同的作用进行合理安排,组织和使用,做到人尽其才、财尽其利、物尽其用,尽量大地提高各要素的利用率。这就是组织活动的要素合理利用性原理。

(2)动态相关性原理

组织系统内部各要素之间既相互关系又相互制约,既相互依存又相互排斥。这种相互作用的因子称为相关因子,充分发挥相关因子的作用,是提高组织管理效率的有效途径。事物组织过程当中,由于相关因子的作用,可以发生质变。一加一可以等于二,也可以大于二,还可以小于二。整体效应不等于各局部效应的简单加和,各局部效应之和与整体效应不一定相等,这就是动态相关性原理。

(3)主观能动性原理

人是生产力最活跃的因素,因为人是有生命的,有感情的,有创造力的。组织管理者应该努力把人的主观能动性发挥出来,只有当主观能动性发挥出来时才会取得最佳效果。

(4)规律效应性原理

规律就是客观事物内部的,本质的,必然的联系。一个成功的管理者应懂得只有努力揭示管理过程中的客观规律,按规律办事,才能取得好的效应。

4. 组织行为学和组织结构

(1)组织行为学

组织行为学是一个研究领域,它探讨个体、群体以及机构对组织内部行为的影响,以便应用这些知识来改善组织的有效率。组织的有效性主要体现在 4 个方面:

第一,生产效率高。即以最低的成本实现输入和输出的转换。

第二,缺勤效率低。缺勤直接影响生产效率,使支出费用增加,应努力降低缺勤效率。

第三,合理的流动。合理的流动可使有能力的人找到适合自己的位置,增加组织内部的晋升机会,给组织增加新生力量,不合理的流动则使人才的流失和重新招募培训费的增加。

第四,工作满意度。工作满意的员工比工作不满意的员工生产效率要高,而且工作满意度还与缺勤率,流动率是负相关的。组织有责任给员工提供富有挑战性的工作,使员工从工作中获得满足。

决定生产率、缺勤率、流动率和工作满意度高低的因素是个体水平变量、群体水平变量和组织系统水平变量。

(2)组织结构

组织结构是指对工作任务如何进行分工、分组和协调合作。管理者在进行组织结构设计时,必须考虑 6 个关键因素:工作专业化,部门化,命令链,控制跨度,集权与分权,正规化。

①工作专业化。其实质就是每一个人专门从事工作活动的一部分,而不是全部。通过重复性的工作使员工的技能得到提高,从而提高组织的运行效率。

②部门化。工作通过专业化细分后,就需要按照类别对它们进行分组以便使共同的工作可以进行协调,即为部门化。部门可以根据职能来划分,可以根据产品类别来划分,可以根据地区来划分,也可以根据顾客类别来划分。

③命令链。是一种不间断的权力路线,从组织的最高层到最基层。为了促进协作,每个管

理职位在命令链中都有自己的位置,每个管理者为完成自己的职责任务,都要被授予一定的权力。同时命令要求统计表性,它意味着一个人只对一个主管负责。

④控制跨度。它是指一个主管直接管理下属人员的数量。跨度大,管理体制人员的接触关系增多,处理人与人之间关系的数量随之增大。跨度太大时,领导者和下属接触频率会太高。因此,在组织结构设计时,应强调跨度适当。跨度的大小又和分层多少有关。一般来说,管理层次增多,跨度会小;反之,层次少,跨度会大。

⑤集权与分权。这是一个决策权应该放在哪一级的问题。高度的集权造成盲目和武断,过分的分权会导致失控,不协调和总目标的难以实现。所以应合理地做好集权和分权。

⑥正规化。是指组织中的工作实行标准化的程度。应该通过提高正规化的程度来提高组织的运行效率。

二、工程建设监理组织机构

1. 建设项目监理组织的形式及其特点

监理工作是针对每一次具体项目而言的,监理单位受建设单位的委托开展监理工作,必须建立相应的监理组织。建设监理的组织机构即指项目监理机构,是指监理人派驻工程现场实施监理业务的组织。这与监理单位的组织是不同的,监理单位是公司的组织,项目监理组织是临时的,一旦项目完成,组织即宣告结束。

组织形式是组织结构形式的简称,是指一个组织以什么样的结构方式去处理层次、跨度、部门设置和上下级关系。项目监理组织形式多种多样,通常有以下几种典型形式:

（1）直线制监理组织

直线制组织结构是最早出现的一种企业管理机构的组织形式,它是一种线性组织结构,其本质就是命令线性化,即每一个工作部门,每一个工作人员都只有一个上级。其整个组织结构中自上而下实行垂直领导,指挥与管理职能基本上由主管领导者自己执行,各级主管人对所属单位的一切问题责任,不设职能机构,只设职能人员协助主管人工作。图 1-1 所示为按建设子项目分解设立的直线制监理组织形式。

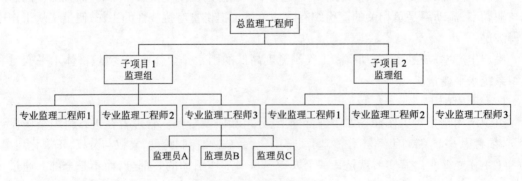

图 1-1　直线制监理组织形式

（2）职能制监理组织

这种监理组织形式,是在总监理工程师下设置一些职能机构,分别从职能角度对基层监理组织进行业务管理并在总监理工程师权限的范围内,向下下达命令和指示。这种组织系统强调管理职能授权给不同的专业部门,按职能制设立的监理组织结构的形式如图 1-2 所示。

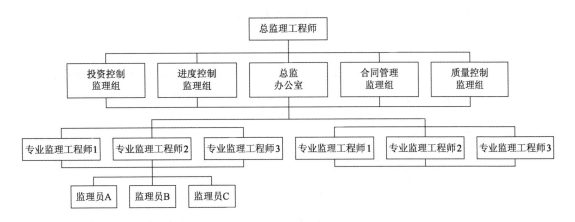

图 1-2 职能制监理组织形式

职能制监理组织的主要特点为：

①有利于发挥专业人才的作用,有利于专业人的培养和技术水平,管理水平的提高,能减轻总监理工程师负担。

②命令系统多元化,各个工作部门界也不易分清,发生矛盾时,协调工作量较大。

③不利于责任制的建立和工作效率的提高。

职能制监理组织形式适用于工程项目在地理位置上相对集中的工程。

（3）直线—职能制组织

这种组织系统吸收了直线制和职能制的优点,并形成了它自身的特点。它把管理机构和管理人员分为两类:一类是直线主管,即直线的指挥机构和主管人员,他们只接受一个上级主管的命令和指挥,并对下级组织发布命令和进行指挥,而且对该单位的工作全面负责。另一类是职能参谋,即职能制的职能机构和参谋人员,他们只能给同级主管充当参谋、助手,提出建议或提供咨询。直线—职能制组织形式如图 1-3 所示。

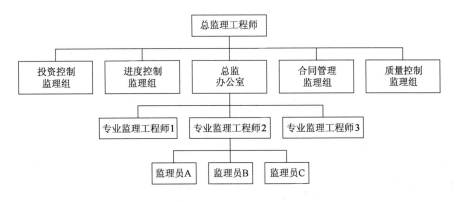

图 1-3 直线—职能制组织形式

直线—职能制监理组织结构的主要特点为:

①既能保持指挥统一,命令一致,又能发挥专业人员的作用。

②管理组织结构系统比较完整,隶属关系分明。

③重大的问题研究和设计有专人负责,能发挥专业人员的积极性,提高管理水平。

④职能部门与指挥部门易产生矛盾,信息传递路线长,不利于互通情报。

⑤管理人员多,管理费用大。

（4）矩阵制组织

矩阵制组织是美国在 20 世纪 50 年代创立的一种新的管理组织形式。从系统论观点来看,解决质量控制等问题都不能只靠某一部门的力量,需要集中各方面的人员共同协作。因此,该组织结构是在直线—职能制组织结构中,为完成某种特定的工程项目,从各部门抽调专业人员,组织成专门项目组织,同有关部门进行平行联系,协调各有关部门活动并指挥参与工作的人员。按矩形制组织设立的监理组织由两套管理系统组成,一套是横向的职能机构系统,另一套为纵向的子项目系统。

矩形制组织形式的优点表现在:

①解决了传统模式中企业组织和项目组织互相矛盾的状况,把职能原则与对象原则融为一体,取得了企业长期例行性管理和项目一次性管理的统一。

②能以尽可能少的人力,实现多个项目(或多项任务)的高效管理。因为通过职能部门的协调,可根据项目的需求配置人才,防止人才短缺或无所事事,项目组织因此就有较好的弹性应变能力。

③有利于人才的全面培养。不同知识背景的人在一个项目上合作,可以使他们在知识结构上取长补短,拓展知识面,提高解决问题的能力。

矩形制组织形式的缺点表现在:

①由于人员来自职能部门,且仍受到职能部门控制,这样就影响了他们在项目上积极性的发挥,项目的组织作用大为削弱。

②项目上的工作人员既要接受项目上的指挥,又要受到原职能部门的领导,当项目和职能部门的沟通,还要有严格的规章制度和详细的计划,使工作人员尽可能明确干什么和如何干。

③管理人员若管理多个项目,往往年难以确定管理项目的先后顺序,有时难免会顾此失彼。

矩形制组织形式适用于一个组织内同时有几个项目需要完成,而每个项目又需要有不同专长的人一起工作才能完成这一特殊要求的工程项目。

2. 组织机构设置的原则

（1）目的性原则

项目组织机构设置的根本目的,是为了产生组织功能,实现管理总目标。从这一根本目标出发,就要求因目标设事,因事设岗,按编制设定岗位人员,以职责定制度和授予权力。

（2）高效精干的原则

组织机构的人员设置,以能实现管理所要求的工作任务为原则,尽量简化机构,做到高效精干。配备人员要严格控制二、三线人员,力求一专多能,一人多职。

（3）管理跨度和分层统一的原则

要根据领导者的能力和建设项目规模大小、复杂程度等因素去综合考虑,确定适当的管理跨度和管理层次。

（4）专业分工与协作统一的原则

分工就是按照提高管理专业化程度和工作效率的要求,把管理总目标和任务分解成各级、各部门、各人的目标和任务。当然,在组织中有分工也必须有协作,应明确各级、各部门、各人之间的协调关系与配合方法。

（5）弹性和流动的原则

建设项目的单一性、流动性、阶段性是其生产活动的特点，这必然会导致生产对象数量、质量和地点上的变化，带来资源配置上的品种和数量的变化。这就要求管理工作和管理组织机构随之进行相应的调整，以使组织机构适应生产的变化，即要求按弹性、流动的原则来建立组织机构。

（6）权责一致的原则

就是在组织管理中明确划分职责、权利范围，同等的岗位职务赋予同等的权力，做到权责一致。权大于责，会出现滥用权力；责大于权，会影响积极性。

（7）才职相称的原则

使每个人的才能与其职务上的要求相适应，做到才职相称，即人尽其才，用得其所。

3. 建设项目监理组织建立步骤

（1）确定建设监理目标

建设监理目标是项目监理组织设立的前提，为了使目标控制工作具有可操作性，应将工程建设监理合同确定的监理总目标进行分解，明确划分即为分解目标。

分解目标可以按建设计划期分解为期，如年度、季度、月、旬分目标。

（2）确定工作内容进行并进行分类归并及组合

根据监理目标和监理合同中规定的监理任务，明确列出监理工作内容，并进行分类及组合，是一项重要组织工作。

对各项工作进行归并及组合应以便于监理目标控制为目的，并考虑监理项目的规模、性质、工期、工程复杂程度以及监理单位自身技术业务水平、监理人员数量、组织管理水平等因素而进行。

如果进行实施阶段全过程监理，监理工作内容可按设计阶段和施工阶段分别归并和组合，再进一步按投资、进度、质量目标进行归并和组合。

（3）组织结构设计

①确定组织结构形式。前述的4种组织结构形式各具特点，应根据工程项目规模、性质、建设阶段等的不同，选择不同的监理组织结构形式以适应监理工作需要。结构形式的选择应考虑有利于项目合同管理、控制目标、决策指挥和信息沟通。

②合理确定管理层次。监理组织结构中一般应有3个层次，即决策层、中间控制层、作业层（操作层）。决策层由总监理工程师和其助手组成，要根据工程项目的监理活动特点与内容进行科学化、程序化决策。中间控制层（协调层和执行层）由专业监理工程师组成，具体负责监理规划的落实，目标控制及合同管理，属承上启下管理层次。作业层（操作层）由监理员组成，具体负责监理工作的操作。

③制订岗位职责与考核标准。岗位职务及职责的确定，要有明确的目的性，不可因人设事。不同的岗位具有不同的职责，根据责权一致的原则，应进行适当的授权，以承担相应的职责；同时，应制订相应的考核标准，对监理人员的工作进行定期或不定期考核。

④选派监理人员。根据监理工作的任务，选择相应专业和数量的不同层次人员时，除应考虑监理人员个人素质外，还应考虑总体的合理性质与协调性。

为使监理工作科学、有序进行，应按监理工作的客观规律性制订工作流程，规范化地开展监理工作。可分阶段编制设计阶段监理工作流程和施工阶段监理工作流程。

各阶段内还可进一步编制若干细部监理工作流程。如施工阶段监理工作流程可以进一步细化出工序交接检查程序、隐蔽工程验收程序、工程变更处理程序、索赔处理程序、工程质量事故处理程序、工程支付核签程序、工程竣工验收程序等。

三、项目监理组织的人员结构及基本职责

1. 项目监理组织的人员结构与数量

监理组织的人员配备,要根据工作的特点、监理任务及合理的监理深度与密度,优化组织,形成整体素质高的监理组织。项目监理组织的人员一般包括总监理工程师、专业工程师、监理员以及必要的行政管理人员,在组建时要注意合理的专业结构、技术结构和年龄结构。

(1)人员结构

①合理的专业结构。项目监理应当与监理项目的性质及建设单位对项目监理的要求相适应的各专业人员组成。也就是各种专业人员要配套。监理组织应具备与所承担的监理任务相适应的专业人员。如一般的民用建筑工程,需要配备土建专业、给排水专业、电气专业、设备安装专业、装饰专业、建材专业、概预算专业等人员;而公路工程,则需要配置备公路专业、桥梁专业、交通工程专业、测量专业、试验专业等人员。当监理项目局部具有某些特殊性,或建设单位提出某些特殊的监理要求需要借助于某种特殊的监控手段时,可将这些局部的、专业性很强的监控工作另委托给相应的咨询监理机构来承担,这也视为保证了人员合理的专业机构。

②合理的技术层次。合理的技术层次是指监理组织中各专业监理人员应有与监理工作需要相称的高级职称、中级职称和初级职称人员比例。监理工作是一种高智能的技能性劳动服务,要根据监理项目的要求确定技术层次。一般来说,决策阶段、设计阶段的监理,具有中级及中级以上职称的人员在整个监理人员构成中应占绝大多数,初级职称人员仅占少数。施工阶段监理人员的职称结构应以中级职称为主,中、初级职称人员为辅。这里所说的初级职称指助理工程师、助理经济师、技术员等,他们主要从事实际操作,如旁站、填写日记、现场检查、计量等。

③合理的年龄结构。合理的年龄结构指监理班子中的老、中、青的构成比例。老年人有较丰富的经验阅历,但身体条件受到一定限制,特别是高空作业和夜间作业。而青年人有朝气,精力充沛,但缺乏实际经验。为此,现场监理班子应以中年为主,中年人有一定的经验和良好的身体条件,加上适当的老年人和青年人,形成一个合理的年龄结构。

(2)监理人员数量的确定

现场监理组织人员数量的确定,要视工程规模、技术复杂程度、监理人员自身的素质等确定。一般要考虑以下因素:

①工程建设强度。工程建设强度是指单位时间内投入的工程建设资金的数量,它是衡量一项工程紧张程度的标准。

$$工程建设强度 = \frac{投资}{工期}$$

其中,投资是指由监理单位所承担的那部分工程的建设投资;工期是指由监理单位所承担的那部分工程的工期。投资费用一般可按工程估算、概算或合同价计算,工期根据进度总目标及其分目标计算。工程强度越大,需投入的监理人员越多。

②工程复杂程度。根据工程项目的特点,每项工程都具有不同的具体条件,如地点、位置、规模、空间范围、自然条件、施工条件、后勤供应等。工程项目的技术难度越大、越复杂,需要的人员就越多。

③工程的专业种类。工程所需要的专业种类越多,所需要的人员就越多。

④监理人员的业务素质。每个监理单位的业务水平有所不同,派驻现场的人员素质、专业能力、管理水平、工程经验、设备手段等方面的差异影响监理工作效率的高低。整个监理组人员有较高的业务水平,都能独立承担各自权限范围内的工作,甚至一专多能,兼任各项工作,则需要的人员就越少;反之,则需要的监理人员就多。

⑤监理组织结构和任务职能分工。监理组织情况牵涉具体人员配置,务必使监理机构与任务职能分工的要求得到满足。因而还要根据组织机构中设定的岗位职责将人员作进一步的调整。

⑥监理人员参考数量。工程项目监理人员配置参照表见表1-1,监理人员岗位配置最低标准见表1-2~表1-4。

工程项目监理人员配置参照表　　　　　表 1-1

工程类别	投资额（万元）	前期阶段（人）	设计阶段（人）	施工准备阶段（人）	施工阶段（人）			
					基础阶段	主体阶段	高峰阶段	收尾阶段
房屋建筑工程	$M < 500$	2	2	2	3	3	4	4
	500~1000	2	2	2	3	4	4	4
	1000~5000	3	3	3	4	5	5	5
	5000~10000	4	4	4	5	6	7	5
	10000~50000	4	4	4	7	9	10	7
	50000~100000	4	4	4	8	10	11	7
	$M > 100000$	5	5	5	9	11	12	8
市政公用工程	$M < 500$	2	—	2	3	3	4	4
	500~1000	2	—	2	4	4	4	4
	1000~5000	3	3	3	5	5	5	4
	5000~10000	4	4	3	5	7	8	4
	10000~50000	4	4	3	—	8	—	5
	50000~100000	4	4	3	—	8	—	5
	$M > 100000$	5	5	4	—	9	—	6

注:实际配备人数可按表中人数±1。

住宅为主的高层、小高层建筑监理人员数量最低标准　　　　　表 1-2

建筑工程／人员标准	一等:28 层以上及单体 3 万 m² 以上			二等	三等
	8 万 m² 以上	5 万~8 万 m²	3 万~5 万 m²	14~28 层,1 万~3 万 m² 单体	14 层以下,1 万 m² 以下单体
总监（人）	1	1	1	1	1
监理员（人）	6	5	4	3	见说明 2

住宅小区工程监理人员数量最低标准 表 1-3

建筑工程 人员标准	一等:12 万 m² 以上	二等:6 万~12 万 m²	三等:6 万 m² 以下
总监(人)	1	1	1
监理员(人)	8	6	4

工业厂房建筑监理人员数量最低标准 表 1-4

建筑工程 人员标准	非轻钢结构			一等轻钢	二等轻钢	三等轻钢
	36m 跨或 3 万 m² 以上	24~36m 跨、 1 万~3 万 m²	24m 跨内 1 万 m² 以下	12 万 m² 以上	6 万~12 万 m²	6 万 m² 以下
总监(人)	1	1	1	1	1	1
监理员(人)	3	3	3	6	5	4

注(表 1-2~表 1-4):

(1)表中所列监理员人数为工民建或相关专业且为常驻工地人员。

(2)"14 层以下,1 万 m² 以下单体"建筑工程:1 名监理员可负责建筑面积 3000m² 以下的单位工程,2 名可负责 6000m² 以下的单位工程,3 名可负责 9000m² 以下的单位工程,以此类推。

(3)表中的缩写"总监":取得总监从业能力证书人员;"监理员":取得监理员从业能力证书人员。

(4)按《建设工程监理规范》(GB 50319—2013),总监在经建设单位同意的前提下,不能在多于三项委托监理工程上兼职,下列项目只能担任一个项目的总监:

①政府重点工程;

②建筑面积 1 万 m² 以上单位工程;

③24m 跨度以上的工业厂房工程;

④单位工程数量超过三个的住宅小区工程;

⑤总投资 3000 万元以上的公用事业工程和关系社会公众利益、安全的基础设施工程。

(5)表中未给出的其他工程,现场监理人员数量最低标准,按工程投资规模 M 确定:

$M \leqslant 1000$ 万元,不少于 3 人;

1000 万元 $< M \leqslant 5000$ 万元,不少于 4 人;

5000 万元 $< M \leqslant 10000$ 万元,不少于 5 人;

$M > 10000$ 万元,不少于 6 人,每增加 3000 万元,增加 1 人。

(6)开工准备、工程收尾阶段现场监理人员数量,视现场工作需要,不受上述标准限制。

(7)配套专业根据现场工作需要,安排驻现场工作时间。

2. 项目监理组织各类人员的基本职责

(1)总监理工程师负责制

总监理工程师是监理单位法定代表人任命对建设项目监理全面负责的监理工程师,是监理单位法定代表人在该建设项目上的代表人。总监理工程师由监理单位派驻工地,全面负责和领导项目的监理工作,代表监理单位全面履行工程建设监理合同。对外,总监理工程师向建设单位负责;对内,总监理工程师向监理单位负责。我国建设监理实行总监理工程师负责制。总监理工程师负责制的内涵包括:

①总监理工程师是项目监理的责任主体。总监理工程师是实现项目监理目标的最高责任者。责任是总监理工程师负责制的核心,它构成了对总监理工程师的工作压力和动力,也是确定总监理工程师权力和利益的依据。

②总监理工程师是项目监理的权力主体。总监理工程师的权力来源于监理委托合同和有关法律、法规。总监理工程师在承担所应负的责任的同时,也获得了相应的权力。

③总监理工程师是项目监理的利益主体。主要体现在他要对国家的利益负责,对建设单位的投资效益负责,同时也对监理单位的效益负责,并负责项目监理机构内所有监理人员利益的分配。

（2）总监理工程师的职责

①确定项目监理机构人员的分工和岗位职责。

②主持编写项目监理规划、审批项目监理实施细则,并负责项目监理机构的日常管理工作。

③审查分包单位的资质,并提出审查意见。

④检查和监督监理人员的工作,根据工程项目的进展情况可进行人员调配,对不称职的人员可调换其工作。

⑤主持监理工作会议,签发项目监理机构的文件和指令。

⑥审定承包单位提交的开工报告、施工组织设计、技术方案、进度计划。

⑦审核签署承包单位的申请、支付证书和竣工结算。

⑧审查和处理工程变更。

⑨主持或参与工程质量事故的调查。

⑩调解建设单位与承包单位的合同争端、处理索赔、审批工程延期。

⑪组织编写并签发监理月报、监理工作阶段报告、专题报告和项目监理工作总结。

⑫审核签认分部工程和单位工程的质量检验评定资料,审查承包单位的竣工申请,组织监理人员对待验收的工程项目进行质量检查,参与工程项目的竣工验收。

⑬主持整理工程项目的监理资料。

（3）总监理工程师代表的职责

①负责总监理工程师指定或交办的监理工作。

②按总监理工程师的授权,行使总监理工程师的部分职责和权力。

③主持编写项目监理规划、审批项目监理实施细则。

④签发工程开工/复工报审表、工程暂停令、工程款支付证书、工程竣工报验单。

⑤审核签任竣工结算。

⑥调解建设单位与承包单位的合同争端,处理索赔,审批工程延期。

⑦根据工程项目的进展情况进行监理人员的调配,调换不称职的监理人员。

（4）专业监理工程师的职责

①负责编制本专业的监理实施细则。

②负责本专业监理工作的具体实施。

③组织、指导、检查和监督本专业监理员的工作,当人员需要调整时,向总监理工程师提出建议。

④审查承包单位提交的涉及本专业的计划、方案、申请、变更,并向总监理工程师提出报告。

⑤负责本专业分项工程验收及隐蔽工程验收。

⑥定期向总监理工程师提交本专业监理工作实施情况报告,对重大问题及时向总监理工程师汇报和请示。

⑦根据本专业监理工作实施情况做好监理日记。

⑧负责本专业监理资料的收集、汇总及整理,参与编写监理月报。

⑨检查进场材料、设备、构配件的原始凭证、检测报告等质量证明文件及其质量情况,根据实际情况认为有必要时对进场材料、设备、构配件进行平行检验,合格时予以签认。

⑩负责本专业的工程计量工作,审核工程计量的数据和原始凭证。

(5)监理员的职责

①在专业监理工程师的指导下开展现场监理工作。

②检查承包单位投入工程项目的人力、材料、主要设备及其使用、运行状况,并做好检查记录。

③复核或从施工现场直接获取工程计量的有关数据并签署原始凭证。

④按设计图及有关标准,对承包单位的工艺过程或施工工序进行检查和记录,对加工制作及工序施工质量检查结果进行记录。

⑤担任旁站工作,发现问题及时指出并向专业监理工程师报告。

⑥做好监理日记和有关的监理记录。

第五节 工程建设监理规划

一、建设工程监理文件的构成

1. 建设工程监理大纲

建设工程监理大纲是监理单位为获得监理任务在投标阶段编制的项目监理方案性文件,它是监理投标书的组成部分。其目的是使得建设单位相信并采用本监理单位的监理方案,能实现建设单位的投资目标和建设意图,从而赢得竞争,获得监理任务。监理大纲的作用是为监理单位经营目标服务的,起着承担监理任务的作用。主要内容为:

(1)拟派监理机构的人员组成。

(2)拟采用的监理机构组织方案、目标控制方案、合同与信息管理方案、组织协调方案。

(3)拟提供建设单位的监理文件。

2. 监理规划

工程建设监理规划是监理单位接受建设单位委托监理后编制的,是指导项目监理机构全面开展监理工作的指导性文件。它是根据项目监理委托合同的规定范围和建设单位的具体要求,在项目总监理工程师的主持下编制,经监理单位技术负责人审核批准后贯彻实施。其目的在于提高项目监理工作效果,保证项目监理委托合同得到全面实施。

工程建设监理规划的作用:

①监理规划是项目监理机构全面开展监理工作的指导性文件。

工程建设监理的中心任务是协助建设单位实现项目总目标,它需要制订计划,建立组织,配备监理人员,进行有效的领导、实施目标控制。项目监理规划就是对项目监理机构开展的各项监理工作做出全面、系统的组织与安排。监理规划的编制应针对项目的实际情况,明确项目监理机构的工作目标,确定具体的监理工作制度、程序、方法和措施,并应具有可操作性。

监理规划应当明确地指出项目监理机构在工程实施过程中,应当做哪些工作,由谁来做这些工作,在什么时间和什么地点做这些工作,如何做好这些工作,它是项目监理机构工作的依据,也是监理业务工作的依据。

②监理规划是工程建设监理主管机构对监理单位实施监督管理的重要依据。

工程建设监理主管机构对监理单位要实施监督、管理和指导,对其管理水平、人员素质、专业配套和监理业绩要进行核查和考评,以确认监理单位的资质和资质等级。因此,建设监理主管机构对监理单位进行考核时应当充分重视对监理规划和其实施情况的检查,它是建设监理主管机构监督、管理和指导监理单位开展工程建设监理活动的重要依据。

③监理规划是建设单位确认监理单位是否全面、认真履行建设工程委托监理合同的主要依据。

监理单位如何履行建设工程委托监理合同,如何落实建设单位委托监理单位所承担的各项监理服务工作,作为监理任务的委托方,建设单位应当加以了解和确认。同时,建设单位有权监督监理单位执行工程委托监理合同。监理规划正是建设单位了解和确认这些问题的最好资料,是建设单位确认监理单位是否履行工程委托监理合同的主要说明性文件。监理规划应当能够全面而详细地为建设单位监督工程委托监理合同的履行提供依据。实际上,监理规划的前期文件,即监理大纲,就是监理规划的框架性文件,而且,经由谈判确定了的监理大纲应当纳入工程委托监理合同的附件中,成为工程建设监理合同文件的组成部分。

④监理规划是监理单位重要的存档资料

项目监理规划的内容随着工程的进展而逐步调整、补充和完善,它在一定程度上真实地反映了一个工程项目监理的全貌,是最好的监理过程记录。因此,它是每一家监理单位的重要存档资料。

3. 监理实施细则

监理实施细则是在监理规划指导下,在落实了各个专业管理的责任后,由专业监理工程师编写并经总监理工程师批准,针对工程项目中某一专业或某一方面监理工作的操作性文件。它起着具体指导监理实务作业的作用。对中型及以上或专业性较强的工程项目,应编制监理实施细则。监理实施细则应符合监理规划的要求,并应结合工程项目的专业特点,做到详细具体、具有可操作性。

监理细则的主要反映以下内容:

(1)专业工程的特点。

(2)监理工作的流程。

(3)监理工作的控制要点及目标值。

(4)监理工作的方法及措施。

4. 监理大纲、监理规划、监理实施细则三者的关系

监理大纲是监理单位为获得监理任务在投标阶段编制的项目监理方案性文件,它是监理投标书的组成部分。其目的是要使建设单位相信采用本监理单位的监理方案,从而赢得竞争,获得监管任务。监理规划是在工程委托监理合同鉴定后制订的指导监理工作开展的纲领性文件。由于他是在明确监理委托关系,以及确定项目总监理工程师以后,在更详细占有有关资料基础上编制而成的,所以其包括的内容与深度比监理大纲更为具体和详细。监理实施细则是

在监理规划指导下,落实了各个专业管理的责任后,由专业监理工程师编写的,针对工程项目中某一专业或某一方面监理工作的操作性文件,它起着具体指导监理实务作业的作用。监理规划依据监理大纲,而监理实施细则依据监理规划。

监理实施细则并非每个监理项目都有,但监理大纲和监理规划则必须都有。

二、监理规划的编制

1. 监理规划编制依据

(1)工程项目外部环境调查研究资料,包括工程地质、工程水文、历年气象、区域地形、自然灾害等及交通设施、通信设施、公用设施、能源和后勤供应情况等。

(2)工程建设方面的法律、法规,包括中央、地方和部门政策、法律、法规。

(3)政府批准的工程建设文件,包括可行性研究报告、立项批文、规划部门确定的规划条件、土地使用条件、环境保护要求、市政管理规定等。

(4)建设工程委托监理合同。

(5)其他工程建设合同。

(6)工程实施过程中输出的有关工程信息。

(7)项目监理大纲。

(8)与建设工程项目相关的合同文件。

2. 监理规划编写要求

(1)监理规划的内容应当规范化、具体化

监理规划作为监理工作的指导性文件,应当全面反映社会监理单位监理工作的思想、组织、方法和手段,并根据工程项目的特点具体化,因此,在编写的总体内容上要统一,在具体内容上要有针对性。

监理规划的内容是根据建设单位委托监理的服务范围来编写的,所以不同项目上的监理规划内容有所不同。但是,无论全过程监理还是阶段性监理,无论是系统的目标控制还是单一的目标控制,监理工程师都应当将目标控制作为一个核心来抓。所以,监理规划的内容首先应当把如何做好目标控制作为基本内容。同时,监理工作在进行目标控制的过程中离不开组织,组织是实现目标控制的基础,也是做好监理工作的前提,任何时候都不要忘记:组织是为实现系统目标的,目标决定组织,组织是为实现目标服务的。另外,合同管理与信息管理也是两项不可忽视的部分,它们对于目标控制并且使工程项目能够在预定的目标要求范围内实现都是十分重要的。所以说,项目组织、目标控制、合同管理和信息管理是构成监理规划的基本内容。这样,就可以将监理规划的内容统一起来,从而达到监理规划在内容上的规范化。

监理规划基本内容的统一和规范化并不排除它的针对性。监理规划是指导一个具体工程项目的监理工作文件,它的具体内容要适应这个工程项目。而每个工程项目都不相同,具有单件性和一次性的特点,因此,需要在监理规划的大框架上用充实的、具有针对性的、反映出本工程特点的内容来写。不仅如此,每一个监理单位和每一位监理工程师对监理的思想、方法和手段都有自己的独到见解,他们的工作经历不同,水平不一,因此在编写监理规划具体内容时应当提倡各尽所能,只要能够有效地实施监理,圆满地完成监理任务就是一个好的切实可行的监理规划。

（2）建立规划的表达方式应当格式化、标准化

现代的科学管理应当讲究效率、效能和效益。在监理规划的内容表达上也应当考虑采用哪一种方式、方法，能够使监理规划表现得更明确、更简洁、更直观，使它便于工作，图、表和简单的文字说明应当是采用的基本方法。

（3）监理规划编写的主持人和决策者应是项目总监理工程师

监理规划应当在总监理工程师主持下编写制订，同时要广泛征求各专业监理工程师的意见并吸收他们中的一部分共同参与编写。编写之前要搜集有关工程项目的状况资料和环境资料作为规划决策的基础。监理规划在编写过程中应当吸收单位的意见，最大限度地满足他们的合理要求，为进一步做好工程服务奠定基础。要听取被监理方的意见，不仅包括该工程项目的承包单位，还应当广泛地向有经验的承包单位征求意见。

总之，监理规划是指导整个项目监理工作的文件，它牵涉监理工作的各个方面，凡是有关的部门和人员都应当关心它，使监理规划在总监理工程师的主持下，由监理规划编写组具体完成。

（4）监理规划的编写应当强调其动态性

监理规划是针对一个具体工程项目编写的，项目的动态性决定了监理规划的形成过程具有较强的动态性。监理规划是进行微观的项目管理中的规划，所以它必须考虑工程项目的发展，富有余地，才能做到对工程有效的管理。

监理规划编写上的动态性主要是指随着工程项目的发展不断地将监理规划加以完善、补充和修改，最后形成一个完整的规划。同时，动态性还指它的可调性，工程项目在运动过程中，内外因素的变化使监理规划的工作内容有所改变，需要对监理规划的偏离进行反复的调整，这就必然造成监理规划本身在内容上要相应地调整，使工程项目能够得到有效控制。

监理规划编写上的动态性还在于由于它所需要的编写信息是逐步提供的。当项目信息很少时，不可能对项目进行详尽的规划，随着设计的不断进展、工程招标方案的出台和实施，工程信息越来越多，监理规划的一些内容，如各项目标、职责分工、监理范围等也可做局部的调整和修改。

（5）监理规划的分阶段编写

监理规划编写阶段可按项目实施的各个阶段来划分。例如，可划分为设计阶段、施工招标阶段和施工阶段等。设计的前期阶段，即设计准备阶段应完成规划的总框架并将设计阶段的监理工作进行"近细远粗"的规划，使规划内容与已经把握住的工程信息紧密结合，既能有效地指导下阶段的监理工作，又为未来的工程实施进行筹划；设计阶段结束，大量的工程信息能够提供出来，所以施工招标阶段监理规划的大部分内容都能够落实；随着施工招标的进展，各承包人逐步确定下来，工程承包合同逐步签订，施工阶段监理规划所需信息基本齐备，足以编写出完整的施工阶段监理规划。在施工阶段，有关监理规划工作主要是根据工程进展情况进行调整、修改，使它能够动态地控制整个工程项目的正常进行。

无论监理规划的编写如何进行阶段划分，但它必须起到指导监理工作的作用，同时还要留出审查、修改的时间。所以，监理规划编写要事先规定时间。

（6）监理规划的编制要用系统设计的方法进行

工程建设监理是一项复杂的系统工程。监理规划正是对这项工程所进行的设计，需要采取先进的科学方法。

监理规划所要建立的系统是目标、原则和众多实施细则所组成的有机整体。其内在因素相互影响并受到外部众多条件的约束。因此,需要按照系统设计的步骤来进行:

①分析该项目监理的任务和目标。

②确定监理规划编写准则。

③提出若干个备选方案。

④对各备选方案进行物质、经济和财务方面的可行性分析。

⑤评价各方案并确定最优方案。

⑥形成并确定方案的具体内容。

按以上步骤开展的监理规划编制是一个反复的过程、循环渐进的过程。所以,监理规划的制订要有较大的投入,包括人、物质和资金的投入,才能做到保证监理规划的针对性和指导性。

3. 监理规划编制的程序

(1)签订委托监理合同及收到设计文件后开始编制。

(2)总监理工程师主持,组织编写班子,编写班子要有专业监理工程师参与。

(3)分析监理委托合同、领会监理大纲。

(4)研究监理项目实际。

(5)分工起草,专业监理工程师参与讨论并负责本专业内的大纲编写。

(6)总监理工程师签署后报监理单位技术负责人审核批准。

(7)在召开第一次工地会议前报送建设单位。

(8)监理规划修改。

4. 监理规划的主要内容

(1)工程项目概况

①工程项目名称。

②工程项目建设地点。

③工程项目组成及建设规模。

④主要建筑结构类型。

⑤工程投资额。

⑥工程项目计划工期。

⑦工程质量目标,按照合同书提出的质量目标要求。

⑧参与工程项目建设各单位。

(2)监理工作范围

工程项目建设阶段监理可以划分为工程项目立项阶段的监理、工程项目设计阶段的监理、工程项目招标阶段的监理、工程项目施工阶段的监理、工程项目保修阶段的监理。工程项目建设监理范围是指监理合同约定的监理项目,可以是项目建设的全过程,也可以是其中一个阶段;可以是全部工程,也可以是其中的一部分工程。

(3)工程项目建设监理目标

工程项目建设监理目标是指监理单位所承担的工程项目的目标控制任务。通常以工程项目的建设规模(投资)、进度、质量三大控制目标来表示。

(4)监理工作内容

①工程项目立项阶段监理主要内容

a.协助建设单位准备项目报建手续。

b.项目可行性研究咨询。

c.技术经济论证。

d.编制工程建设匡算。

e.组织设计任务书编制。

②设计阶段建设监理工作的主要内容

a.结合工程项目特点,收集设计所需的技术经济资料。

b.编写设计要求文件。

c.组织工程项目设计方案竞赛或设计招标,协助建设单位选择好勘测设计单位。

d.拟订和商谈设计委托合同内容。

e.向设计单位提供设计所需基础资料。

f.配合设计单位开展技术经济分析,做好设计方案的比选,优化设计。

g.配合设计进度,组织设计单位与有关部门,如消防、环保、土地、人防、防汛、园林,以及供水、供电、供气、供热、电信等部门的协调工作。

h.组织各设计单位之间的协调工作。

i.参与主要设备、材料的选型。

j.审核工程估算、概算。

k.审核主要设备、材料清单。

l.审核工程项目设计图纸。

m.检查和控制设计进度。

n.组织设计文件的报批。

③施工招标阶段建设监理工作的主要内容

a.拟订工程项目施工招标方案并征得建设单位同意。

b.准备工程项目施工招标条件。

c.办理施工招标申请。

d.编写施工招标文件。

e.标底经建设单位认可后,报送所在地方建设主管部门审核。

f.组织工程项目施工招标工作。

g.组织现场勘察与答疑会,解答投标人提出的问题。

h.组织开标、评标及定标工作。

i.协助建设单位与中标单位商签承包合同。

④材料、物资采购供应的建设监理工作

对于有建设单位负责采购供应的材料、设备等物资,监理工程师应负责进行制订计划、监督合同执行和供应工作。具体监理工作的主要内容有:

a.制订材料、物资供应计划和相应的资金需求计划。

b.通过质量、价格、供货期、售后服务等条件的分析和比选,确定材料、设备等物资的供应厂家。重要设备尚应访问现有使用用户,并考察生产厂家的质量保证系统。

c.拟订并商签材料、设备的订货合同。

d. 监督合同的实施,确保材料设备的及时供应。

⑤施工阶段监理工作内容

a. 要求承包单位报送重点部位、关键工序的施工工艺和确保工程质量的措施。

b. 审定新材料、新工艺、新技术、新设备的施工工艺措施和证明材料,必要时组织专题论证。

c. 复验和确认承包人在施工过程中报送的施工测量放线成果。

d. 审核承包人报送的拟进场工程材料、构配件和设备的工程材料/构配件/设备报审表及其质量证明资料进行,并对进场的实物按照委托监理合同约定或有关工程质量管理文件。

e. 按规定的比例采用平行检验或见证取样方式进行抽检。

f. 定期检查承包人的直接影响工程质量的计量设备的技术状况。

g. 施工过程进行巡视和检查。对隐蔽工程的隐蔽过程、下道工序施工完成后难以检查的重点部位,专业监理工程师应安排监理员进行旁站。

h. 现场检查隐蔽工程报验申请表和签认自检结果。

i. 审核承包人报送的分项工程质量验评资料。

j. 对施工过程中出现的质量缺陷,应及时下达监理工程师通知,要求承包人整改,并检查整改结果,做好记录。施工存在重大质量隐患,可能造成质量事故或已经造成质量事故的,总监理工程师应及时下达工程暂停令,要求承包人停工整改。下达工程暂停令和签署工程复工报审表,宜事先向建设单位报告。

k. 对需要返工处理或加固补强的质量事故,总监理工程师应责令承包人报送质量事故调查报告和经设计单位等相关单位认可的处理方案,项目监理机构应对质量事故的处理过程和处理结果进行跟踪检查和验收。

⑥工程造价控制监理工作内容

a. 按施工合同的约定审核工程量清单和工程款支付申请表,总监理工程师签署工程款支付证书,并报建设单位。审核承包人报送的竣工结算报表,总监与建设单位、承包人协商一致后,签发竣工结算文件和最终的工程款支付证书,报建设单位。

b. 审查工程变更的方案,确定工期、费用变更。

c. 及时收集、整理有关的施工和监理资料,为处理费用索赔提供证据。

d. 未经监理人员质量验收合格的工程量,或不符合施工合同规定的工程量,监理人员应拒绝进行工程量计量和该部分的工程款支付申请。

⑦工程进度控制监理工作内容

a. 总监理工程师审批承包人报送的施工总进度计划。

b. 总监理工程师审批承包人编制的年、季、月度施工进度计划。

c. 专业监理工程师对进度计划实施情况检查、分析。

d. 对进度目标进行风险分析,制定防范性对策,报送建设单位。

e. 总监理工程师应在监理月报中向建设单位报告工程进度和所采取进度控制措施的执行情况,并提出合理预防由建设单位原因导致的工程延期及其相关费用索赔的建议。

f. 工程变更的管理预防与处理索赔。

⑧工程质量保修期的监理。

a. 对建设单位提出的工程质量缺陷进行检查和记录。

b. 对承包人进行修复的工程质量进行验收,合格后予以签认。

c. 监理人员应对工程质量缺陷原因进行调查分析并确定责任归属。

d. 对非承包单位原因造成的工程质量缺陷,监理人员应核实修复工程的费用和签署工程款支付证书,并报建设单位。

(5)合同管理

①拟订本工程项目合同体系及合同管理制度,包括合同草案的拟订、会签、协商、修改、审批、签署、保管等工作制度及流程。

②协助建设单位拟订项目的各类合同条款,并参与各类合同的商谈。

③合同执行情况的分析和跟踪管理。

④协助建设单位处理与项目有关的索赔事宜及合同纠纷事宜。

⑤进行合同执行状况的动态分析。

(6)项目监理机构的组织形式

项目监理机构的组织形式和规模应根据工程委托监理合同规定的服务内容、服务期限、工程类别、规模、技术复杂程度、工程环境等因素确定。

(7)项目监理机构的人员配备计划

监理人员有总监理工程师、专业监理工程师和监理员,必要时可配备总监理工程师代表。项目监理机构的监理人员应专业配套、数量满足工程项目监理工作的需要。

(8)项目监理机构的人员岗位职责

①项目监理机构职能部门的职责分工。

②各类监理人员的职责分工。

(9)监理工作程序

①制订监理目标编制监理工作程序根据专业工程特点,并按工作内容分别制订具体的监理工作程序。

②制订监理工作程序应体现事前控制和主动控制的要求。

③制订监理工作程序应结合工程项目的特点,注重监理工作的效果。监理工作程序中应明确工作内容、行为主题、考核标准、工作时限。

④当涉及建设单位和承包人的工作时,监理工作程序应符合委托监理合同和施工合同的规定。

⑤在监理工作实施过程中,应根据实际情况的变化对监理工作程序进行调整和完善。

(10)监理工作方法及措施

监理工作方法及措施是监理规划的重要内容,应根据监理目标拟订监理原则、监理方法和主控项目的控制措施。

工程质量控制措施如下:

①在施工过程中,当承包人对已批准的施工组织设计进行调整、补充或变动时,应经专业监理工程审查,并应由总监理工程师签认。

②专业监理工程师应要求承包人保送重点部位、关键工序的施工工艺和确保工程质量的措施,审核同意后予以签认。

③当承包人采用新建材、新工艺、新技术、新设备时,专业监理工程师应要求承包人报送相应的施工工艺措施和证明材料,组织专题论证,经审定后寓意签认。

④项目监理机构应对承包人在施工过程中报送的施工测量放线成果进行复验和确认。

⑤专业监理工程师应对承包人的试验室进行考核，考核内容为：试验室的资质等级及其试验范围；法定计量部门对试验设备出具的计量检定证明；试验室的管理制度；试验人员的资格证书。

⑥专业监理工程师应对承包人报送的拟进场工程材料、构配件和设备的工程材料/构配件/设备报审表及其质量证明资料进行审核，并对进场的实物按照委托监理合同约定或有关工程质量管理文件规定的比例采用平行检验或见证取样方式进行抽检。对未经监理人员验收或验收不合格的工程材料、构配件、设备，监理人员应拒绝签认，并应签认监理工程师通知单，书面通知承包人限期将不合格的工程材料、构配件、设备撤出现场。

⑦项目监理机构应定期检查承包人的直接影响工程质量的计量设备的技术状况。

⑧总监理工程师应安排监理人员对施工过程进行巡视和检查。对隐蔽工程的隐蔽过程、下道工序施工完成后难以检查的重点部位，专业监理工程师应安排监理员进行旁站。

⑨专业监理工程师应根据承包人报送的隐蔽工程报验申请表和自检结果进行现场检查，符合要求予以签认。对未经监理人员验收或验收不合格的工序，监理人员应拒绝签认。并要求承包人严禁进行下一道工序的施工。

⑩专业监理工程师应对承包人报送的分项工程质量验评资料进行审核，符合要求后予以签认。总监理工程师应组织监理人员对承包人报送的分部工程和单位工程质量验评资料进行审核和现场检查，符合要求后予以签认。

⑪对施工过程中出现的质量缺陷，专业监理工程师应及时下达监理工程师通知，要求承包人整改，并检查整改结果。

监理人员对需要返工处理或加固补强的质量事故，总监理工程师应责令承包人报送质量事故调查报告和经设计单位等相关单位认可的处理方案，项目监理机构应对质量事故的处理过程和处理结果进行跟踪检查和验收。总监理工程师应及时向建设单位及本监理单位提交有关质量事故的书面报告，并应将完整的质量事故处理记录整理归档。

工程造价控制措施如下：

①承包人统计经专业监理工程师质量验收合格的工程量，按施工合同的约定填报工程量清单和工程款支付申请表；专业监理工程师进行现场计量，按施工合同的约定审核工程量清单和工程款支付申请表，并报总监理工程师审定；总监理工程师签署工程款支付证书，并报建设单位。

②项目监理机构应依据施工合同有关条款、施工图，对工程项目造价目标进行风险分析，并应制订防范性对策。

③总监理工程师应从造价、项目的功能要求、质量和工期等方面审查工程变更的方案，并宜在工程变更实施前与建设单位、承包人协商确定工程变更的价款。

④项目监理机构应按施工合同约定的工程量计算规则和支付条款进行工程量计量和工程款支付。

⑤专业监理工程师应及时建立月完成工程量计算规则和支付条款，进行工程量计量和计划完成量进行比较、分析，制订调整措施，并应在监理月报中向建设单位报告。

⑥专业监理工程师应及时收集、整理有关的施工和监理资料，为处理费用索赔提供证据。

⑦项目监理机构应及时按施工合同的有关规定进行竣工结算，并应对竣工结算的价款总

额与建设单位和承包人进行协商。当无法协商一致时,应按有关规定进行处理。

⑧未经监理人员质量验收合格的工程量,或不符合施工合同规定的工程量,监理人员应拒绝计量并拒绝该部分的工程款支付申请。

工程进度控制措施如下:

①总监理工程师及时审批承包人报送的施工总进度计划及年、季、月度施工进度计划;专业监理工程师对进度计划实施情况检查、分析;当实际进度符合计划进度时,应要求承包人编制下一期进度计划;当实际进度滞后于计划进度时,专业监理工程师应书面通知承包人采取纠偏措施并监督实施。

②专业监理工程师应依据施工合同有关条款、施工图及经过批准的施工组织设计制订进度控制方案,对进度目标进行风险分析,制订防范性对策,经总监理工程师审定后报送建设单位。

③总监理工程师应在监理月报中向建设单位报告工程进度和所采取进度控制措施的执行情况,并提出合理预防由建设单位原因导致的工程延期及其相关费用索赔的建议。

(11)监理工作制度

①项目立项阶段。

a.可行性研究报告评审制度。

b.工程匡算审核制度。

c.技术咨询制度。

②设计阶段

a.设计大纲、设计要求编写及审核制度。

b.设计委托合同管理制度。

c.设计咨询制度。

d.设计方案评审制度。

e.工程估算、概算审核制度。

f.施工图纸审核制度。

g.设计费用支付签署制度。

h.设计协调会及会议纪要制度。

i.设计备忘录签发制度等。

③施工招标阶段

a.招标准备工作有关制度。

b.编制招标文件有关制度。

c.标底编制及审核制度。

d.合同条件拟订及审核制度。

e.组织招标实务有关制度等。

④施工阶段

a.施工图纸会审及设计交底制度。

b.施工组织设计审核制度。

c.工程开工申请制度。

d.工程材料、半成品质量检验制度。

e. 隐蔽工程、检验批、分项、分部工程质量验收制度。

f. 技术复核制度。

g. 单位工程、单项工程中间验收制度。

h. 技术经济签证制度。

i. 设计变更处理制度。

j. 现场协调会及会议纪要签发制度。

k. 施工备忘录签发制度。

l. 施工现场紧急情况处理制度。

m. 工程款支付前的签审制度。

n. 工程索赔签审制度等。

⑤项目监理机构内部工作制度

a. 项目监理机构工作会议制度。

b. 对外行文审批制度。

c. 建立监理工作日志制度。

d. 监理周报、月报制度。

e. 技术、经济资料及档案管理制度。

f. 监理费用预算制度等。

(12)监理设施

根据监理目标拟订项目监理的主要检测设备,制订检测计划,方法和手段。

建设单位应提供委托监理合同约定的满足监理工作需要的办公、交通、生活设施。项目监理机构应妥善保管和使用建设单位提供的设施,并应在完成监理工作后移交建设单位。

项目监理机构应根据工程项目类别、规模、技术复杂程度、工程项目所在地的环境条件,按委托监理合同的约定,配备满足监理工作需要的常规检测设备和工具。

在大中型项目的监理工作中,项目监理机构应实施监理工作的计算机辅助管理。

三、监理规划的实施

1. 监理规划的严肃性

(1)监理规划一经确定,进行审核并批准后,应当提交给建设单位确认和监督实施。所有监理工作和监理人员必须按此严格执行。

(2)监理单位应根据编制的监理规划建立合理的组织结构、有效的指挥系统和信息管理制度,明确和完善有关人员的职责分工,落实监理工作的责任,以保证监理规划的实现。

2. 监理规划的交底

项目总监理工程师应对编制的监理规划逐级及分专业进行交底。应使监理人员明确:建设单位对监理工作的要求是什么,监理工作要达到的目标是什么,这要通过项目的投资控制、质量控制、进度控制目标体现出来。在监理工作中具体采用的监理措施,如组织方面的措施、技术方面的措施、经济方面的措施、合同方面的措施是什么等。在监理规划的基础上,要求各专业监理工程师对监理工作"做什么"、"如何做"进行具体化和补充,即根据监理项目的具体情况负责编写监理实施细则。

3. 对监理规划执行情况进行检查、分析和总结

监理规划在实施过程中要定期进行执行情况的检查。检查的主要内容有：建设单位为监理工作创造的条件是否具备；监理工作是否按监理规划或监理实施细则展开；监理工作制度是否认真执行；监理工作还存在哪些问题或制约因素等。根据检查中发现的问题和对其原因的分析，以及监理实施过程中各方面发生的新情况和新变化，需要对原制订的规划进行调整或修改。监理规划的调整或修改，主要是监理工作内容和深度，以及相应的监理工作措施。凡监理目标的调整或修改，除中间过程的目标外，若影响最终的监理目标时，应与建设单位协商并取得认可。监理规划的调整或修改与编制时的职责分工相同，也应按照拟订方案、审核、批准的程序进行。

实行建设监理制，实现了项目活动的专业化、社会化管理，使得监理单位可以按照项目的特点对每个不同的监理项目实施不同的管理，对每个项目单独编制和实施监理规划是这种管理内容的一部分。监理单位为了提高监理水平，应对每个监理的项目进行认真的分析和总结，以此积累经验，并把这些经验转变为监理单位的监理规则，用它们长久地指导监理工作，这样才能从根本上杜绝"只有一次教训，没有二次经验"的现象，使我国的建设监理事业逐步适应工程建设发展的需要。

第六节　工程建设监理的目标控制

一、工程建设监理目标控制的基本概念

工程建设监理的中心工作是对工程项目建设的目标进行控制，即对投资、进度和质量目标进行控制。监理工作的好坏主要是看能否将工程项目置于监理工程师的控制之下。监理的目标控制是建立在系统论和控制论的基础上。从系统论的角度认识工程建设监理的目标，从控制论的角度理解监理目标控制的基本原理，对工程建设项目实施有效地控制是有意义的。

1. 工程建设监理目标

工程建设监理是监理工程师受建设单位的委托，对工程建设项目实施的监理管理。由于监理活动是通过项目监理组织开展的，因此，监理目标也就是监理组织的目标。监理组织是为了完成建设单位的监理委托而建立的，其任务是帮助实现建设单位的投资目的，即在计划的投资和工期内，按规定质量完成项目，监理目标也应是由工期、质量和投资构成的；监理目标是监理活动的目的和评价活动效果（标准）的统一，监理工作的好坏也只能是用对质量、投资、进度的具体标准加以评价。

2. 监理目标系统

由于监理目标不是单一的目标，而是多个目标，强调目标的整体性以及这些不同目标之间的联系就显得非常重要。这就需要从系统的角度来理解监理目标。

用系统论的观点来指导建设监理工作，首先就是要把整个监理目标作为一个系统来看待。所谓系统，是指诸要素相互联系、相互作用，并具有特定功能的整体。一个系统必须有两个以上互相联系、互相依存的关系。由于要素之间的联系形式与内容较要素抽象，不易

察觉,而且不同的联系又会产生不同的效能,因此研究联系比认识要素更加复杂、更加重要。建设监理目标系统可划分为 3 个要素,即投资目标、进度目标和质量目标,三者之间有着一定的联系。

3.投资、进度、质量三大目标的关系

系统的一个指导原则是整、分、合原则,即整体把握、科学分解、组织综合。整体把握,是由系统的本质特性决定的,它告诉人们办事必须把握住整体,因为没有整体也没有系统;科学分解,可以研究和搞清系统要素内部之间的互相关系;组织综合,就是经过分解后的系统在运行过程中,必须回到整体上来。对于监理目标系统,该原则指导我们必须从整体上把握项目的投资、进度和质量目标。不能偏重于某一个目标。而在建立目标系统时,则应对目标进行合理的分解,即使是对进度、投资和质量子目标,也应该如此,以有利于进行目标的控制。而建立组织的各部门、各单位都要按目标来指导工作。如进度目标的控制部门,在采取措施控制目标时,必须考虑到采取这些措施对目标整体的影响,如对质量、投资目标的影响。

监理目标是一个目标系统,包括质量、投资、进度三大目标子系统,它们之间互相依存,互相制约。一方面,投资、进度、质量三大目标之间存在着矛盾和对立的一面。例如,如果提高工程质量目标,就要投入较多的资金和花费较长的建设时间;如果要缩短项目的工期,投资就降低目的的功能要求和质量标准。另一方面,投资、进度和质量目标还存在着统一的关系。例如,适当增加投资的数量、为采取加快进度措施提供经济条件,就可以加快项目建设速度、缩短工期,使项目提前运营,投资尽早收回,项目的经济效应就会得到提高;适当提高项目功能要求和质量标准,虽然会造成一次性投资的提高和工期的延长,但能够节约项目动用的经常费用和维修费用,降低产品成本,从而获得更好的投资经济效应;如果项目进度计划制定得即可行又优化,使工程进展具有连续性、均衡性,则不但可以使工期得以缩减,而且又可以获得较好质量和较低的费用。三大目标之间的关系如图 1-4 所示。

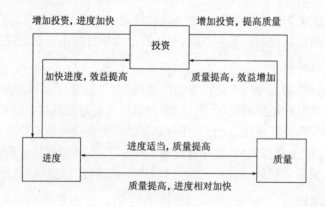

图 1-4　投资、进度、质量三大目标的关系

由于工程项目的投资、进度、和质量目标的对立统一关系,因此,对一个工程项目,通常不能说某个目标最重要。同一个工程项目,在不同的时期,三大目标的重要程度可以不同。对监理工程师而言,应把握住特定条件下工程项目三大目标的关系及重要顺序,恰如其分地对整个目标系统实施控制。

二、工程建设监理目标控制原理

项目控制是一项系统工程,所谓控制就是按照计划目标和组织系统,对系统各部分进行跟踪检查,以保证协调完成总体目标,控制与反馈是控制论的重要原理。

1. 控制

控制是一种有目的的主动行为,没有明确的目的或目标,就谈不上控制,明确活动的目的是实施控制的前提,控制行为必须由控制主体和控制对象两个部分构成。控制主体即实施控制的部分,由它决定控制的目的,并向控制对象提供条件,发出指令。控制对象即被控部分,它是直接实现控制目的的部分,其运行效果反映出控制的效果。控制对象的行为必须有可描述和量测的状态变化,没有这种变化,就没有必要控制;没有这种变化,就不可能找到控制对象的行为与控制目的的偏差,进而实施控制。控制是目的和手段的统一,能否实现有效的控制,不仅要有明确的目的,还必须有相应的手段。

综合以上含义,控制就是主体对客体施加一种主动影响(或作用),其目的是为了保持事物状态的稳定性或促成事物由一种状态向另一种状态转换。

2. 反馈

反馈是控制论的一个重要概念。反馈是指把施控系统的信息作用(输入)到被控系统后产生的结果再返送回来,并对信息的再输出发生影响的过程,如图1-5所示。

反馈有两种基本类型:正反馈和负反馈。正反馈是指输入变化的方向与反馈信号的变化方向相同,即当系统的信号增加时,系统的影响也增加;或当系统的输入信号减少时,系统输入影响也

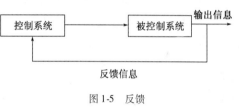

图1-5 反馈

减少。正反馈的结果使系统的行为更加偏离原来的目的值。负反馈是指反馈信号与输入的符号相反,即当系统的输入信号增加时,使系统输入影响减少;或当系统的输入信号减少时,使系统输入影响增加。负反馈的结果使系统的行为对控制目标的偏离减少,使系统趋于稳定状态。

控制理论最重要的原理之一就是反馈控制原理,即利用反馈来进行控制。当控制的目的是为了保持事物状态的稳定性时,采用负反馈控制;当控制的目的是促使事物由一种状态向另一种状态转换时,采用正反馈控制。

3. 控制过程

控制过程的形成依赖于反馈原理,它是反馈控制和前馈控制的组合。图1-6所示为控制的过程。从图中可以看出,控制过程始于计划,项目按计划开始实施,投入人力、材料、机具、信息等,项目开展后不断输出实际的工程状况和实际的质量、进度和投资情况的指标。由于受系统内外各种因素的影响,这些输出的指标可能与相应的计划指标发生偏离。控制人员在项目开展过程中,要广泛收集各种与质量、进度、投资目标有关的信息,并将这些信息进行整理、分类和综合,提出工程状况报告。控制部门根据这些报告将项目实际完成的投资、进度和质量指标与相应的计划指标进行比较,以确定是否产生偏差。如果计划运行正常,就按原计划继续运行,如果有偏差,或者预计将要产生偏差,就要采取纠正措施,或改变投入或修改计划,或采取其他纠正措施,使计划呈现一种新状态,然后工程按新的计划进行,开始一个新的循环过程。

这样的循环一直持续到项目建成运用。

一个建设项目目标控制的全过程就是由这样的一个个有限的循环过程所组成的,是动态过程。图1-6也称为动态控制原理图。

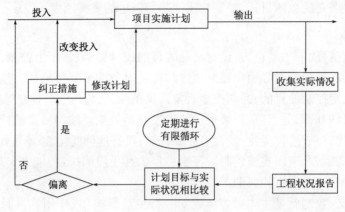

图1-6 控制过程图

(1)控制过程的主要环节性工作

从上述动态控制过程可以看出,控制过程的每次循环,都要经过投入、转换、反馈、对比、纠正等工作,这些工作是主要环节性工作。

①投入。投入就是根据计划要求投入人力、财力、物力。计划是行动前制订的具体活动内容和工作步骤,其内容不但反映了控制目标的各种指标,而且拟订了实现目标的方法、手段和途径。控制同计划有着紧密的联系,控制保证计划的执行并未下一步计划提供依据,而计划的调整和修改又是控制工作的内容,控制和计划构成一个连续不断的"循环链"。做好投入工作,就是要按质量、数量符合计划要求的资源按规定时间投入到工程建设中去。例如,监理工程师在每项工程开工之前,要认真审查承包人的人员、材料、机械设备等的准备情况,保证与批准的施工组织计划一致。

②转换。转换主要是指工程项目由投入到生产的过程,也就是工程建设目标实现的过程。转换过程受各方面因素的干扰较大,监理工程师必须做好控制工作。一方面,要跟踪了解工程进展的情况,收集工程信息,为分析偏差原因、采取纠正措施做准备;另一方面,要及时处理出现的问题。

③反馈。反馈是指反馈各种信息。信息是控制的基础,及时反馈各种信息,才能实施有效控制。信息包括项目实施过程中已发生的工程状况、环境变化等信息,还包括对未来工程预测信息。要确定各种信息流通渠道,监理功能完善的信息系统,保证反馈的信息真实、完整、正确和及时。

④对比。对比是将实际目标值与计划目标值进行比较,以确定是否产生偏差以及偏差的大小。进行对比工作,首先是确定实际目标值。这是在各种反馈信息的基础上,进行分析、综合,形成与计划目标对应的目标值。然后将这些目标值与衡量标准(计划目标值)进行对比,判断偏差。如果存在偏差,还要进一步判断偏差的程度大小,同时,还要分析产生偏差的原因,以便找到消除偏差的措施。

⑤纠正。纠正即纠正偏差。根据偏差的大小和产生偏差的原因,有针对性地采取措施来纠正偏差。如果偏差较小,通常可采用较简单的措施纠偏;如果偏差较大,则需要改变局部计

划才能使计划目标得以实现。如果已经确定原定计划不能实现,就要重新确定目标,制订新计划,然后工程在新计划下进行。

投入、转换、反馈、对比和纠正工作构成一个循环链,缺少某一工作,循环就不健全;某一工作做得不够,都会影响后续工作和整个控制过程。因此,要做好控制工作,必须重视每一项工作,把这些工作做好。

（2）控制的方式

控制方式是指约束、支配、驾驭被控对象行为的途径和方法,是控制的表现形式。

监理控制的方式可以按照不同的方法来划分。按照被控系统全过程的不同阶段,控制可划分为事前控制、事中控制和事后控制。事前控制,即在投入阶段对被控系统进行控制,又称为预先控制;事中控制又称为过程控制,是在转化过程阶段对被控系统进行控制;事后控制是在产出阶段对系统进行控制。按照反馈的形式,可划分为前馈控制和反馈控制。总的来说,控制方式可分为两类:被动控制和主动控制。

①被动控制。被动控制是根据被控系统输出情况,与计划值进行比较,以及当实际偏离计划值时,分析其产生偏差的原因,并确定下一步的对策。被动控制是事后控制,也是反馈控制。

被动控制的特点是根据系统的输出来调节系统的再输入和输出,即根据过去的操作情况,去调整未来的行动。这种特点,一方面决定了它在监理控制中具有普遍的应用价值;另一方面,也决定了它自身的局限性。这个局限性首先表现在,在反馈信息的检测、传输和转换过程中,存在着不同程度的"时滞",即时间延迟。这种时滞表现在三方面:一是当系统运行出现偏差时,检测系统常常不能及时发现,有时等到问题明显严重时,才能引起注意;二是对反馈信息的分析、处理和传输,常常需要大量的时间;三是在采取了纠正措施,即系统输入发生变化后,其输出并不立即改变,常常需要等待一段时间才变化。

②主动控制。主动控制指事先主动地采取决策措施,以尽可能地减少、甚至避免计划值与实际值的偏离。很显然,主动控制是事前控制。它对控制系统的要求非常高,特别是对控制者的要求很高,因为它是建立在对未来预测的基础之上的,其效果的大小,有赖于准确的预测分析。由于工程项目具有一次性的特点,因而从理论上讲,监理的控制都应是主动控制,这也是对监理工程师的素质要求很高的原因。

但实现主动（前馈）控制是相当复杂的工作,要准确地预测到系统每一变量的预期变化,并不是一件容易的事。某些难以预测的干扰因素的存在,也常常给主动控制带来困难。但这些并不意味着主动控制是不可能实现的。在实际工作中,重要的是准确地预测决定系统输出的基本和主要的变量或因素,并使这些变量及其相互关系模型化和计算机化,至于一些次要的变量和某些干扰变量,不可能全部预测到。对于这些不易预测的变量,可以在主动控制的同时,辅以被动控制不断予以消除。

实际上,主动控制和被动控制对于有效的控制而言都是必要的,两者目标一致,相辅相成,缺一不可。控制过程就是这两种控制的结合,是两者的辩证统一。

三、工程建设监理目标控制的措施

为了对监理目标系统进行有效的控制,必须采取有效的措施,这些措施包括组织措施、技术措施、合同措施、经济措施。

1. 组织措施

组织措施是对被控对象具有约束功能的各种组织形式、组织规范、组织指令的集合。组织是目标控制的基本前提和保障。控制的目的是为了评价工作并采取纠偏措施,以确保计划目标的实现。监理人员必须知道,在实施计划的过程中,如果发生了偏差,责任由谁承担,采取纠偏行动的职责由谁承担。由于所有控制活动都是由人来实现的,如果没有明确的机构和人员,就无法落实各项工作和职能,控制也就无法进行。因此,组织措施对控制来说是很重要的。

组织措施具有权威性和强制性,使被控对象服从一个同意的指令,这是通过相应的组织形式、组织规范和组织命令体现的;组织手段还具有直接性,控制系统可以直接向被控系统下达指令,并直接检查、监督和纠正其行为。通过组织措施,采取一定的组织形式,能够把分散的部门或个人联成一个整体;通过组织的故意反作用,能把人们的行为导向预定方向;通过一定的组织规范和组织命令,能使组织成员行为受到约束。

对于被控对象而言,任何组织形式都意味着一种约束和秩序,以为这其行为空间的缩小和确定。组织形式越完备、越合理,被控对象的可控性就越高,组织控制形式不同,其控制效果也不同。因此,采取组织措施,必须首先建立有效的组织形式。其次,必须建立完善配套的组织规范,完善监理组织的职责分工及有关制度。同组织形式一样,任何组织规范也都意味着一种约束。对于被控对象来说,组织规范是对其行为人追究其责任。从控制角度看,奖励是对被控系统行为的正反馈、惩罚属于负反馈。它们都能有效地缩小被控对象的行为空间,提高他们行为调整和行为选择的正确性。

2. 技术措施

工程建设监理为建设单位提供的是技术服务,控制在很大程度上需要技术来解决问题,技术措施是必要的控制措施。技术措施是被控对象最易接受的,因而也是很有效的措施。监理在三大目标的控制上均可采取技术措施。在投资控制方面,协助建设单位合理确定标底和合同价;通过质量价格对比,确定材料设备的供应商;通过审核施工组织设计和施工方案,合理支出施工措施费等。在质量控制方面,通过各种技术手段进行事前、事中、事后的质量控制。在进度控制方面,采用网络控制技术;增加同时作业的施工面;采用高效能施工机械设备;采用新技术、新工艺、新材料等。

3. 合同措施

合同措施具有强大的威慑力量,它能使合同各方处于一个安定的位置。还具有强制性。合同一旦生效,就必须遵守,否则就要受到相应的制裁。合同措施更加具有稳定性。在合同中,合同各方的权利、义务和责任都已写明,对各方都有强大的约束力。合同措施是监理工程师实施控制的主要措施。

为了有效地采取合同措施,监理工程师首先在合同的签订方面要协助建设单位确定合同的形式,拟订合同条款,参与合同谈判。合同的形式和内容,直接关系到合同的旅行和合同的管理,对监理工程师采取合同措施有很大的影响。其次,要强化合同管理工作,认真监督合同的实施,处理好合同执行中出现的问题,公正处理合同纠纷,做好防止和处理索赔的工作等。

4. 经济措施

经济措施是把个人或组织的行为结果与其经济利益联系起来,用经济利益的增加或减少来调节或改变个人或组织行为的控制措施。其表现形式包括价格、工资、利润、资金、罚款等经济和价值工具以及经济合同、经济责任制等。

经济措施与组织措施、合同措施相比一个突出特点是非强制性。即它不像组织措施或合同措施那样要求被控对象必须做什么或不做什么;其次是它的间接性,即它并不直接干涉和左右被控对象的行为,而是通过经济来调节和控制人们的行为。

采用经济手段,把被控对象那些有价值、有益处的正确行为或积极行为及其结果变换它的经济收益,而把那些无价值、无益处的非正确行为或消极行为及其结果变换为它的经济损失,通过这种变换作用,就能有效地强化被控对象的正确行为或积极行为,而改变其错误行为或消极行为。在市场经济下,各方都很关心自己的利益,经济手段能发挥很大的作用。

监理工程师常用的经济措施是收集、加工、整理工程经济信息;对各种实现目标的计划进行资源、经济、财务等方面的可能性分析;对经常出现的各种设计变更和其他工程变更方案进行技术经济分析;对工程概、预算进行审核;对支付进行审查;采取各种奖励制度等。

在实际工作中,监理工程师通常要从多方面采取措施进行控制,即将以上几种措施有机地结合起来,采取综合性的措施,以加大控制的力度,使工程建设整体目标得以实现。

第二章

建设工程监理的合同管理

第一节　合同基本概念及种类

合同是平等主体的自然人、法人、其他经济组织(包括中国的和外国的)之间建立、变更终止民事法律关系的协议。在人们的社会生活中,合同是普遍存在的。在社会主义市场经济中,社会各类经济组织或商品生产经营之间存在着各种经济往来关系。它们是最基本的市场经济活动,它们都需要通过合同来实现和连接,需要用合同来维护当事人的合法权利益,维护社会的经济秩序。没有合同,整个社会的生产和生活就不可能有效和正常地进行。我国于1999年3月15日颁布了《中华人民共和国合同法》(以下简称《合同法》),并于1999年10月1日起施行。在我国,合同法是适用于合同的最重要的法律。《合同法》调整的对象主要是经济合同、技术合同和其他民事合同。其中最主要的是以下几种常见的合同类型:

1. 买卖合同

买卖合同是为了转移标的物的所有权,在出卖人和买受人之间签订的合同。出卖人将原属于他的标的物的所有权转移给买受人,买受人支付相应的合同价款。在建筑工程中,材料和设备的采购合同就属于这一类合同。

2. 供电（水、气、热力）合同

该合同适用于电（水、气、热力）的供应活动。按合同规定，供电（水、气、热力）人向用电（水、气、热力）人供电（水、气、热力），用电（水、气、热力）人支付相应的费用。

3. 赠予合同

该合同是财产的赠予人与受赠人之间签订的合同。赠予人将自己的财产无偿地赠予受赠人，受赠人表示接受赠予。

4. 借款合同

该合同是借款人与贷款人之间因资金的借贷而签订的合同。借款人向贷款人借款，到期返还借款并支付利息。

5. 租赁合同

该合同是出租人与承租人之间因租赁业务而签订的合同。出租人将租赁物交承租人使用、收益，承租人支付租金，并按期交还租赁物。在建筑工程中常见的有周转材料和施工设备的租赁。

6. 融资租赁合同

融资租赁是一种特殊的租赁形式。出租人根据承租人对设备出卖人、租赁物的选择，向出卖人租卖租赁物，再提供给承租人使用，承租人支付相应的租金。

7. 承揽合同

该合同是承揽人与定作人之间就承揽工作签订的合同。承揽人按定作人的要求完成工作，交付工作成果，定作人支付相应的报酬。承揽工作包括加工、定做、维修、测试、检验等。

8. 建设工程合同

该合同是发包人与承包人之间签订的合同，包括建设工程勘察设计、施工合同。

9. 运输合同

该合同是承运人将旅客或货物从起运地点运输到约定的地点，旅客、托运人或收货人支付票款或运输费的合同。运输合同的种类很多，按运输对象不同，可分为旅客运输合同和货物运输合同；按运输方式的不同，可分为公路运输合同、水上运输合同、铁路运输合同、航空运输合同；按同一合同中承运人的数目，可分为单一运输合同和联合运输合同等。

10. 技术合同

该合同是当事人就技术开发、转让、咨询或服务订立的合同。它又可分为技术开发合同、技术转让合同和技术服务合同。

11. 保管合同

该合同是在保管人和寄存人之间签订的合同。保管人保管寄存人交付的保管物，并返还该保管物。而保管的行为可能是有偿的，也可能是无偿的。

12. 仓储合同

该合同是一种特殊的保管合同。保管人储存存货人交付仓储物，存货人支付仓储费。

13. 委托合同

该合同是委托人和受托人之间签订的合同。受托人接受委托人的委托，处理委托人的事务。

14.居间合同

该合同是就订立合同的媒介服务及相关事物签订的合同。合同主体是委托人和居间人。居间人向委托人报告订立合同的媒介服务,委托人支付报酬。

上述合同在我国的合同法中被称为列名合同。

第二节　合同法基本原则

合同法的基本原则是合同当事人在合同的签订、执行、解释和争执的解决过程中应当遵守的基本准则,也是人民法院、仲裁机构在审理、仲裁合同纠纷时应当遵循的原则。合同法关于合同订立、履行、违约责任等内容,都是根据这些基本原则规定的。

一、自愿原则

自愿原则是合同法重要的基本原则,也是市场经济的基本原则之一,也是一般国家的法律准则。自愿原则体现了签订合同作为民事活动的基本特征。它表现在:

(1)合同当事人之间的关系。《合同法》规定:合同当事人的法律地位平等,一方不得将自己的意志强加给另一方。

(2)合同当事人与其他人之间的关系。《合同法》规定:当事人依法享有自愿订立合同的权利,任何单位和个人不得非法干预。在市场经济中,合同双方各自对自己的行为负责,享受法律赋予的平等权利,自主地签订合同,不允许他人干预合法合同的签订和实施。

平等是自愿的前提。在合同关系中当事人无论具有什么身份,相互之间的法律地位是平等的,没有高低从属之分。

自愿原则贯穿于合同全过程,在不违反法律、行政法规、社会公德的情况下:

(1)当事人依法享有自愿签订合同的权力。合同签订前,当事人通过充分协商,自由表达意见,自愿决定和调整相互权利义务关系,取得一致达成协议。不容许任何一方违背对方意志,以大欺小,以强凌弱,将自己的意见强加于人,或通过胁迫、欺诈手段签订合同。

(2)在订立合同时,当事人有权选择对方当事人。

(3)合同自由构成,合同的形式、内容、范围由双方在不违法的情况下自愿商定。

(4)在合同履行过程中,当事人可以通过协商修改、变更、补充合同内容。双方也可以通过协议解除合同。

(5)双方可以约定违约责任。在发生争议时,当事人可以自愿选择解决争议的方式。

二、合同的法律原则

签订和执行合同绝不仅仅是当事人之间的事情,它可能涉及社会公共利益和社会经济秩序。因此,遵守法律、行政法规,不得损害社会公共利益是合同法的重要原则。

1.合同法律原则的概念

合同都是在一定的法律背景条件下签订和实施的,则合同的签订和实施必须符合合同的

法律原则,它具体体现在:

(1)合同不能违反法律,不能与法律相抵触,否则合同无效,这是对合同有效性的控制。对此,《合同法》规定:当事人订立、履行合同,应当遵守法律、行政法规,尊重社会公德,不得扰乱社会经济秩序,损害社会公共利益。

合同自由原则受合同法原则的限制,工程实施和合同管理必须在法律所限定的范围内进行。超越这个范围,触犯法律,会导致合同无效,经济活动失败,甚至会带来承担法律责任的后果。

(2)签订合同的当事人在法律上处于平等地位,平等享有权利和义务。

(3)法律保护合法合同的签订和实施。签订合同是一个法律行为,依法成立的合同,对当事人具有法律约束力,合同以及双方的权益受法律保护。

合同的法律原则对促进合同圆满地履行、保护合同当事人的合法权益具有重要意义。

2.《合同法》

在我国,《合同法》是适用于合同的最重要的法律。对于《合同法》中的规定可以分为三类:

(1)属于强制性的规定,是必须履行的。违反了,国家就要主动干预,比如有关无效合同的规定。

(2)倡导性的规定。《合同法》根据自愿原则,大部分条文是倡导性的,由当事人双方约定。当事人的约定只要不违反法律、行政法规强制性规定的,国家不予干预。

(3)给当事人已选择权的规定,如可撤销合同、法定解除、抗辩权、代位权、撤销权等。当事人有权依法提请法院审理或裁决。

在《合同法》中,总则的规定对所有合同,包括列名合同和无名合同都适用。分则是关于一些具体的列名合同的比较详细的规定。对于分则,如果其他法律对相关合同另有专门的规定,则按照该法律的规定执行。

3.其他法律

除合同法外,还有其他法律,如民法、民事诉讼法、环境保护法、商标法、专利法、著作权法、保险法、担保法等法律,对有关合同的特殊性问题做了具体的规定;而海商法、铁路法、航空法对海上运输、铁路运输、航空运输等合同专门作了规定。它们都作为适用于合同关系的法律的组成部分。

4.涉外合同法律问题

《合同法》对涉外合同适用法律问题,有如下规定:

(1)若我国缔结或参加的国际条约同我国的民事法律有不同规定,则适用国际条约的规定,但我国声明保留的条款除外。若我国法律或我国缔结或参加的国际条约没有规定,可以适用国际惯例。

(2)涉外合同的当事人可以选择处理合同争议所适用的法律,但法律另有规定的除外。例如,在我国境内旅行的中外合资经营企业合同、中外合作经营企业合同、中外合作勘探开发自然资源和同等必须适用我国法律。如果涉外合同的当事人没有就合同使用的法律做出选择,则适用与合同有密切联系的国家的法律。

三、诚实信用原则

《合同法》规定:当事人行使权力、履行义务应当遵循诚实信用原则。诚实信用原则是社会公德的体现,符合商业道德的要求。

合同是在双方诚实信用基础上签订的,合同目标的实现必须依靠合同相关各方真诚的合作。如果双方都缺乏诚实信用,或在合同签订和实施中出现"信任危机",则合同不可能顺利实施。诚实信用原则具体体现在合同的签订、履行以及终止后的全过程中:

(1)在订立合同时,应当遵循公平原则确定双方的权利和义务,心怀善意,不得欺诈,不得有假借订立合同恶意进行磋商或其他违背诚实信用的行为。

①签约时双方应互相了解,任何一方应尽力让对方正确地了解自己的要求、意图、情况。合同各方对自己的合作伙伴、对合作、对工程的总目标充满信心。这样可以从总体上减少双方心理上的互相提防和由此产生的不必要的互相制约措施和障碍。

②真实地提供信息,对所提供信息的正确性,任何一方有权向对方提供真实的信息。建设单位应尽可能地提供详细的工程资料、工程地质条件信息,并尽可能详细的解答承包人的问题,为承包人的报价提供条件;承包人应提供真实可靠的资格预审文件、各种报价文件、实施方案、技术组织措施文件。合同是双方真实意思的表达。

③不欺诈,不误导。双方为了合同的目的进行真诚地合作,正确地理解合同。承包人明白建设单位的意图和自己的工程责任,按照自己的实际能力和情况正确报价,不盲目压价。

(2)在履行合同义务时,当事人应当遵循诚实信用的原则相互协作,不能有欺诈行为。根据合同的性质、目的和交易习惯,履行通知、提供必要的条件、防止损失扩大、保护对方利益、保密等义务。在工程施工中,承包人正确全面地完成合同责任,积极施工,遇到干扰应尽力避免建设单位损失,防止损失的扩大;工程师正确地公正地解释和履行合同,不得滥用权力。

(3)合同终止后,当事人还应当遵循诚实信用的原则,根据交易习惯继续履行通知、协助、保密等义务。这些被称为后契约义务。

(4)在合同没有约定或约定不明确时,可以根据公平和诚实信用原则进行解释。法院、仲裁机构在审理、仲裁案件时,可以根据这个原则做出裁决。

在现代国际工程中,人们越来越强调双方利益的一致性和双方的合作,强调双方的共同点。而诚实信用是达到这种境界的桥梁,是双方合作的基础。但在实际工程中,如果出现违反诚实信用原则的欺诈行为,可以提出索赔,甚至提出仲裁,直至诉讼。

四、公平原则

《合同法》规定:当事人应当遵循公平原则确定各方的权利和义务。公平是民事活动应当遵循的基本原则。合同调节双方民事关系,应不偏不倚,公平地维护合同双方的关系。将公平作为合同当事人的行为准则,有利于防止当事人滥用权力,保护和平衡合同当事人的合同法权益,使之能更好地履行合同义务,实现合同目的。公平原则体现在以下几个方面:

(1)应该根据公平原则确定合同双方的责任权力关系和违约责任,合理地分担合同风险。

（2）在合同执行中,对合同双方公平地解释合同,统一地使用合同和法律尺度来约束合同双方。

（3）在合同法中,为了维护公平、保护弱者,对合同当事人一方提供的格式条款从3个方面予以限制:

①提供格式条款的一方有提示、说明的义务,应当采取合理的方式提请对方注意免除或者限制其责任的条款,并按照对方的要求,对该条款予以说明。

②提供格式条款一方免除自己的主要责任、排除对方主要权利的条款无效。

③对格式条款有两种以上解释的,应当做出不利于提供格式条款一方的解释。

（4）当合同没有约定或约定不明确时,可以根据公平、诚实信用原则进行解释。

第三节　合同的形式和主要内容

一、合同的主要形式

合同主要有以下几种形式:

（1）口头合同

在日常的商品交换,如买卖、互易关系中,口头形式的合同被人们普遍地、广泛地应用。其优越点是简便、迅速、易行;缺点是一旦发生争议就难以查证,对合同的履行难以形成法律约束力。因此,口头合同要建立在双方相互信任的基础上,适用于不太复杂、不易产生争执的经济活动。

在当前,运用现代化通信工具,如电话订货等,作为一种口头要约,也是被承认的。

（2）书面合同

它是用文字书面表达的合同。对于数量较大、内容比较复杂以及容易产生争执的经济活动必须采用书面形式的合同。书面形式的合同具有以下优点:

①有利于合同形式和内容的规范化。

②有利于合同管理规范化,便于检查、管理和监督,有利于双方依约执行。

③有利于合同的执行和争执的解决,举证方便,有凭有据。

④有利于更有效地保护合同双方当事人的权益。

书面形式的合同由当事人经过协商达成一致后签署。如果委托他人代签,代签人必须事先取得委托书作为合同附件,证明具有法律代表资格。

书面形式可以是合同书、信件或数据电文（如电传、传真、电子数据交换、电子邮件等）。

书面合同是最常用也是最重要的合同形式,人们通常所指的合同就是这一类。本书有关合同和合同管理的探讨,就以书面合同为对象。

（3）其他形式

除上述两种之外的合同形式。

二、合同的内容

合同的内容由合同双方当事人约定。不同种类的合同其内容不一,简繁程度差别很大。

签订一个完备周全的合同,是实现合同目的、维护自己合法权益、减少合同争执的最基本的要求。合同通常包括以下几方面内容:

(1)合同当事人

合同当事人指签订合同的各方,是合同的权利和义务的主体。当事人是平等主体的自然人、法人或其他经济组织。但对于具体种类的合同,当事人还"应当具有相应的民事权利能力和民事行为能力",例如签订建设工程承包合同的承包人,不仅需要工程承包企业的营业执照(民事权利能力),而且还有与该工程的专业类别、规模相应的资质许可证(民事行为能力)。

《合同法》适用的是平等民事主体的当事人之间签订的合同。在以下情况下有时虽也签订合同,但这些合同不适用《合同法》:

①政府依法维护经济秩序的管理活动,属于行政关系。

②法人、其他组织内部的管理活动,例如工厂车间内的生产责任制,属于管理与被管理之间的关系。

③收养等有关身份关系的协议,《合同法》规定:婚姻、收养、监护等有关身份、关系的协议,使用其他法律的规定。

在日常的经济活动中,许多合同是由当事人委托代理人签订的。这里该合同当事人被称为被代理人。代理人在代理权限内,以被代理人的名义签订合同。被代理人对代理人的行为承担相关民事责任。

(2)合同标的

合同标的是当事人双方的权利、义务共指的对象。它可能是实物(如生产资料、生活资料、动产、不动产等)、行为(如工程承包、委托等)、服务性工作(如劳务、加工等)、智力成果(如专利、商标、专有技术等)等。如工程承包合同,其标的是完成工程项目,标的是合同必须具备的条款。无标的或标的不明确,合同是不能成立,也无法履行。

合同标的是合同最本质的特征,通常合同是按照标的物分类的。

(3)标的的数量和质量

标的的数量和质量共同定义标的的具体特征。标的的数量一般以度量衡作为计算单位,以数字作为衡量标的的尺度;标的的质量是指质量标准、功能、技术要求、服务条件等。

没有标的数量和质量的定义,合同是无法生效和履行的,发生纠纷也不易分清责任。

(4)合同价款或酬金

即取得标的(物品、劳务或服务)的一方向对方支付的代价,作为对方完成合同义务的补偿。合同中应写明价款数量、付款方式、结算程序。

(5)合同期限、履行点和方式

合同期限指履行合同的期限,即从合同生效到合同结束的时间。旅行地点指合同标的物所在地,如以承包工程为标的的合同,其履行地点是工程计划文件所规定的工程所在地。

由于一切经济活动都是在一定的时间和空间上进行的,离开具体的时间和空间,经济活动是没有意义的,所以合同中应非常具体地规定合同期限和履行地点。

(6)违约责任

即合同一方或双方因过失不能履行或不能完全履行合同责任而侵犯了另一方权利时所应负的责任。违约责任是合同的关键条款之一。没有规定违约责任,则合同对双方难以形成法律约束力,难以确保圆满地履行,发生争执也难以解决。

(7)解决争执的方法

这些是一般合同必须具备的条款。不同类型的合同案需要还可以增加许多其他内容。

第四节 合同的签订过程

合同的签订过程也就是合同的形成过程、合同的协商过程。订立合同的具体方式多样:有的是通过口头或者书面往来协商谈判,有的是采取拍卖、招标投标等方式。但不管采取什么具体方式,都必须经过两个步骤,即要约和承诺。《合同法》规定:当事人订立合同,采取要约、承诺方式。

一、要约

要约在经济活动中又被称为发盘、出盘、发价、出价、报价等。

(1)要约是当事人一方向另一方提出订立合同的愿望。提出订立合同建议的当事人被称为"要约人",接受要约的一方被称为"受要约人"。要约的内容必须具体明确,表明只要经受要约人承诺,要约人即接受要约的法律约束力。

(2)要约人提出要约是一种法律行为。它在到达受要约人时生效。要约生效后,在要约的有效期内,要约人不得随便反悔(撤回)。

(3)要约人可以撤回要约。要约人发出的撤回要约的通知应当在要约到达受要约人之前;或与要约同时到达受要约人。

(4)要约人还可以撤销要约。要约人撤销要约的通知应当在受要约人发出承诺通知前到达受要约人。

但《合同法》对撤销要约是严格加以限制的,因为这会直接影响到受要约人的利益。在下列情况下,要约不能撤销:

①要约人规定了承诺期限,或者有其他形式明示要约不可撤销。

②受要约人有理由认为要约是不可撤销的,并已经为合同的履行做了准备工作,如果要约撤销,受要约人就会受到损失。例如,受要约人受到要约后可能拒绝了其他人的同种要约;或受要约人受到要约后,可能为承诺做了准备工作,如为付款而向银行贷款,或者为准备接受来货而租赁了仓库等。

(5)在以下情况下要约无效:

①拒绝要约的通知到达要约人。

②要约人依法撤销要约。

③在承诺期限内,受要约人未做出承诺。

④受要约人对要约的内容做出实质性变更。

有时当事人一方希望他人向自己发出要约,例如发布拍卖公告、寄送价目表、发布招标公告和招标文件、做商业广告等,这些为要约邀请。

在工程招标投标中,承包人的投标书是要约。

二、承诺

（1）承诺即接受要约,是受要约人同意要约的意思表示,他又被称为"承诺人"。

承诺也是一种法律行为,"要约"一经"承诺",就被认为当事人双方已协商一致,达成协议,合同即告成立。承诺要有以下两个条件:

①承诺人按照要约所指定的方式,无条件地完全同意要约(或新要约)的内容。如果受要约人对要约的内容作了实质性变更,则要约失效。

②承诺应在要约规定的期限内到达要约人,并符合要约所规定的其他各种要求。

（2）承诺一般以通知的方式做出,承诺通知到达要约人时承诺生效;承诺生效时合同成立。承诺期限的起算:

①如果要约确定承诺期限,则应在该确定的期限内做出承诺;如果没有确定期限,以对话方式做出的,应当即时做出承诺;要约以非对话方式做出的,应当在合理期限内做出承诺。所谓合理期限,就是要考虑给承诺人以必要的时间。

②要约以信件或电报做出的,则承诺期限从信件载明的日期,或电报交发的日期起算;信件未在明日期的,则以投寄该信件的邮戳日期起算。

③要约以电话、传真等快速通信方式做出,承诺期限自要约到达受要约人时开始计算。

（3）承诺可以撤回。承诺人撤回承诺的通知应在承诺通知到达要约人之前,或与承诺通知同时到达要约人。

（4）新要约。如果受要约人尚要求对要约的内容做出实质性变更(如修改合同标的、数量、质量、合同价款、履行期限、履行地点和方式、违约责任和争执解决方法等),或超过规定的承诺期限才做出承诺,都不能视为对原要约的承诺,而只能作为首要约人提出的"新要约"。只有当要约人接受了这个新要约才算达成协议,合同以新要约的内容为准。

通常在合同的酝酿过程中,当事人双方对合同条款要反复磋商,经多轮会谈,在其中会产生许多次"新要约",最终才达成一致,签订合同。

（5）承诺生效的地点为合同成立的地点。如果当事人以合同书的形式签订合同则双方当事人签字或盖章的地点为合同成立的地点。

第五节　合同的法律效力

一、有效合同

合同的有效条件是合同的法定条件,只有有效的合同才受到法律保护。有效合同需要具备一定的条件。

签订合同作为一个民事法律行为,按照民法通则规定,合法的合同应当具备3个条件:

（1）签订合同的当事人应具有相应的民事权利能力和民事行为能力,也就是主体要合法。在签订合同之前,要注意并审查对方当事人是否真正具有签订该合同的法定权利和行为能力,是否受委托以及委托代理的事项、权限等。

（2）意思表示真实。也就是说合同当事人订立合同是真正自愿的,不是被强加的,不是在违背真实意思的情况下订立的。

（3）合同的内容、合同所确定的经济活动必须合法，必须符合国家的法律、法规和政策要求，不得损害国家和社会公共利益。

二、无效合同

1.无效合同的确认

合同法规定，有下列情形之一的，合同无效。

（1）一方以欺诈、胁迫的手段订立合同。

（2）恶意串通，损害国家、集体或者第三人利益。

（3）以合法形式掩盖非法目的。

（4）损害社会公共利益。

（5）违反法律、行政法规的强制性规定。

无效合同的确认权归合同管理机关和人民法院。

2.无效合同的处理

（1）无效合同自合同签订时就没有法律约束力。

（2）合同无效分为整个合同无效和部分无效。如果合同部分无效的，不影响其他部分的法律效力。

（3）合同无效，不影响合同中独立存在的有关解决争议条款的效力。

（4）因该合同取得的财产，应予返还；有过错的一方应当赔偿对方因此所受到的损失。

三、可撤销合同

《合同法》规定合同可撤销制度，是为了体现和维护公平和自愿的原则，给当事人一种补救的机会。

1.可变更或撤销合同的条件

（1）当事人对合同的内容存在重大误解。

（2）在订立合同时显失公平。

（3）一方以欺诈、胁迫的手段或者乘人之危，使对方在违背真实意思的情况下订立合同。

对可撤销合同，只有受损害方才有权提出变更或撤销。有过错的一方不仅不能提出变更或撤销，而且还要赔偿对方因此所受到的损失。

2.可撤销合同与无效合同的区别

（1）可撤销合同必须由当事人提出变更还是撤销，当事人可以自由选择。

（2）提出的当事人有举证责任。请求人要提出存在的重大误解，或显失公平，或对方在签订合同时采取的欺诈、胁迫手段，或者乘人之危的证据。

（3）可撤销合同必须由人民法院或者仲裁机构做出裁决。做出裁决之前该合同还是有效的。如果裁决决定对合同内容予以变更，则按裁决履行；如果裁决该合同被撤销，那么它从签订开始就没有法律约束力。

（4）撤销权的行使有一定的期限。具有撤销权的当事人从知道撤销事由之日起一年内没有行使撤销权,或者知道撤销事件后明确表示,或者以自己的行为表示放弃撤销权,则撤销权消灭。

四、合同效力待定

某些合同和合同某些方面不符合合同的有效要件,但又不属于无效或可撤销合同,则不要随便宣布无效或撤销,应当采取补救措施,有条件的应尽量促使其成为有效合同。合同效力待定主要有以下几种情况:

(1)签订合同的主体有问题

例如合同的一个当事人属于限制民事行为能力人,在这种情况下,合同的另外当事人可以催告前者的法定代理人在一个月内予以追认。如果该法定代理人做出追认,则该合同有效;否则合同不发生效力。

在代理过程中,如果发生以下情况,其签订的合同效力待定:

①行为人没有代理权。

②合同超过代理范围。

③原来由代理权,在代理权终止后还以被代理的名义签订合同。

发生以上情况时,相对人可以催告被代理人在一个月内予以追认。如果被代理人追认,则该合同对被代理人有效;否则,对被代理人不发生效力,而由行为人承担责任。

(2)合同的客体有问题

例如对某项财产无处分权的人与他人订立合同处分该项财产,或者未经其他共有人同意处分共有财产(如合伙财产或联营财产)。如果经该财产的权利人追认或者无处分权人在订立合同后取得相应的处分权,则该合同有效;如果没有经过追认,则该合同作为无效合同,或被撤销合同处理。

第六节　合同的履行、变更和终止

一、合同的法律约束力

签订合同是双方的法律行为。合同一经签订,只要它合法、有效,即具有法律约束力,受到法律保护。按照我国的《合同法》,合同的法律约束力具体体现在以下几方面:

(1)合同一经签订,对双方都有约束力。当事人双方必须依照合同的约定履行自己的义务,除了按照法律规定或者取得对方同意,不得擅自变更或者解除。如果需要修改或解除合同,仍须按合同签订的原则,双方协商同意。任何人无权单方面修改或撤销合同。

(2)合同签订后,如果一方违约,不履行合同义务或者履行合同义务不符合约定,致使对方受到损害,违约方应承担经济损失的赔偿责任。但因不可抗力因素、法律和法规变更导致合同不能履行或不能正确履行,可依法免除责任。

(3)合同当事人之间发生合同争执,首先通过协商解决。若不能通过协商达成一致,任何一方均可向国家规定的合同管理机关申请调解或仲裁,也可以向人民法院起诉,则合同仍有法律约束力,双方必须继续履行合同责任。

（4）在当事人一方违约、承担赔偿责任时，如果对方要求继续履行合同，则合同仍有法律约束力，双方必须继续履行合同责任。

（5）合同受法律保护，合同以外的任何法人和自然人都负有不得妨碍和破坏合同签订和实施的义务。

二、合同的履行

1. 合同履行的基本原则

当事人订立合同，是为了实现一定的目的。这个目的只有通过全面履行合同所确定的权利、义务来实现，所以合同的履行是关键。履行合同应当遵守以下原则：

（1）全面、适当履行原则。当事人应当按照约定全面履行自己的义务，包括按约定的主体、标的、数量、质量、价款或报酬、方式、地点、期限等全履行义务。

（2）遵守诚实信用原则。合同法规定，当事人应当遵循诚实信用原则，根据合同的性质、目的和交易习惯履行通知、协助、保密等义务。

（3）公平合理，促使合同履行。为了合同能够很好地履行，在订立合同时要尽量考虑周到，订得具体。如果订立合同时对有些问题没有约定，或约定得不明确，应当加以补救，不要因此而妨碍合同的履行。

（4）不得擅自变更。在合同履行过程中，为了保障合同的严肃性，一方当事人不得擅自变更或者擅自经权利义务转让。如果发生需要变更或需要转让情况，应根据自愿的原则，取得对方当事人同意，当事人不得因姓名、名称的变更，或法定代表人、负责人、承办人的变动而不承担合同义务。

2. 合同履行的保护措施

为了保证合同的履行，保护当事人的合法权益，维护社会经济秩序，促使责权能够实现，防范合同欺诈，在合同履行过程中，需要通过一定的法律手段使受损害一方的当事人能维护自己的合法权益。为此，《合同法》专门规定了当事人的抗辩权和保全措施。

1）抗辩权

对于双务合同，合同各方当事人既享有权利也负有义务。当事人应当按照合同的约定履行义务，如果不履行义务或者履行义务不符合约定，债权人有权要求对方履行。所谓抗辩权，就是指一方当事人有依法对抗要求或否认对方权力主张的权力。《合同法》规定了同时履行抗辩权和不安抗辩权。

（1）同时履行抗辩权，是指若当事人互负债务，应当同时履行，以方在对方履行债务之前，或在对方履行债务不符合约定时，有权拒绝其相应的履行要求。有先后履行顺序的，若先履行一方未履行，后履行一方有权拒绝其履行要求。例如合同约定同时交货和支付价款，如果一方没有按时交货，相对方有权拒绝对方要其支付价款的要求。这样可以防止付款后收不到货。

（2）不安抗辩权，是指当事人互负债务，合同约定有先后履行顺序的，先履行债务的当事人应当先履行。但是，如果应当先履行债务的当事人有确切证据证明对方有丧失或者可能丧失履行债务能力的情形时，可以中止履行。规定不安抗辩权是为了保护当事人的合法权益，防止借合同进行欺诈，也可以促使对方履行义务。

但是对不安抗辩权要严格加以限制，决不能滥用，否则要承担违约责任。《合同法》规定：

应当先履行债务的当事人,有确切证据证明对方有下列情形之一的,可以终止履行:

①经营状况严重恶化。

②转移财产,抽逃资金以逃避债务。

③丧失商业信誉。

④有丧失或者可能丧失履行债务能力的其他情形。

从这里可以看出,只有在对方丧失或者可能丧失履行债务能力,也就是根本性违约时,才能行使不安抗辩权,而且要有确切证据。《合同法》规定:当事人行使不安抗辩权终止履行的,应按一定的程序及时通知对方。如果对方提供适当担保时,应当恢复履行。若当事人没有确切证据而终止合同的履行,应当承担违约责任。

2)保全措施

为了防止债务人的财产不适当减少而给债权人带来危害,《合同法》允许债权人为保全期债券的实现采取保全措施。保全措施包括代位权和撤销权两种:

(1)代位权。因债务人怠于行使其已到期的对第三方的债券,对债权人造成损害,债权人可以向人民法院请求自己的名义代位行使债务人的债权。

例如,甲与乙订有货物买卖合同,甲交付了货物,乙应当向甲支付货款。另一方面,丙向乙借款,丙应向乙返还本金和利息,如果丙不还乙的借款,就可能影响乙向甲支付货款,形成三角债。如果乙怠于向丙追索到期的借款,造成无法向甲支付货款,对甲造成损害。在这种情况下,甲可以请求人民法院以甲的名义向丙行使债权。本来在乙和丙的借款合同中,乙是债权人,只有乙才能向丙行使债权,所以将甲向丙行使债权称为代位权。当然,代位权的行使范围以债权人的债权为限,债权人行使代位权的必要费用由债务人负担。

(2)撤销权。因债务人放弃其到期债券或者无偿转让财产,或者债务人以明显不合理的低价转让权,对债权人造成损害,并且受让人也知道该情形,债权人可以请求人民法院撤销债务人的行为。例如,乙欠甲钱无力偿还,但乙还有其他财产,如汽车、房产等。本来可以用这些财产抵债,但乙将这些财产以明显不合理的低价卖给丙或者无偿送给丙,丙也知道这情况,那么甲可以请求人民法院撤销乙的行为。

3)合同履行中的解释问题

(1)在合同的执行过程中,如果当事人对合同条款的解释有争议,合同法规定,应当按合同所使用的词句、合同的有关条款、合同的目的、交易习惯以及诚实信用的原则,确定该条款的真实意思。

(2)如果合同文本采用两种以上的文字定理,并约定具有同等效力,当各文本使用的词句不一致时,应当根据合同的目的予以解释。

(3)当合同中对有些内容没有约定或约定不明时,双方可以订立补充协议确定。如果不能达成补充协议,根据公平合理的原则,按照以下规定执行:

①若质量要求不明确,则按照国家标准、行业标准履行;若没有国家标准或行业标准,则按照通常标准或者符合合同目的的特定标准履行。

②若合同对价款或者报酬规定不明,则应按照订立合同时履行地的市场价格履行;若依法应当执行政府定价或政府指导价,则应按照规定履行。

如果合同规定执行政府定价或政府指导价,在合同执行中政府价格调整,则按照交付时的价格计价;若逾期交付标的物,又遇价格上涨,则按照原价格执行;若遇价格下降,则按照新价格执行;对逾期提取标的物或逾期付款的,则作相反的处理。这体现公平原则,对违约者不利。

③对履行地点不明确的情况,若合同规定给付货币的,则在接受货币一方所在地履行;若合同规定交付不动产的,则在不动产所在地履行;对其他标的情况,在履行义务一方所在地履行。

④若履行期限不明确,则债务人可以随时履行,债权人也可以随时要求履行,但应当给对方必要的准备时间。

⑤若履行方式不明确,则按照有利于实现合同目的的方式履行。

⑥若旅行费用的负担不明确,则由履行义务一方负担。

4)其他

如果采用格式条款签订合同,在执行中对格式条款存在两种以上的解释,则以对提供格式条款一方不利的解释为准。

三、合同的变更和转让

(1)当事人双方协商一致,就可以变更合同。合同变更应符合合同签订的原则和程序。

(2)债权人可以将合同的权力全部或部分地转让给第三人,但以下情况除外:

①根据合同的性质规定不得转让。

②按照当事人的约定不得转让。

③按照法律规定不得转让。

债权人转让权利应当通知债务人。未经同意,该转让对债务人不发生效力。

(3)合同当事人一方经对方同意,可以将自己的权利和义务转让给第三人。

(4)如果当事人一方发生合并或分立,则应由合并或分立后的当事人承担或分别承担履行合同的义务,并享有相应的权利。

四、合同的终止

合同终止是指合同当事人双方终止合同关系,合同确立的权利、义务消灭。合同终止的原因和情况有各种各样,后果也不相同。《合同法》规定,在以下情形下合同终止:

(1)合同已按照约定履行。合同生效后,当事人双方按照约定自己的义务,实现自己的全部权利,订立合同的目的已经实现,合同确立的权利义务关系消灭,合同因此而终止。

(2)合同解除。合同生效后,当事人一方不得擅自解除合同。但在履行过程中,有时会产生某些特定情况,应当允许其解除合同。合同解除有两种情况:

①协议解除。协议解除是指当事人双方通过协议解除原合同规定的权利和义务关系。有时是在订立合同时在合同中约定了解除合同的条件,当解除合同的条件成立时,合同就被解除;有时在履行过程,双方经协商一致同意解除合同。

②法定解除。法定解除是合同成立后,没有履行或者没有完全履行以前,当事人一方行使法定解除权而使合同终止。为了防止解除权的滥用,《合同法》规定了十分严格的条件和程序。有以下情形之一的当事人可以解除合同:

a.因不可抗力因素使合同无法履行,或不能实现合同目的。

b.在履行期满之前,当事人一方明确表示或者以自己的行为表明不履行主要债务。

c.当事人一方拖延履行主要债务,经催告后在合理期限内仍未履行。

d.当事人一方迟延履行债务或者有其他违约行为致使不能实现合同目的,致使原签订的合同成为不必要。

e.法律规定的其他情形。

从上述可见,只有在不履行主要债务、不能实现合同目的,也就是根本性违约的情况下,才能依法解除合同。如果只是合同的部分目的不能实现,或者部分违约,如延迟或者部分质量不合格,一方是不能解除合同的,而应当按违约责任来处理,可以要求违约方实际旅行、采取补救措施、赔偿损失。

合同解除的程序时,若当事人一方依照规定要求解除合同应当通知对方,对方有异议的,可以请求人民法院或仲裁机构确认解除合同的效力。如果按法律、行政法规规定解除合同需要办理批准、登记等手续,则应当办理相关的批准、登记等手续。

合同的权利和义务终止,并不影响合同中结算和清理条款的效力。

第七节　合同的违约责任

一、违约责任

(1)违约责任,是指合同当事人违反合同约定,不履行义务或者履行义务不符合约定所应承担的责任。违约责任制度是保证当事人履行合同义务的重要措施,有利于促进合同的全面履行。没有违约责任制度,"合同具有法律约束力"就变成为空话。

《合同法》规定,当事人不履行合同义务或者履行义务不符合约定的,就要承担违约责任。在这里不管主观上是否有过错,除不可抗力因素可以免责外,都要承担违约责任。采取这种严格责任制度有如下好处:

①有利于促使合同当事人认真履行合同义务。

②有利于保护受损失人的合法权益。

③符合国际上的一般做法,大多数国家都采取严格责任制度。

(2)《合同法》规定,当事人在合同的订立过程中存在如下情形之一,给对方造成损失的,应当承担赔偿责任:

①假借订立合同,恶意进行磋商。

②故意隐瞒与订立合同有关的重要事实或提供虚假情况。

③由其他违背诚实信用的行为。

(3)在合同签订过程中知悉对方的商业秘密,泄漏或不正当地使用该商业秘密给对方造成损失,应承担赔偿责任。

(4)为了保护消费者的合法权益,《合同法》规定:经营者对消费者提供商品或者服务有欺诈行为的,按照《中华人民共和国消费者权益保护法》的规定承担损害赔偿责任。经营者提供商品或者服务有欺诈行为的,应当按照消费者的要求增加赔偿其受到的损失,增加赔偿的金额为消费者购置商品的价款或者接受服务的费用的一倍。

(5)因不可抗力导致不能履行合同责任,可以部分或全部免除合同责任。但如果当事人拖延履行合同责任后发生不可抗力,不能免除责任。

二、承担违约责任的形式

当事人一方不履行合同义务或者履行合同义务不符合约定的,应当承担以下责任:

(1)继续履行合同。违约人应继续履行没尽到的合同义务。

(2)采取补救措施,如质量不符合约定的,可以要求修理、更换、重作、退货、减少价款或者报酬等。

(3)支付违约金。

①《合同法》规定:当事人可以约定违约金条款。在合同实施中,只要一方有不履行合同的行为,就得按合同规定向另一方支付违约金,而不管违约行为是否造成对方损失。以这种手段对违约方进行经济制裁,对企图违约者起警诫作用。违约金的数额应在合同中用专门条款详细规定。

②违约金同时具有补偿性和惩罚性。《合同法》规定:约定的违约金低于违反合同所造成的损失的,当事人可以请求人民法院或者仲裁机构予以增加;若约定的违约金过分高于所造成的损失,当事人可以请求人民法院或者仲裁机构予以适当减少。这保护了受损害方的利益,体现了违约金的惩罚性,有利于对违约者制约,同时体现了同平原则。

③当事人可以约定一方向对方给付定金作为债权的担保。即为了保证合同的履行,在当事人一方应付给另一方的金额内,预先支付部分款额,作为定金。若支付定金一方违约或不履行合同,则定金不予退还。同样,如果接受定金的一方违约,不履行合同,则应加倍偿还定金。

(4)赔偿损失。违约方在继续履行义务、采取补救措施、支付违约金后,对方仍有其他损失,则应当赔偿损失。损失的赔偿额应相当于因违约所造成的损失,包括合同履行后可以获得的利润。

第八节　合同争执的解决

合同争执通常具体表现在,当事人双方对合同规定的义务和权利理解不一致,最终导致对合同的履行或不履行的后果和责任的分担产生争议。合同争执的解决通常有如下途径:

一、协商

这是一种最常见的、也是首先采用的解决方法。当事人双方在自愿、互谅的基础上,通过双方谈判达成解决争执的协议。这是解决合同政治的最好方法,具有简单易行、不伤和气的优点。

二、调解

调解是第三者(如上级主管部门、合同管理机关等)的参与下,以事实、合同条款和法律为根据,通过对当事人的说服,使合同双方自愿地、公平合理地达成解决协议。如果双方经调解后达成协议,由合同双方和调解人共同签订调解协议书。

三、仲裁

仲裁是仲裁委员会对合同争执所进行的裁决。我国实行一裁终局制度裁决做出后合同当事人就同一争执若再申请仲裁或向人民法院起诉,则不再予以受理。仲裁程序通常为:

(1)申请和受理仲裁。由合同当事人一方或双方按双方的仲裁协议向仲裁委员会提出仲裁申请。仲裁委员会是我国仲裁协会的会员,在直辖市和省、自治区人民政府所在地设立,也可在其他社区的市设立。

仲裁委员会受理仲裁申请后应通知申请人和被申请人。被申请人在规定的时间内提交答辩书。

涉外合同的当事人可以根据仲裁协议向中国仲裁机构或其他仲裁机构申请仲裁。

(2)成立仲裁庭。按规定仲裁庭可由3名或1名仲裁员组成。

(3)开庭和裁决。仲裁按仲裁规则进行,当事人可以提供证据。

仲裁庭可以进行条差、收集证据,可以进行专门鉴定。

当事人申请仲裁后,仍可以自行和解,达成和解协议;也可以放弃、修改、变更仲裁要求。

在仲裁裁决前,可以先行调解,如果达成调解协议,则调解协议与仲裁书具有同等法律裁决按多数仲裁员的意见做出,它自做出之日起发生法律效力。

(4)执行。裁决做出后,当事人履行裁决。如果当事人不履行,另一方可以依照民事诉讼法规定向人民法院申请执行。

四、诉讼

诉讼是运用司法程序解决争执,由人民法院受理并行使审判权,对合同双方的争执做出强制性判决。人民法院受理合同争执案件可能有以下情况:

(1)合同上访没有仲裁协议,或仲裁协议无效,当事人一方项任命法院提出起诉状。

(2)虽有仲裁协议,当事人向人民法院提出起诉,未声明有仲裁协议;人民法院受理后另一方在首次开庭前对人民法院受理案件未提异议,则该仲裁协议被视为无效,人民法院继续受理。

(3)如果仲裁决定被人民法院依法裁定撤销或不予执行。当事人向人民法院提出起诉,人民法院依据《中华人民共和国民事诉讼法》(对经济犯罪行为则依据《中华人民共和国刑事诉讼法》)审理该争执。

法院在判决前再作一次调解,如仍达不成协议,可依法判决。

第九节　建筑工程合同体系

一、建筑工程中的主要合同关系

建筑工程项目是一个极为复杂的社会生产过程,它可分为可行性研究、勘察设计、工程施工和运行等阶段;有土建、水电、机械设备、通信等专业设计和施工活动;需要各种材料、设备、资金和劳动力的供应。由于现代的社会化大生产和专业化分工,一个稍大些的工程,参加建设的单位就有十几个、几十个,甚至成百上千个。它们之间形成各式各样的经济关系。由于工程维系这种关系的纽带是合同,所以就有各种各样的合同。共项目的建设过程实质上又是一系列经济合同的签订和履行过程。

在一个工程中,相关的合同可能有几份、几十份、几百份,甚至几千份。它们之间又十分复杂的内部联系,形成了一个复杂的合同网络。在这其中,建设单位和承包人是两个最主要的节点。

1. 建设单位的主要合同关系

建设单位作为工程(或服务)的买方,是工程的所有者,他可能是政府、企业、其他投资者,或几个企业的组合,或政府与企业的组合(例如合资项目,BOT 项目的建设单位)。他投资一个项目,通常委派一个代理人(或代表)以建设单位的身份进行工程项目的经营管理。

建设单位根据对工程的需求,确定工程项目的整体目标。这个目标是所有相关合同的核心。

要实现工程总目标,建设单位必须将建筑工程的勘察、设计、各专业工程施工、设备和材料供应、建设过程的咨询与管理等工作委托出去,必须与有关单位签订如下各种合同:

(1)咨询(监理)合同,即建设单位与咨询(监理)公司签订的合同。咨询(监理)公司负责工程的可行性研究、设计监理、招标和施工阶段监理等某一项或几项工作。

(2)勘察设计合同,即建设单位与勘察设计单位签订的合同。勘察设计单位负责工程的地质勘查和技术设计工作。

(3)供应合同。对由建设单位负责提供的材料和设备,必须与有关的材料和设备供应单位签订供应(采购)合同。

(4)工程施工合同,即建设单位与工程承包商签订的工程施工合同。一个或几个承包人承包或分别承包土建、机械安装、电器安装、装饰、通信等工程施工。

(5)贷款合同,即建设单位与金融机构签订的合同。后者向建设单位提供资金保证。按照资金来源的不同,可能有贷款合同、合资合同或 BOT 合同等。

按照工程承包方式和范围的不同,建设单位可能订立许多份合同。例如将工程分专业、分阶段委托,将材料和设备供应分别委托,也可能将上述委托以各种形式合并,如把土建和安装委托给一个承包人,把整个设备供应委托给一个成套设备供应企业。当然建设单位还可以与一个承包人订立全包合同(一揽子承包合同),由该承包人负责整个工程的设计、供应、施工,甚至管理等工作。因此不同合同的工程(工作)范围和内容会有很大区别。

2. 承包人的主要合同关系

承包人是工程施工的具体实施者,是工程承包合同的执行者。承包人通过投标接受建设单位的委托,签订工程承包合同。共承包合同和承包人是任何建筑工程中都不可缺少的。承包人要完成承包合同的责任,包括由工程量表所确定的工程范围的施工、竣工和保修,并为完成这些工程提供劳动力、施工设备、材料,有时也包括技术设计。任何承包人都不可能、也不必具备所有专业工程的施工能力、材料和设备的生产和供应能力,他同样必须将许多专业工作委托出去。所以承包人常常又有自己复杂的合同关系。

(1)分包合同。对于一些大的工程,承包人常常必须与其他承包人合作才能完成总包合同责任。承包人把从建设单位那里承接到的工程中的某些分项工程或工作分包给另一承包人来完成,则与他签订分包合同。承包人在承包合同下可能订立许多分包合同,而分包人仅完成他所分包的工程,向承包人负责,与建设单位无合同关系。承包人仍向建设单位担负全部工程责任,负责工程的管理和所属各分包人工作之间的协调,以及各分包人之间合同责任界面的划分,同时承担协调失误造成的损失,向建设单位承担工程风险。

在投标书中,承包人必须附上拟订的分包人的名单,供建设单位审查。如果在工程施工中重新委托分包人,必须经过工程师(或建设单位代表)的批准。

(2)供应合同。承包人为采购和供应工程所必要的材料和设备,与供应商签订供应合同。

(3)运输合同。这是承包人为解决材料和设备的运输问题而与运输单位签订的合同。

(4)加工合同。既承包人将建筑构配件、特殊构件加工任务委托给加工承揽单位而签订的合同。

(5)租赁合同。在建筑工程中承包人需要许多施工设备、运输设备、周转材料。当有这些设备、周转材料在现场使用率较低,或自己购置需要大量资金投入而自己又不具备这个经济实力时,可以采用租赁方式,与租赁单位签订租赁合同。

(6)劳务供应合同。即承包人与劳务供应商之间签订的合同,由劳务供应商项工程提供劳务。

(7)保险合同。承包按施工合同要求对工程进行保险,与保险公司签订保险合同。

3.其他情况

在实际工程中还可能有如下情况:

(1)设计单位、各供应单位也可能存在各种形式的分包。

(2)承包人有时也承担工程(或部分工程)的设计(如设计—施工总承包),则他有时也必须委托设计单位,签订设计合同。

(3)如果工程付款条件苛刻,要求承包人带资承包,他就必须借款,与金融单位订立借(贷)款合同。

(4)在许多大工程中,尤其是在建设单位要求全包的工程中,承包人经常是几个企业的联营体,即联营承包。若干承包人(最常见的是设备供应商、土建承包人、安装承包人、勘察设计单位)之间订立联营合同,联合投标,共同承接工程。联营承包已成为许多承包人经营战略之一,国内外工程中都很常见。

(5)在一些大工程中,分包人还可能将自己承包工程的一部分再分包出去。他也需要材料、设备和劳务的供应,也可能租赁设备,委托加工。所以他又有自己复杂的合同关系。

例如在某工程中,由中外3个投资方签订合资合同共同构成建设单位,总承包方又是中外3个承包人签订联营合同组成联营体,在总承包合同下又有十几个分包人和供应商,构成一个极为复杂的工程合同体系。

二、建筑工程合同体系

按照上述分析和项目任务的结构分解,就得到不同层次、不同种类的合同,它们共同构成该工程的合同体系。

在一个工程中,所有合同都是为了完成建设单位的项目目标,都必须围绕这个目标签订和实施。由于这些合同之间存在着复杂的内部联系,构成了该工程的合同网络。其中,工程承包合同是最有代表性、最普遍、也是最复杂的合同类型,在工程项目的合同体系中处于主导地位,是整个项目合同管理的重点。无论是建设单位、监理工程师或承包人都将它作为合同管理的主要对象。深刻了解承包合同将有助于对整个项目合同体系及其他合同的理解。本书以建设单位与承包人之间签订的工程承包合同作为主要研究对象。

三、合同体系对项目的影响

工程项目的合同体系在项目管理中也是一个非常重要的概念。它从一个重要角度反映了项目的形象,对整个项目管理的运作有很大的影响。

(1)它反映了项目任务的范围和划分方式。

(2)它反映了项目所采用的管理模式,例如监理制度,全包方式或平行承包方式。

(3)它在很大程度上决定了项目的组织形式,因为不同层次的合同,常常又决定了合同实施者在项目组织结构中的地位。

第十节 施工合同文件与合同条款

一、施工合同文件

1. 施工合同文件的内容

合同文件简称"合同",《合同法》规定:订立合同的方式有书面形式、口头形式和其他形式,建设工程合同应当采用书面形式。对施工合同而言,通常包括下列内容:

(1)合同协议书

合同协议书是指双方就最后达成协议所签订的协议书。按照《合同法》规定,承包单位提交了投标书(即要约)和建设单位发出了中标通知书(即承诺),已可以构成具有法律效力的合同。然而在有些情况下,仍需要双方签订一份合同协议书,它规定了合同当事人双方最主要的权利、义务,规定了组成合同的文件及合同当事人对履行合同义务的承诺,并且合同当事人在这份文件上签字盖章。

(2)中标通知书

中标通知书,指建设单位发给承包人表示正式接受其投标书的函件。中标通知书应在其正文或附录中包括一个完整的合同文件清单,其中包含已被接受的投标书,以及对双方协商一致对投标书所作修改的确认。如有需要,中标通知书中,还应写明合同价格以及有关履约担保及合同协议等问题。

(3)投标书及附件

投标书指承包人根据合同的各项规定,为工程的实施、竣工和修补缺陷向建设单位提出并为中标通知书所接受的报价表。投标书是投标者提交的最重要的单项文件。在投标书中,投标者要确认已阅读了招标文件并理解了招标文件的要求,并申明其为了承担和完成合同规定的全部义务所需的投标金额。这个金额必须和工程量清单中所列的总价相一致。

投标书附件指包括在投标书内的附件,它列出了合同条款所规定的一些主要数据。

(4)合同条款

合同条款指由建设单位拟订或选定,经双方协商达成一致意见的条款,它规定了合同当事人双方的权利和义务。合同条款一般包括两部分:第一部分为通用条款,第二部分为专用条款。

(5)规范

规范指合同中包括的工程规范以及由监理工程师批准的对规范所做的修改或增补。规范规定了工程技术要求和承包单位提供的材料质量及工艺标准。

(6)图纸

图纸指监理工程师根据合同向承包人提供的所有图纸、设计说明书和技术资料,以及由承包人提出并经监理工程师批准的所有图纸、设计说明书、操作和维修手册以及其他技术资料。图纸应足够详细,以便投标者在参照了规范和工程量清单后,能确定合同所包括的工作性质和范围。

(7)工程量清单

工程量清单指已标价的完整的工程量表,它列有按照合同应实施的工作的说明、估算的工程量以及由投标者填写的单价和总价,它是投标文件的组成部分。

(8)其他

其他指明确列入合同协议书中的其他文件,合同履行中,承发包双方有关工程的洽商、会议纪要、变更等书面协议或文件也视为合同的组成部分。

2.合同文件的优先次序

构成合同的各种文件,应该是一个整体,应能相互解释,互为说明。但是,由于合同文件内容众多、篇幅庞大,很难避免彼此之间出现解释不清或有异议的情况。因此合同条款中应规定合同文件的优先次序,即当不同文件出现模糊或矛盾时,以哪个文件为准。《建设工程施工合同(示范文本)》(GF—2013—0201)规定,除非合同专用条款另有约定外,组成合同的各种文件及优先解释顺序如下:

(1)合同协议书。

(2)中标通知书。

(3)投票书及其附件。

(4)合同条款第二部分,即专用条款。

(5)合同条款第一部分,即通用条款。

(6)标准、规范及有关技术文件。

(7)图纸。

(8)工程量清单。

(9)工程报价单或预算书。

如果建设单位选定不同于上述的优先次序,则可以在专用条款中予以修改说明;如果建设单位决定不分文件的优先次序,则亦可在专用条款中说明,并可将对出现的含糊或异议的解释和校正权赋予监理工程师,即监理工程师有权向承包人发布的指令,对这种含糊和异议加以解释和校正。

3. 合同文件的主导语言

在国际工程中,使用两种或两种以上语言拟订合同文件时,或用一种语言编写,然后译成其他语言时,则可在合同中规定据以解释或说明合同文件以及作为翻译依据的一种语言,称为合同的主导语言。

规定合同文件的主导语言是很重要的,因为不同的语言在表达上存在着不同的习惯,往往不可能完全相同地表达同一意思。一旦出现不同语言的文本有不同的解释时,则应以主导语言编写的文本为准,这就是通常所说的"主导语言原则"。

4. 合同文件的适用法律

国际工程中,应在合同中规定一种适用于该合同进行解释的国家或州的法律,也称为该合同的"适用法律",适用法律可以选用合同当事人一方国家的法律,也可使用国际公约和国际立法,还可以使用合同当事人双方以外第三国的法律。

我国从维护国家主权的立场出发,遵照平等互利的原则和优选适用国际公约及参照国际惯例的做法,就涉外经济合同适用法律的选择分为一般原则、选择适用和强制适用三种类型。

(1)一般原则

是指我国涉外经济合同法的一般性规定,如在我国订立和履行的合同(除我国法律另有规定外),应适用中华人民共和国法律。

(2)选取择适用

是指当事人可能选择适用与合同有密切联系的国家的法律,当事人没有作法律适用选择时,可适用合同缔结地或合同履行地的法律。

(3)强制适用

是指法律规定的某些方面的涉外经济合同必须适用于我国法律,而不论当事人双方选择适用与否。

选择适用法律是很重要的。因为从原则上讲,合同文件必须严格按适用法律进行解释,解释合同不能违反适用法律的规定,当合同条款与适用法律规定出现矛盾时,以法律规定为准。也就是说,法律高于合同,合同必须符合法律。这就是所谓的"适用法律原则"。

在国际工程承包合同中,一般都选用工程所在国的法律为适用法律,因此,承包单位必须仔细研究工程所在国的法律和有关法规,以避免损失和维护自己的合法利益。

5. 合同文件的解释

对合同文件的解释,除应遵循上述合同文件的优先次序、主导语言原则和适用法律原则外,还应遵循国际对承包合同文件进行解释的一些公认的原则,主要有如下几点:

(1)整体解释原则

根据合同的全部条款以及相关资料对合同进行解释,而不是咬文嚼字,受个别条款或文字的拘束。

(2)目的解释原则

订立合同的双方当事人是为了达到某种预期的目的,实现预期的利益。对合同进行解释时,应充分考虑当事人订立合同的目的,通过解释,消除争议。

(3)诚实信用原则

各国法律都承认诚实信用原则(简称诚信原则),它是解释合同文件的基本原则之一。诚信原则指合同双方当事人在签订和履行合同中都应该是诚实可靠、恪守信用的。根据这一原则,法律推定当事人签订合同之前都认真阅读和理解了合同文件,都确认合同文件的内容是自己的真实意思的表示,双方自愿遵守合同文件的所有规定,因此,按这一原则解释,即"在任何法系和环境下,合同都应按其表述的规定准确而正当地予以履行。"

(4)交易习惯及惯例原则

当合同发生争议时,对合同内容的词语文字有不同理解是,可根据交易习惯及惯例,对合同进行解释。

(5)反义居先原则

这个原则是指:如果由于合同中有模棱两可、含糊不清之处,因而导致对合同的规定由两种不同的解释是,则按不利于起草方的原则进行解释,也就是以与起草方相反的解释居于优先地位。

对于工程施工承包合同,建设单位总是合同文件的起草、编写方,所以当出现上述情况时,承包单位的理解与解释应处于优先地位,但是在实践中,合同文件的解释权通常属于监理工程师,监理工程师可以就合同中的某些问题解释并书面通知承包人,并将其视为"工程变更"来处理经济与工期补偿问题。

(6)明显证据优先原则

这个原则是指:如果合同文件中出现几处对同一问题有不同规定时,则除了遵照合同文件优先次序外,应服从如下原则,即具体规定优先于原则规定,直接规定优先于间接规定,细节的规定优先于笼统的规定。根据此原则形成的一些公认的国际惯例有:细部结构图纸优先于总装图纸;图纸上的数字标注的尺寸优先于其他方式(如用比例尺换算),数值的文字表达优先于阿拉伯数字表达;单价优先于总价;规范优先于图纸等。

(7)书写文字优先原则

按此原则规定:书写条文优先于打字条文;批字条文优先印刷条文。

二、施工合同条款及其标准化

1. 合同条款的内容

施工承包合同的合同条款一般均应包括下述主要内容:定义、合同文件的解释、建设单位的权利和义务、监理工程师的权利和职责、分包单位和其他承包单位、工程进度、开工和完工、材料、设备和工作质量,支付与证书、工程变更、索赔、安全和环境保护,保险与担保、争议、合同解释与终止,其他。它的核心问题是规定双方的权利和义务,以及分配双方的风险责任。

2. 合同条款的标准化

由于合同条款在合同管理中的重要性,所以合同双方都很重视。对作为条款编写者的建设单位方而言,必须慎重推敲每一个词句,防止出现任何不妥或有疏漏之处。对承包单位而言,必须仔细研读合同条款,发现有明显的错误应及时向建设单位指出,予以更正;有模糊之处必须及时要求建设单位澄清,以便充分理解合同条款表示的真实思想与意图;还必须考虑条款可能带来的机遇和风险。只有在这些基础上才能得出一个合适的报价。因此,在订立一个合同过程中,双方在编制、研究、协商合同条款上要投入很多的人力、物力和时间。

世界各国为了减少每个工程都必须花在编制讨论合同条款上的人力物力消耗,也为了避免和减少由于合同条款的缺陷而引起的纠纷,都制定出自己国家的工程承包标准合同条款。二次世界大战以后,国际工程的招标承包日益增加,也陆续形成了一些国际工程常用的标准合同条款。

3.《建设工程施工合同(示范文本)》(GF—2013—0201)简介

根据有关工程建设施工的法律、法规,结合我国工程建设施工的实际情况,并借鉴了国际通用土木工程施工合同,中华人民共和国住房和城市建设部、国家工商总局 2013 年颁布了《建设工程施工合同(示范文本)》(GF—2013—0201)(以下简称《施工合同范本》)。

《施工合同范本》由合同协议书、通用合同条款和专用合同条款三部分组成。其中合同协议书共计 13 条,主要包括:工程概况、合同工期、质量标准、签约合同价和合同价格形式、项目经理、合同文件构成、承诺以及合同生效条件等重要内容,集中约定了合同当事人基本的合同权利和义务。

通用合同条款是合同当事人根据《中华人民共和国建筑法》《中华人民共和国合同法》等法律法规的规定,就工程建设的实施及相关事项,对合同当事人的权利义务做出的原则性约定。通用合同条款共计 20 条,具体条款包括:一般约定、发包人、承包人、监理人、工程质量、安全文明施工与环境保护、工期和进度、材料与设备、试验与检验、变更、价格调整、合同价格、计量与支付、验收和工程试车、竣工结算、缺陷责任与保修、违约、不可抗力、保险、索赔和争议解决。前述条款既考虑了现行法律法规对工程建设的有关要求,也考虑了建设工程施工管理的特殊需要。

专用合同条款是对通用合同条款原则性约定的细化、完善、补充、修改或另行约定的条款。合同当事人可以根据不同建设工程的特点及具体情况,通过双方的谈判、协商对相应的专用合同条款进行修改补充。《施工合同范本》为非强制性使用文本。

《施工合同范本》适用于房屋建筑工程、土木工程、线路管道和设备安装工程、装修工程等建设工程的施工承发包活动,合同当事人可结合建设工程具体情况,根据《施工合同范本》订立合同,并按照法律法规规定和合同约定承担相应的法律责任及合同权利和义务。

4. FIDIC 合同条件简介

1)FIDIC 合同条件范本

为了规范国际工程咨询和承包活动,FIDIC 先后发表过很多重要的管理性文件和标准化的合同文件范本,这些文件和范本由于其封面的颜色各不相同,而被称为"彩虹系列"。目前已成为国际工程界公认的标准化合同范本有《土木工程施工合同条件》(国际通称 FIDIC 红皮书)、《电气与机械工程合同条件》(黄皮书)、《建设单位—咨询工程师标准服务协议书》(白皮书)、《设计——建造与交钥匙工程合同条件》(橘皮书)和《土木工程施工分包合同条件》(配合红皮书使用)。这些合同文件不仅已被 FIDIC 成员国广泛采用,还被其他非成员国和一些国际金融组织的贷款项目采用。红皮书和黄皮书多次改版印行,最后一版是 1987 年的第四版(红皮书)和第三版(黄皮书)。

最新的 FIDIC 合同条件范本是 1999 年出版的,该版的"彩虹系列"包括 4 个范本,即《施工合同条件——适用于建设单位设计的建筑与工程项目》(新红皮书)、《施工合同条件——适用于电气和机械工程项目和承包商设计的建筑于工程项目》(新黄皮书)、EPC/交钥匙项目合同条件(银皮书)、《短范本合同》(绿皮书)。

1999 版的 FIDIC 施工合同条件范本,除了绿皮书外,均包括三部分:一般条件;特殊条件准备指南;投标书、合同协议和争端评审协议格式。

(1)第一部分:一般条件

一般条件包括 20 条 163 款。它包括了每个土木工程施工合同应有的条款,全面地规定了合同双方的权利义务、风险和责任,确定了合同管理的内容及做法。这部分可以不经任何人改动附入招标文件。

(2)第二部分:特殊条件准备指南

特殊条件的作用是对第一部分一般条件进行修改和补充,它的编号与其所修改或补充的一般条件的各条相对应。一般条件和特殊条件是一个整体,相互补充和说明,形成描述合同双方权利和义务的合同条件。对每一个项目,都必要准备特殊条件。必须把相同编号的一般条件和特殊条件一起阅读,才能全面准确地理解该条款的内容和用意。如果一般条件和特殊条件有矛盾,则特殊条件优先于一般条件。

(3)第三部分:投标书、合同协议和争端评审协议格式

2)FIDIC 合同条件的适用以条件

FIDIC 合同条件的适用条件,主要有以下几点:

(1)必须要由独立的监理工程师进行施工监督管理。从某种意义上讲,也可以说 FIDIC 条款是专门为监理工程师进行施工管理而编写的。

(2)建设单位应采用竞争性招标方式选择承包人。可以采用公开招标(无限制招标)或邀请招标(有限制招标)。

(3)适用于单价合同。

(4)要求有较完整的设计文件(包括规范、图纸、工程量清单等)。

第十一节 《建设工程施工合同(示范文本)》 (GF—2013—0201)简介

一、合同各方的责任义务

1. 发包人的责任义务

1)许可或批准

发包人应遵守法律,并办理法律规定由其办理的许可、批准或备案,包括但不限于建设用地规划许可证、建设工程规划许可证、建设工程施工许可证、施工所需临时用水、临时用电、中断道路交通、临时占用土地等许可和批准。发包人应协助承包人办理法律规定的有关施工证件和批件。

因发包人原因未能及时办理完毕前述许可、批准或备案,由发包人承担由此增加的费用和(或)延误的工期,并支付承包人合理的利润。

2)发包人代表

发包人应在专用合同条款中明确其派驻施工现场的发包人代表的姓名、职务、联系方式及

授权范围等事项。发包人代表在发包人的授权范围内,负责处理合同履行过程中与发包人有关的具体事宜。发包人代表在授权范围内的行为由发包人承担法律责任。发包人更换发包人代表的,应提前7天书面通知承包人。

发包人代表不能按照合同约定履行其职责及义务,并导致合同无法继续正常履行的,承包人可以要求发包人撤换发包人代表。

不属于法定必须监理的工程,监理人的职权可以由发包人代表或发包人指定的其他人员行使。

3）发包人人员

发包人应要求在施工现场的发包人人员遵守法律及有关安全、质量、环境保护、文明施工等规定,并保障承包人免于承受因发包人人员未遵守上述要求给承包人造成的损失和责任。

发包人人员包括发包人代表及其他由发包人派驻施工现场的人员。

4）施工现场、施工条件和基础资料的提供

（1）提供施工现场

除专用合同条款另有约定外,发包人应最迟于开工日期7天前向承包人移交施工现场。

（2）提供施工条件

除专用合同条款另有约定外,发包人应负责提供施工所需要的条件,包括:将施工用水、电力、通信线路等施工所必需的条件接至施工现场内;保证向承包人提供正常施工所需要的进入施工现场的交通条件;协调处理施工现场周围地下管线和邻近建筑物、构筑物、古树名木的保护工作,并承担相关费用;按照专用合同条款约定应提供的其他设施和条件。

（3）提供基础资料

发包人应当在移交施工现场前向承包人提供施工现场及工程施工所必需的毗邻区域内供水、排水、供电、供气、供热、通信、广播电视等地下管线资料,气象和水文观测资料,地质勘察资料,相邻建筑物、构筑物和地下工程等有关基础资料,并对所提供资料的真实性、准确性和完整性负责。

按照法律规定确需在开工后方能提供的基础资料,发包人应尽其努力及时在相应工程施工前的合理期限内提供,合理期限应以不影响承包人的正常施工为限。

（4）逾期提供的责任

因发包人原因未能按合同约定及时向承包人提供施工现场、施工条件、基础资料的,由发包人承担由此增加的费用和(或)延误的工期。

5）资金来源证明及支付担保

除专用合同条款另有约定外,发包人应在收到承包人要求提供资金来源证明的书面通知后28天内,向承包人提供能够按照合同约定支付合同价款的相应资金来源证明。

除专用合同条款另有约定外,发包人要求承包人提供履约担保的,发包人应当向承包人提供支付担保。支付担保可以采用银行保函或担保公司担保等形式,具体由合同当事人在专用合同条款中约定。

6）支付合同价款

发包人应按合同约定向承包人及时支付合同价款。

7）组织竣工验收

发包人应按合同约定及时组织竣工验收。

8）现场统一管理协议

发包人应与承包人、由发包人直接发包的专业工程的承包人签订施工现场统一管理协议，明确各方的权利义务。施工现场统一管理协议作为专用合同条款的附件。

2. 承包人的责任义务

1）承包人的一般义务

承包人在履行合同过程中应遵守法律和工程建设标准规范，并履行以下义务：

（1）办理法律规定应由承包人办理的许可和批准，并将办理结果书面报送发包人留存。

（2）按法律规定和合同约定完成工程，并在保修期内承担保修义务。

（3）按法律规定和合同约定采取施工安全和环境保护措施，办理工伤保险，确保工程及人员、材料、设备和设施的安全。

（4）按合同约定的工作内容和施工进度要求，编制施工组织设计和施工措施计划，并对所有施工作业和施工方法的完备性和安全可靠性负责。

（5）在进行合同约定的各项工作时，不得侵害发包人与他人使用公用道路、水源、市政管网等公共设施的权利，避免对邻近的公共设施产生干扰。承包人占用或使用他人的施工场地，影响他人作业或生活的，应承担相应责任。

（6）按照相关约定负责施工场地及其周边环境与生态的保护工作。

（7）按相关约定采取施工安全措施，确保工程及其人员、材料、设备和设施的安全，防止因工程施工造成的人身伤害和财产损失。

（8）将发包人按合同约定支付的各项价款专用于合同工程，且应及时支付其雇用人员工资，并及时向分包人支付合同价款。

（9）按照法律规定和合同约定编制竣工资料，完成竣工资料立卷及归档，并按专用合同条款约定的竣工资料的套数、内容、时间等要求移交发包人。

（10）应履行的其他义务。

2）项目经理

（1）项目经理应为合同当事人所确认的人选，并在专用合同条款中明确项目经理的姓名、职称、注册执业证书编号、联系方式及授权范围等事项，项目经理经承包人授权后代表承包人负责履行合同。项目经理应是承包人正式聘用的员工，承包人应向发包人提交项目经理与承包人之间的劳动合同，以及承包人为项目经理缴纳社会保险的有效证明。承包人不提交上述文件的，项目经理无权履行职责，发包人有权要求更换项目经理，由此增加的费用和（或）延误的工期由承包人承担。

项目经理应常驻施工现场，且每月在施工现场时间不得少于专用合同条款约定的天数。项目经理不得同时担任其他项目的项目经理。项目经理确需离开施工现场时，应事先通知监理人，并取得发包人的书面同意。项目经理的通知中应当载明临时代行其职责的人员的注册执业资格、管理经验等资料，该人员应具备履行相应职责的能力。

承包人违反上述约定的，应按照专用合同条款的约定，承担违约责任。

（2）项目经理按合同约定组织工程实施。在紧急情况下为确保施工安全和人员安全，在无法与发包人代表和总监理工程师及时取得联系时，项目经理有权采取必要的措施保证与工程有关的人身、财产和工程的安全,但应在 48 小时内向发包人代表和总监理工程师提交书面报告。

(3)承包人需要更换项目经理的,应提前 14 天书面通知发包人和监理人,并征得发包人书面同意。通知中应当载明继任项目经理的注册执业资格、管理经验等资料,继任项目经理继续履行约定的职责。未经发包人书面同意,承包人不得擅自更换项目经理。承包人擅自更换项目经理的,应按照专用合同条款的约定承担违约责任。

(4)发包人有权书面通知承包人更换其认为不称职的项目经理,通知中应当载明要求更换的理由。承包人应在接到更换通知后 14 天内向发包人提出书面的改进报告。发包人收到改进报告后仍要求更换的,承包人应在接到第二次更换通知的 28 天内进行更换,并将新任命的项目经理的注册执业资格、管理经验等资料书面通知发包人。继任项目经理继续相关约定的职责。承包人无正当理由拒绝更换项目经理的,应按照专用合同条款的约定承担违约责任。

(5)项目经理因特殊情况授权其下属人员履行其某项工作职责的,该下属人员应具备履行相应职责的能力,并应提前 7 天将上述人员的姓名和授权范围书面通知监理人,并征得发包人书面同意。

3)承包人人员

(1)除专用合同条款另有约定外,承包人应在接到开工通知后 7 天内,向监理人提交承包人项目管理机构及施工现场人员安排的报告,其内容应包括合同管理、施工、技术、材料、质量、安全、财务等主要施工管理人员名单及其岗位、注册执业资格等,以及各工种技术工人的安排情况,并同时提交主要施工管理人员与承包人之间的劳动关系证明和缴纳社会保险的有效证明。

(2)承包人派驻到施工现场的主要施工管理人员应相对稳定。施工过程中如有变动,承包人应及时向监理人提交施工现场人员变动情况的报告。承包人更换主要施工管理人员时,应提前 7 天书面通知监理人,并征得发包人书面同意。通知中应当载明继任人员的注册执业资格、管理经验等资料。

特殊工种作业人员均应持有相应的资格证明,监理人可以随时检查。

(3)发包人对于承包人主要施工管理人员的资格或能力有异议的,承包人应提供资料证明被质疑人员有能力完成其岗位工作或不存在发包人所质疑的情形。发包人要求撤换不能按照合同约定履行职责及义务的主要施工管理人员的,承包人应当撤换。承包人无正当理由拒绝撤换的,应按照专用合同条款的约定承担违约责任。

(4)除专用合同条款另有约定外,承包人的主要施工管理人员离开施工现场每月累计不超过 5 天的,应报监理人同意;离开施工现场每月累计超过 5 天的,应通知监理人,并征得发包人书面同意。主要施工管理人员离开施工现场前应指定一名有经验的人员临时代行其职责,该人员应具备履行相应职责的资格和能力,且应征得监理人或发包人的同意。

(5)承包人擅自更换主要施工管理人员,或前述人员未经监理人或发包人同意擅自离开施工现场的,应按照专用合同条款约定承担违约责任。

4)承包人现场查勘

承包人应对基于发包人提交的基础资料所做出的解释和推断负责,但因基础资料存在错误、遗漏导致承包人解释或推断失实的,由发包人承担责任。

承包人应对施工现场和施工条件进行查勘,并充分了解工程所在地的气象条件、交通条件、风俗习惯以及与完成合同工作有关的其他资料。因承包人未能充分查勘、了解前述情况或未能充分估计前述情况所可能产生后果的,承包人承担由此增加的费用和(或)延误的工期。

5)分包

(1)分包的一般约定

承包人不得将其承包的全部工程转包给第三人,或将其承包的全部工程肢解后以分包的名义转包给第三人。承包人不得将工程主体结构、关键性工作及专用合同条款中禁止分包的专业工程分包给第三人,主体结构、关键性工作的范围由合同当事人按照法律规定在专用合同条款中予以明确。

承包人不得以劳务分包的名义转包或违法分包工程。

(2)分包的确定

承包人应按专用合同条款的约定进行分包,确定分包人。已标价工程量清单或预算书中给定暂估价的专业工程,按照相关规定确定分包人。按照合同约定进行分包的,承包人应确保分包人具有相应的资质和能力。工程分包不减轻或免除承包人的责任和义务,承包人和分包人就分包工程向发包人承担连带责任。除合同另有约定外,承包人应在分包合同签订后7天内向发包人和监理人提交分包合同副本。

(3)分包管理

承包人应向监理人提交分包人的主要施工管理人员表,并对分包人的施工人员进行实名制管理,包括但不限于进出场管理、登记造册以及各种证照的办理。

(4)分包合同价款

①除另有约定外,分包合同价款由承包人与分包人结算,未经承包人同意,发包人不得向分包人支付分包工程价款。

②生效法律文书要求发包人向分包人支付分包合同价款的,发包人有权从应付承包人工程款中扣除该部分款项。

(5)分包合同权益的转让

分包人在分包合同项下的义务持续到缺陷责任期届满以后的,发包人有权在缺陷责任期届满前,要求承包人将其在分包合同项下的权益转让给发包人,承包人应当转让。除转让合同另有约定外,转让合同生效后,由分包人向发包人履行义务。

6)工程照管与成品、半成品保护

(1)除专用合同条款另有约定外,自发包人向承包人移交施工现场之日起,承包人应负责照管工程及工程相关的材料、工程设备,直到颁发工程接收证书之日止。

(2)在承包人负责照管期间,因承包人原因造成工程、材料、工程设备损坏的,由承包人负责修复或更换,并承担由此增加的费用和(或)延误的工期。

(3)对合同内分期完成的成品和半成品,在工程接收证书颁发前,由承包人承担保护责任。因承包人原因造成成品或半成品损坏的,由承包人负责修复或更换,并承担由此增加的费用和(或)延误的工期。

7)履约担保

发包人需要承包人提供履约担保的,由合同当事人在专用合同条款中约定履约担保的方式、金额及期限等。履约担保可以采用银行保函或担保公司担保等形式,具体由合同当事人在专用合同条款中约定。

因承包人原因导致工期延长的,继续提供履约担保所增加的费用由承包人承担;非因承包人原因导致工期延长的,继续提供履约担保所增加的费用由发包人承担。

8)联合体

(1)联合体各方应共同与发包人签订合同协议书。联合体各方应为履行合同向发包人承担连带责任。

(2)联合体协议经发包人确认后作为合同附件。在履行合同过程中,未经发包人同意,不得修改联合体协议。

(3)联合体牵头人负责与发包人和监理人联系,并接受指示,负责组织联合体各成员全面履行合同。

3.监理人

(1)监理人的一般规定

工程实行监理的,发包人和承包人应在专用合同条款中明确监理人的监理内容及监理权限等事项。监理人应当根据发包人授权及法律规定,代表发包人对工程施工相关事项进行检查、查验、审核、验收,并签发相关指示,但监理人无权修改合同,且无权减轻或免除合同约定的承包人的任何责任与义务。

除专用合同条款另有约定外,监理人在施工现场的办公场所、生活场所由承包人提供,所发生的费用由发包人承担。

(2)监理人员

发包人授予监理人对工程实施监理的权利由监理人派驻施工现场的监理人员行使,监理人员包括总监理工程师及监理工程师。监理人应将授权的总监理工程师和监理工程师的姓名及授权范围以书面形式提前通知承包人。更换总监理工程师的,监理人应提前7天书面通知承包人;更换其他监理人员,监理人应提前48小时书面通知承包人。

(3)监理人的指示

监理人应按照发包人的授权发出监理指示。监理人的指示应采用书面形式,并经其授权的监理人员签字。紧急情况下,为了保证施工人员的安全或避免工程受损,监理人员可以口头形式发出指示,该指示与书面形式的指示具有同等法律效力,但必须在发出口头指示后24小时内补发书面监理指示,补发的书面监理指示应与口头指示一致。

监理人发出的指示应送达承包人项目经理或经项目经理授权接收的人员。因监理人未能按合同约定发出指示、指示延误或发出了错误指示而导致承包人费用增加和(或)工期延误的,由发包人承担相应责任。除专用合同条款另有约定外,总监理工程师不应将第4.4款(商定或确定)约定应由总监理工程师作出确定的权力授权或委托给其他监理人员。

承包人对监理人发出的指示有疑问的,应向监理人提出书面异议,监理人应在48小时内对该指示予以确认、更改或撤销,监理人逾期未回复的,承包人有权拒绝执行上述指示。

监理人对承包人的任何工作、工程或其采用的材料和工程设备未在约定的或合理期限内提出意见的,视为批准,但不免除或减轻承包人对该工作、工程、材料、工程设备等应承担的责任和义务。

（4）商定或确定

合同当事人进行商定或确定时，总监理工程师应当会同合同当事人尽量通过协商达成一致，不能达成一致的，由总监理工程师按照合同约定审慎做出公正的确定。

总监理工程师应将确定以书面形式通知发包人和承包人，并附详细依据。合同当事人对总监理工程师的确定没有异议的，按照总监理工程师的确定执行。任何一方合同当事人有异议，按照相关约定处理。争议解决前，合同当事人暂按总监理工程师的确定执行；争议解决后，争议解决的结果与总监理工程师的确定不一致的，按照争议解决的结果执行，由此造成的损失由责任人承担。

二、工程质量

1. 质量要求

（1）工程质量标准必须符合现行国家有关工程施工质量验收规范和标准的要求。有关工程质量的特殊标准或要求由合同当事人在专用合同条款中约定。

（2）因发包人原因造成工程质量未达到合同约定标准的，由发包人承担由此增加的费用和（或）延误的工期，并支付承包人合理的利润。

（3）因承包人原因造成工程质量未达到合同约定标准的，发包人有权要求承包人返工直至工程质量达到合同约定的标准为止，并由承包人承担由此增加的费用和（或）延误的工期。

2. 质量保证措施

（1）发包人的质量管理

发包人应按照法律规定及合同约定完成与工程质量有关的各项工作。

（2）承包人的质量管理

承包人按照相关约定向发包人和监理人提交工程质量保证体系及措施文件，建立完善的质量检查制度，并提交相应的工程质量文件。对于发包人和监理人违反法律规定和合同约定的错误指示，承包人有权拒绝实施。

承包人应对施工人员进行质量教育和技术培训，定期考核施工人员的劳动技能，严格执行施工规范和操作规程。

承包人应按照法律规定和发包人的要求，对材料、工程设备以及工程的所有部位及其施工工艺进行全过程的质量检查和检验，并作详细记录，编制工程质量报表，报送监理人审查。此外，承包人还应按照法律规定和发包人的要求，进行施工现场取样试验、工程复核测量和设备性能检测，提供试验样品、提交试验报告和测量成果以及其他工作。

（3）监理人的质量检查和检验

监理人按照法律规定和发包人授权对工程的所有部位及其施工工艺、材料和工程设备进行检查和检验。承包人应为监理人的检查和检验提供方便，包括监理人到施工现场，或制造、加工地点，或合同约定的其他地方进行察看和查阅施工原始记录。监理人为此进行的检查和检验，不免除或减轻承包人按照合同约定应当承担的责任。

监理人的检查和检验不应影响施工正常进行。监理人的检查和检验影响施工正常进行的，且经检查检验不合格的，影响正常施工的费用由承包人承担，工期不予顺延；经检查检验合格的，由此增加的费用和（或）延误的工期由发包人承担。

3. 隐蔽工程检查

（1）承包人自检

承包人应当对工程隐蔽部位进行自检，并经自检确认是否具备覆盖条件。

（2）检查程序

除专用合同条款另有约定外，工程隐蔽部位经承包人自检确认具备覆盖条件的，承包人应在共同检查前 48 小时书面通知监理人检查，通知中应载明隐蔽检查的内容、时间和地点，并应附有自检记录和必要的检查资料。

监理人应按时到场并对隐蔽工程及其施工工艺、材料和工程设备进行检查。经监理人检查确认质量符合隐蔽要求，并在验收记录上签字后，承包人才能进行覆盖。经监理人检查质量不合格的，承包人应在监理人指示的时间内完成修复，并由监理人重新检查，由此增加的费用和（或）延误的工期由承包人承担。

除专用合同条款另有约定外，监理人不能按时进行检查的，应在检查前 24 小时向承包人提交书面延期要求，但延期不能超过 48 小时，由此导致工期延误的，工期应予以顺延。监理人未按时进行检查，也未提出延期要求的，视为隐蔽工程检查合格，承包人可自行完成覆盖工作，并作相应记录报送监理人，监理人应签字确认。监理人事后对检查记录有疑问的，可按相关约定重新检查。

（3）重新检查

承包人覆盖工程隐蔽部位后，发包人或监理人对质量有疑问的，可要求承包人对已覆盖的部位进行钻孔探测或揭开重新检查，承包人应遵照执行，并在检查后重新覆盖恢复原状。经检查证明工程质量符合合同要求的，由发包人承担由此增加的费用和（或）延误的工期，并支付承包人合理的利润；经检查证明工程质量不符合合同要求的，由此增加的费用和（或）延误的工期由承包人承担。

（4）承包人私自覆盖

承包人未通知监理人到场检查，私自将工程隐蔽部位覆盖的，监理人有权指示承包人钻孔探测或揭开检查，无论工程隐蔽部位质量是否合格，由此增加的费用和（或）延误的工期均由承包人承担。

4. 不合格工程的处理

（1）因承包人原因造成工程不合格的，发包人有权随时要求承包人采取补救措施，直至达到合同要求的质量标准，由此增加的费用和（或）延误的工期由承包人承担。无法补救的，按照相关约定执行。

（2）因发包人原因造成工程不合格的，由此增加的费用和（或）延误的工期由发包人承担，并支付承包人合理的利润。

5. 质量争议检测

合同当事人对工程质量有争议的，由双方协商确定的工程质量检测机构鉴定，由此产生的费用及因此造成的损失，由责任方承担。

合同当事人均有责任的，由双方根据其责任分别承担。合同当事人无法达成一致的，按照商定或确定执行。

三、工期和进度

1. 施工组织设计

（1）施工组织设计应包含以下内容：施工方案，施工现场平面布置图，施工进度计划和保证措施，劳动力及材料供应计划，施工机械设备的选用，质量保证体系及措施，安全生产、文明施工措施，环境保护、成本控制措施，合同当事人约定的其他内容。

（2）施工组织设计的提交和修改

除专用合同条款另有约定外，承包人应在合同签订后 14 天内，但至迟不得晚于开工通知载明的开工日期前 7 天，向监理人提交详细的施工组织设计，并由监理人报送发包人。除专用合同条款另有约定外，发包人和监理人应在监理人收到施工组织设计后 7 天内确认或提出修改意见。对发包人和监理人提出的合理意见和要求，承包人应自费修改完善。根据工程实际情况需要修改施工组织设计的，承包人应向发包人和监理人提交修改后的施工组织设计。

施工进度计划的编制和修改按照施工进度计划执行。

2. 施工进度计划

（1）施工进度计划的编制

承包人应按照施工组织设计约定提交详细的施工进度计划，施工进度计划的编制应当符合国家法律规定和一般工程实践惯例，施工进度计划经发包人批准后实施。施工进度计划是控制工程进度的依据，发包人和监理人有权按照施工进度计划检查工程进度情况。

（2）施工进度计划的修订

施工进度计划不符合合同要求或与工程的实际进度不一致的，承包人应向监理人提交修订的施工进度计划，并附具有关措施和相关资料，由监理人报送发包人。除专用合同条款另有约定外，发包人和监理人应在收到修订的施工进度计划后 7 天内完成审核和批准或提出修改意见。发包人和监理人对承包人提交的施工进度计划的确认，不能减轻或免除承包人根据法律规定和合同约定应承担的任何责任或义务。

3. 开工

（1）开工准备

除专用合同条款另有约定外，承包人应按照施工组织设计约定的期限，向监理人提交工程开工报审表，经监理人报发包人批准后执行。开工报审表应详细说明按施工进度计划正常施工所需的施工道路、临时设施、材料、工程设备、施工设备、施工人员等落实情况以及工程的进度安排。

除专用合同条款另有约定外，合同当事人应按约定完成开工准备工作。

（2）开工通知

发包人应按照法律规定获得工程施工所需的许可。经发包人同意后，监理人发出的开工通知应符合法律规定。监理人应在计划开工日期 7 天前向承包人发出开工通知，工期自开工通知中载明的开工日期起算。

除专用合同条款另有约定外，因发包人原因造成监理人未能在计划开工日期之日起 90 天内发出开工通知的，承包人有权提出价格调整要求，或者解除合同。发包人应当承担由此增加的费用和(或)延误的工期,并向承包人支付合理利润。

4.测量放线

(1)除专用合同条款另有约定外,发包人应在至迟不得晚于开工通知载明的开工日期前7天通过监理人向承包人提供测量基准点、基准线和水准点及其书面资料。发包人应对其提供的测量基准点、基准线和水准点及其书面资料的真实性、准确性和完整性负责。

承包人发现发包人提供的测量基准点、基准线和水准点及其书面资料存在错误或疏漏的,应及时通知监理人。监理人应及时报告发包人,并会同发包人和承包人予以核实。发包人应就如何处理和是否继续施工作出决定,并通知监理人和承包人。

(2)承包人负责施工过程中的全部施工测量放线工作,并配置具有相应资质的人员、合格的仪器、设备和其他物品。承包人应矫正工程的位置、高程、尺寸或准线中出现的任何差错,并对工程各部分的定位负责。

施工过程中对施工现场内水准点等测量标志物的保护工作由承包人负责。

5.工期延误

1)因发包人原因导致工期延误

在合同履行过程中,因下列情况导致工期延误和(或)费用增加的,由发包人承担由此延误的工期和(或)增加的费用,且发包人应支付承包人合理的利润:

(1)发包人未能按合同约定提供图纸或所提供图纸不符合合同约定的。

(2)发包人未能按合同约定提供施工现场、施工条件、基础资料、许可、批准等开工条件的。

(3)发包人提供的测量基准点、基准线和水准点及其书面资料存在错误或疏漏的。

(4)发包人未能在计划开工日期之日起7天内同意下达开工通知的。

(5)发包人未能按合同约定日期支付工程预付款、进度款或竣工结算款的。

(6)监理人未按合同约定发出指示、批准等文件的。

(7)专用合同条款中约定的其他情形。

因发包人原因未按计划开工日期开工的,发包人应按实际开工日期顺延竣工日期,确保实际工期不低于合同约定的工期总日历天数。因发包人原因导致工期延误需要修订施工进度计划的,按照施工进度计划的修订的有关约定执行。

2)因承包人原因导致工期延误

因承包人原因造成工期延误的,可以在专用合同条款中约定逾期竣工违约金的计算方法和逾期竣工违约金的上限。承包人支付逾期竣工违约金后,不免除承包人继续完成工程及修补缺陷的义务。

6.不利物质条件

不利物质条件是指有经验的承包人在施工现场遇到的不可预见的自然物质条件、非自然的物质障碍和污染物,包括地表以下物质条件和水文条件以及专用合同条款约定的其他情形,但不包括气候条件。

承包人遇到不利物质条件时,应采取克服不利物质条件的合理措施继续施工,并及时通知发包人和监理人。通知应载明不利物质条件的内容以及承包人认为不可预见的理由。监理人经发包人同意后应当及时发出指示,指示构成变更的,按变更约定执行。承包人因采取合理措施而增加的费用和(或)延误的工期由发包人承担。

7. 异常恶劣的气候条件

异常恶劣的气候条件是指在施工过程中遇到的,有经验的承包人在签订合同时不可预见的,对合同履行造成实质性影响的,但尚未构成不可抗力事件的恶劣气候条件。合同当事人可以在专用合同条款中约定异常恶劣的气候条件的具体情形。

承包人应采取克服异常恶劣的气候条件的合理措施继续施工,并及时通知发包人和监理人。监理人经发包人同意后应当及时发出指示,指示构成变更的,按变更约定办理。承包人因采取合理措施而增加的费用和(或)延误的工期由发包人承担。

8. 暂停施工

(1)发包人原因引起的暂停施工

因发包人原因引起暂停施工的,监理人经发包人同意后,应及时下达暂停施工指示。情况紧急且监理人未及时下达暂停施工指示的,按照紧急情况下的暂停施工的有关约定执行。

因发包人原因引起的暂停施工,发包人应承担由此增加的费用和(或)延误的工期,并支付承包人合理的利润。

(2)承包人原因引起的暂停施工

因承包人原因引起的暂停施工,承包人应承担由此增加的费用和(或)延误的工期,且承包人在收到监理人复工指示后84天内仍未复工的,视为相关约定的承包人无法继续履行合同的情形。

(3)指示暂停施工

监理人认为有必要时,并经发包人批准后,可向承包人作出暂停施工的指示,承包人应按监理人指示暂停施工。

(4)紧急情况下的暂停施工

因紧急情况需暂停施工,且监理人未及时下达暂停施工指示的,承包人可先暂停施工,并及时通知监理人。监理人应在接到通知后24小时内发出指示,逾期未发出指示,视为同意承包人暂停施工。监理人不同意承包人暂停施工的,应说明理由,承包人对监理人的答复有异议,按照相关约定处理。

(5)暂停施工后的复工

暂停施工后,发包人和承包人应采取有效措施积极消除暂停施工的影响。在工程复工前,监理人会同发包人和承包人确定因暂停施工造成的损失,并确定工程复工条件。当工程具备复工条件时,监理人应经发包人批准后向承包人发出复工通知,承包人应按照复工通知要求复工。

承包人无故拖延和拒绝复工的,承包人承担由此增加的费用和(或)延误的工期;因发包人原因无法按时复工的,按照相关约定办理。

(6)暂停施工持续56天以上

监理人发出暂停施工指示后56天内未向承包人发出复工通知,除该项停工属于相关约定的情形外,承包人可向发包人提交书面通知,要求发包人在收到书面通知后28天内准许已暂停施工的部分或全部工程继续施工。发包人逾期不予批准的,则承包人可以通知发包人,将工程受影响的部分视为变更有关条款的可取消工作。

暂停施工持续 84 天以上不复工的,且不属于相关约定所规定的情形,并影响到整个工程以及合同目的实现的,承包人有权提出价格调整要求,或者解除合同。解除合同的,按照有关约定执行。

(7)暂停施工期间的工程照管

暂停施工期间,承包人应负责妥善照管工程并提供安全保障,由此增加的费用由责任方承担。

(8)暂停施工的措施

暂停施工期间,发包人和承包人均应采取必要的措施确保工程质量及安全,防止因暂停施工扩大损失。

9.提前竣工

(1)发包人要求承包人提前竣工的,发包人应通过监理人向承包人下达提前竣工指示,承包人应向发包人和监理人提交提前竣工建议书,提前竣工建议书应包括实施的方案、缩短的时间、增加的合同价格等内容。发包人接受该提前竣工建议书的,监理人应与发包人和承包人协商采取加快工程进度的措施,并修订施工进度计划,由此增加的费用由发包人承担。承包人认为提前竣工指示无法执行的,应向监理人和发包人提出书面异议,发包人和监理人应在收到异议后 7 天内予以答复。任何情况下,发包人不得压缩合理工期。

(2)发包人要求承包人提前竣工,或承包人提出提前竣工的建议能够给发包人带来效益的,合同当事人可以在专用合同条款中约定提前竣工的奖励。

四、计量与计价

1.合同价格形式

发包人和承包人应在合同协议书中选择下列一种合同价格形式:

(1)单价合同

单价合同是指合同当事人约定以工程量清单及其综合单价进行合同价格计算、调整和确认的建设工程施工合同,在约定的范围内合同单价不作调整。合同当事人应在专用合同条款中约定综合单价包含的风险范围和风险费用的计算方法,并约定风险范围以外的合同价格的调整方法,其中因市场价格波动引起的调整按相关约定执行。

(2)总价合同

总价合同是指合同当事人约定以施工图、已标价工程量清单或预算书及有关条件进行合同价格计算、调整和确认的建设工程施工合同,在约定的范围内合同总价不作调整。合同当事人应在专用合同条款中约定总价包含的风险范围和风险费用的计算方法,并约定风险范围以外的合同价格的调整方法,其中因市场价格波动引起的调整按相关约定执行。

(3)其他价格形式

合同当事人可在专用合同条款中约定其他合同价格形式。

2. 预付款

（1）预付款的支付

预付款的支付按照专用合同条款约定执行，但至迟应在开工通知载明的开工日期7天前支付。预付款应当用于材料、工程设备、施工设备的采购及修建临时工程、组织施工队伍进场等。

除专用合同条款另有约定外，预付款在进度付款中同比例扣回。在颁发工程接收证书前，提前解除合同的，尚未扣完的预付款应与合同价款一并结算。

发包人逾期支付预付款超过7天的，承包人有权向发包人发出要求预付的催告通知，发包人收到通知后7天内仍未支付的，承包人有权暂停施工，并按发包人违约的情形执行。

（2）预付款担保

发包人要求承包人提供预付款担保的，承包人应在发包人支付预付款7天前提供预付款担保，专用合同条款另有约定除外。预付款担保可采用银行保函、担保公司担保等形式，具体由合同当事人在专用合同条款中约定。在预付款完全扣回之前，承包人应保证预付款担保持续有效。

发包人在工程款中逐期扣回预付款后，预付款担保额度应相应减少，但剩余的预付款担保金额不得低于未被扣回的预付款金额。

3. 计量

1）计量原则

工程量计量按照合同约定的工程量计算规则、图纸及变更指示等进行计量。工程量计算规则应以相关的国家标准、行业标准等为依据，由合同当事人在专用合同条款中约定。

2）计量周期

除专用合同条款另有约定外，工程量的计量按月进行。

3）单价合同的计量

除专用合同条款另有约定外，单价合同的计量按照本项约定执行：

（1）承包人应于每月25日向监理人报送上月20日至当月19日已完成的工程量报告，并附具进度付款申请单、已完成工程量报表和有关资料。

（2）监理人应在收到承包人提交的工程量报告后7天内完成对承包人提交的工程量报表的审核并报送发包人，以确定当月实际完成的工程量。监理人对工程量有异议的，有权要求承包人进行共同复核或抽样复测。承包人应协助监理人进行复核或抽样复测，并按监理人要求提供补充计量资料。承包人未按监理人要求参加复核或抽样复测的，监理人复核或修正的工程量视为承包人实际完成的工程量。

（3）监理人未在收到承包人提交的工程量报表后的7天内完成审核的，承包人报送的工程量报告中的工程量视为承包人实际完成的工程量，据此计算工程价款。

4）总价合同的计量

除专用合同条款另有约定外，按月计量支付的总价合同，按照本项约定执行：

（1）承包人应于每月25日向监理人报送上月20日至当月19日已完成的工程量报告，并附具进度付款申请单、已完成工程量报表和有关资料。

（2）监理人应在收到承包人提交的工程量报告后 7 天内完成对承包人提交的工程量报表的审核并报送发包人，以确定当月实际完成的工程量。监理人对工程量有异议的，有权要求承包人进行共同复核或抽样复测。承包人应协助监理人进行复核或抽样复测并按监理人要求提供补充计量资料。承包人未按监理人要求参加复核或抽样复测的，监理人审核或修正的工程量视为承包人实际完成的工程量。

（3）监理人未在收到承包人提交的工程量报表后的 7 天内完成复核的，承包人提交的工程量报告中的工程量视为承包人实际完成的工程量。

5）总价合同采用支付分解表计量支付的，可以按照总价合同的计量中的相关约定进行计量，但合同价款按照支付分解表进行支付。

6）其他价格形式合同的计量

合同当事人可在专用合同条款中约定其他价格形式合同的计量方式和程序。

4. 工程进度款支付

1）付款周期

除专用合同条款另有约定外，付款周期应按照计量周期的约定与计量周期保持一致。

2）进度付款申请单的编制

除专用合同条款另有约定外，进度付款申请单应包括下列内容：

（1）截至本次付款周期已完成工作对应的金额；

（2）应增加和扣减的变更金额；

（3）约定应支付的预付款和扣减的返还预付款；

（4）约定应扣减的质量保证金；

（5）应增加和扣减的索赔金额；

（6）对已签发的进度款支付证书中出现错误的修正，应在本次进度付款中支付或扣除的金额；

（7）根据合同约定应增加和扣减的其他金额。

3）进度付款申请单的提交

（1）单价合同进度付款申请单的提交

单价合同的进度付款申请单，按照约定的时间按月向监理人提交，并附上已完成工程量报表和有关资料。单价合同中的总价项目按月进行支付分解，并汇总列入当期进度付款申请单。

（2）总价合同进度付款申请单的提交

总价合同按月计量支付的，承包人按照约定的时间按月向监理人提交进度付款申请单，并附上已完成工程量报表和有关资料。

总价合同按支付分解表支付的，承包人应按照支付分解表及进度付款申请单的约定向监理人提交进度付款申请单。

（3）其他价格形式合同的进度付款申请单的提交

合同当事人可在专用合同条款中约定其他价格形式合同的进度付款申请单的编制和提交程序。

4）进度款审核和支付

（1）除专用合同条款另有约定外，监理人应在收到承包人进度付款申请单以及相关资料后 7 天内完成审查并报送发包人，发包人应在收到后 7 天内完成审批并签发进度款支付证书。发包人逾期未完成审批且未提出异议的，视为已签发进度款支付证书。

发包人和监理人对承包人的进度付款申请单有异议的，有权要求承包人修正和提供补充资料，承包人应提交修正后的进度付款申请单。监理人应在收到承包人修正后的进度付款申请单及相关资料后 7 天内完成审查并报送发包人，发包人应在收到监理人报送的进度付款申请单及相关资料后 7 天内，向承包人签发无异议部分的临时进度款支付证书。存在争议的部分，按照争议解决的相关约定处理。

（2）除专用合同条款另有约定外，发包人应在进度款支付证书或临时进度款支付证书签发后 14 天内完成支付，发包人逾期支付进度款的，应按照中国人民银行发布的同期同类贷款基准利率支付违约金。

（3）发包人签发进度款支付证书或临时进度款支付证书，不表明发包人已同意、批准或接受了承包人完成的相应部分的工作。

5）进度付款的修正

在对已签发的进度款支付证书进行阶段汇总和复核中发现错误、遗漏或重复的，发包人和承包人均有权提出修正申请。经发包人和承包人同意的修正，应在下期进度付款中支付或扣除。

6）支付分解表

（1）支付分解表的编制要求

支付分解表中所列的每期付款金额，应为进度付款申请单的估算金额；实际进度与施工进度计划不一致的，合同当事人可按照有关条款修改支付分解表；不采用支付分解表的，承包人应向发包人和监理人提交按季度编制的支付估算分解表，用于支付参考。

（2）总价合同支付分解表的编制与审批

①除专用合同条款另有约定外，承包人应根据施工进度计划约定的施工进度计划、签约合同价和工程量等因素对总价合同按月进行分解，编制支付分解表。承包人应当在收到监理人和发包人批准的施工进度计划后 7 天内，将支付分解表及编制支付分解表的支持性资料报送监理人。

②监理人应在收到支付分解表后 7 天内完成审核并报送发包人。发包人应在收到经监理人审核的支付分解表后 7 天内完成审批，经发包人批准的支付分解表为有约束力的支付分解表。

③发包人逾期未完成支付分解表审批的，也未及时要求承包人进行修正和提供补充资料的，则承包人提交的支付分解表视为已经获得发包人批准。

（3）单价合同的总价项目支付分解表的编制与审批

除专用合同条款另有约定外，单价合同的总价项目，由承包人根据施工进度计划和总价项目的总价构成、费用性质、计划发生时间和相应工程量等因素按月进行分解，形成支付分解表，其编制与审批参照总价合同支付分解表的编制与审批执行。

5. 支付账户

发包人应将合同价款支付至合同协议书中约定的承包人账户。

五、争议解决

1. 和解

合同当事人可以就争议自行和解,自行和解达成协议的经双方签字并盖章后作为合同补充文件,双方均应遵照执行。

2. 调解

合同当事人可以就争议请求建设行政主管部门、行业协会或其他第三方进行调解,调解达成协议的,经双方签字并盖章后作为合同补充文件,双方均应遵照执行。

3. 争议评审

合同当事人在专用合同条款中约定采取争议评审方式解决争议以及评审规则,并按下列约定执行:

(1)争议评审小组的确定

合同当事人可以共同选择一名或三名争议评审员,组成争议评审小组。除专用合同条款另有约定外,合同当事人应当自合同签订后 28 天内,或者争议发生后 14 天内,选定争议评审员。

选择一名争议评审员的,由合同当事人共同确定;选择三名争议评审员的,各自选定一名,第三名成员为首席争议评审员,由合同当事人共同确定或由合同当事人委托已选定的争议评审员共同确定,或由专用合同条款约定的评审机构指定第三名首席争议评审员。

除专用合同条款另有约定外,评审员报酬由发包人和承包人各承担一半。

(2)争议评审小组的决定

合同当事人可在任何时间将与合同有关的任何争议共同提请争议评审小组进行评审。争议评审小组应秉持客观、公正原则,充分听取合同当事人的意见,依据相关法律、规范、标准、案例经验及商业惯例等,自收到争议评审申请报告后 14 天内作出书面决定,并说明理由。合同当事人可以在专用合同条款中对本项事项另行约定。

(3)争议评审小组决定的效力

争议评审小组作出的书面决定经合同当事人签字确认后,对双方具有约束力,双方应遵照执行。

任何一方当事人不接受争议评审小组决定或不履行争议评审小组决定的,双方可选择采用其他争议解决方式。

4. 仲裁或诉讼

因合同及合同有关事项产生的争议,合同当事人可以在专用合同条款中约定以下一种方式解决争议:

(1)向约定的仲裁委员会申请仲裁;

(2)向有管辖权的人民法院起诉。

5.争议解决条款效力

合同有关争议解决的条款独立存在,合同的变更、解除、终止、无效或者被撤销均不影响其效力。

第十二节　使用 FIDIC 条款的施工合同中合同双方职责

一、建设单位的职责

(1)及时提供施工图纸。FIDIC 通用条款 2.2 款规定由建设单位向承包人提供一式两份合同文本(含图纸)和后续图纸。

(2)及时给予现场进入权。FIDIC 通用条款 2.2 款规定建设单位应在投标书附录中规定的时间内给予承包人进入现场、占用现场各部分的权利。

(3)协助承包人办理许可、执照或批准等。FIDIC 通用条款 2.2 款规定建设单位应根据承包人的请求,对其提供以下合理的协助:取得与合同有关,但不易得到的工程所在的法律文本;协助承包人申办工程所在国法律要求的许可、执照或批准。

(4)提供现场勘察资料。FIDIC 通用条款 2.2 款规定建设单位应在基准日期前,即在承包人递交投标书截止日期前 28 天之前把该工程勘察所得的现场地下、水文条件及环境方面的所用情况资料提供给承包人;在基准日期后所得的所有此类资料,也应全部提交给承包人。

(5)及时支付工程款。FIDIC 通用条款 14 条对建设单位给承包人的预付款、期中付款和最终付款作了详细规定。

二、承包人的责任

承包人应按照合同及工程师的指示,设计(在合同规定的范围内)、实施和完成工程,并修补工程总共的任何缺陷。具体来说有以下几方面:

(1)对设计图纸和文件应承当的责任。FIDIC 第 1.11 款规定:由建设单位(或以建设单位名义)编制的规范、图纸和其他文件,其版权和其他知识产权归建设单位所有。除合同需要外,未经建设单位同意,承包人不得将图纸、文件等用于或转给第三方。

(2)提交履约担保。FIDIC 第 4.2 款明确承包人应按投标书附录规定的金额取得担保,并在收到中标函后 28 天内向建设单位提交这种担保,并向工程师递交一份副本。履约担保应由建设单位批准的国家内的实体提供。

(3)对工程质量负责。FIDIC 第 4.9 款明确承包人应建立质量保证体系,该体系应符合合同的详细规定。承包人在每一设计和实施阶段开始前,应向工程师提交所有程序和如何贯彻要求的文件的细节。FIDIC 第 4.1 款明确承包人应精心施工、修补其任何缺陷。明确承包人应对整个现场作业、所有施工方法和全部工程的完备性、稳定性和完全性负责任;并对承包人自己的设计承担责任。10.1 款明确承包人只有通过合同规定的任何竣工试验,若有缺陷,则必须纠正后并使工程师满意后才有权获得接受证书。11 条对缺陷责任作了明确规定。

（4）按期完成施工任务。FIDIC 第 8.1 款规定承包人应在收到中标函后 42 天内开工,除非专用条款完成整个工程和每个分项工程。另有说明。开工后承包人在合理可能的情况下尽早开始工程的实施,随后应以正当的速度,不拖延地进行工程。8.2 款规定承包人应在工程或分项工程的竣工时间内,完成整个工程和每个分项工程。

（5）对施工现场的安全和环境保护负责。FIDIC 第 4.8 款、4.22 款和 4.18 款分别对此作出了规定。

第三章

建设工程安全监理

随着城市建设和科学技术的进步,大型、高层或地下建筑越来越多,加之新技术、新材料、新设备的广泛应用,工艺设计、工程结构越来越复杂,自动化程度日渐提高,而传统的安全管理模式随市场紧急的发展,受到了很大的冲击。安全事故的频繁发生,触目惊心的现状告诫人们,除政府职能部门应加强管理和依法干预外,还必须动员社会的力量参与安全管理的某些活动,真正实施群防群治的战略方针。安全监理的概念就是在这样的背景下提出的。2003 年 11 月 24 日国务院颁布了《建设工程安全生产管理条例》,赋予了监理部门的安全监理职能,安全监理已经成为建设工程监理的一个新的重要的组成部分,这是加强建设工程安全管理,控制重大安全事故发生,加强建设工程安全生产监督管理的一种管理模式和有效手段,也是建设工程安全生产管理的重要保障。建设工程安全监理的实施,是提高施工现场安全管理水平的有效方法。

第一节　安全监理的概念、性质、意义

一、安全监理的基本概念

安全监理是建设监理的重要组成部分,是建设工程安全生产的重要内容,是促进施工现场

安全管理水平提高的有效方法。

所谓安全监理是指有相应资质的工程监理单位受建设单位委托,依据国家有关法律、法规,相关部门文件及工程监理合同的工作内容对安全生产进行监督管理,在监督管理过程中监理工程师对工程建设中的人、机、环境及施工全过程进行评价、监督管理,保证工程建设行为符合国家安全生产、劳动保护法律、法规和有关政策,制止工程建设行为中的冒险性、盲目性和随意性,有效地把建设工程安全控制在允许的风险度范围以内,以确保安全生产。

二、建设工程安全监理的意义

建设工程监理制在我国建设领域已推行了多年,在建设工程中发挥了重要作用,也取得了显著的成效,而建设工程安全监理在我国刚刚开始,其意义主要表现在以下几方面:

(1)有利于建设工程安全生产保证机制的形成

在政府对建设工程安全生产进行监督以外,社会监理,即实行建设工程安全监理制,有利于建设工程安全生产保证机制的形成。形成施工企业负责、监理中介服务、政府市场监管,从而为保证我国建设工程安全生产。建立立体空间的安全生产监理机制。

(2)有利于提高建设工程安全生产管理水平

实施建设工程安全监理制度,通过对建设工程安全生产实施三向监控,即施工企业自身的安全控制、政府的安全生产监督管理、工程监理单位的安全监理。一方面,有利于防止和避免安全事故,另一方面,政府通过改进市场监管方式,充分发挥市场机制和社会里的作用,通过工程监理单位、安全中介服务公司等的介入,对施工现场安全生产的监督管理,改变以往政府被动的安全检查方式,共同形成安全生产监管合力,从而提高我国建设工程安全管理水平。

(3)有利于规范工程建设参建各方主体的安全生产行为

在建设工程安全监理实施过程中,监理工程师采用事前、事中监督管理相结合的方式,对建设工程安全生产的全过程进行动态的监督管理,可以有效地规范各施工单位的安全生产行为,最大限度地避免不安全生产行为的发生,最大限度地减少事故可能的不良后果。同时,还可避免建设单位的不当安全生产思想和行为。监理工程师可以向建设单位提出适当的建议,从而也有利于规范建设单位的安全生产行为。

(4)有利于促进施工单位保证建设工程施工安全,提高整体施工行业安全生产管理水平

实施建设工程安全监理制,通过监理工程师对建设工程施工生产的安全监督管理,以及监理工程师的审查、检查、督促整改等手段,促进施工单位进行安全生产,改善劳动作业条件,通过安全技术措施等,保证建设工程施工安全,提高施工单位自身施工安全生产管理水平,从而提高了整体建筑行业的安全生产管理水平。

(5)有利于实现工程投资效益最大化

实行建设工程安全监理制,由监理工程师进行施工现场安全生产的监督管理,防止和减少生产安全事故的发生,保证了建设工程质量,也保证了施工进度和工程的顺利开展,从而保证了建设工程整个进度计划的实现,有利于投资的正常回收,实现投资效益的最大化。

第二节　工程监理单位的安全监理职责

一、工程监理单位的安全监理职责

（1）主要负责人对本单位的安全生产监理工作全面负责。工程监理单位应当建立安全生产监理责任制度和教育培训制度，保证本单位监理人员掌握安全生产的法律、法规和建设工程安全生产强制性标准条文，督促工程项目监理机构落实安全生产监理责任。

（2）总监理工程师对工程项目的安全生产监理工作全面负责，工程项目监理机构应根据工程项目特点和要求明确总监理工程师、专业监理工程师和监理员在安全生产监理方面的各自职责。

（3）工程项目监理机构应配备与工程项目相适应的专（兼）职安全生产监理人员，对工程项目的安全生产进行监督检查，承担具体的安全生产监理责任。

（4）工程项目监理机构应当建立安全生产监理的审查核验制度、检查验收制度、督促整改制度、重大安全生产隐患报告制度、工地例会制度及资料归档制度，并明确各项制度的责任人员。

（5）工程项目监理机构应当建立安全生产隐患整改报告制度。

对安全生产违法违规行为和安全生产隐患应及时制止并书面通知有关单位限期整改，情况严重的，由总监理工程师签发暂停施工令，并及时书面通报建设单位；有关单位拒不在限期内整改或者拒不暂停施工的，工程项目监理机构应当及时书面报告相关建设行政主管部门或其安全生产监督机构，必要时，应当及时书面报告上一级建设行政主管部门。

（6）工程项目安全生产监理资料应明确专人进行管理和归档。

其主要内容应包括：

①安全生产违法违规行为和安全生产隐患整改通知单、暂停施工令及整改回复验收单，定期安全生产检查记录及整改、回复、复查验收记录，对建设单位以及建设行政主管部门或其安全生产监督机构的书面报告备份材料；

②监理人员的安全生产监理每日巡查或监理日志。

二、工程监理单位及其工程项目监理机构在工程项目施工准备阶段应当履行的安全监理职责

（1）在编制工程项目监理规划时，明确安全生产监理的范围、内容、工作程序和制度措施，以及人员配备计划和相应工作职责等。

（2）明确工程项目的危险性较大的专项工程，编制危险性较大的专项工程安全生产监理实施细则。实施细则应当明确安全生产监理的方法、措施和控制要点，以及对施工单位安全技术措施的检查方案。

（3）审查施工单位编制的施工组织设计、施工方案中的安全技术措施和危险性较大的专项工程施工方案的安全技术措施是否符合工程建设强制性标准要求，并签署审查意见。审查的主要内容应当包括：

①施工单位编制的地下管线保护措施方案是否符合强制性标准要求。

②基坑支护与降水、土方开挖与边坡防护、高大模板及支撑系统、起重吊装、脚手架、拆除、爆破等危险性较大的专项工程施工方案是否符合强制性标准要求,是否按规定要求经过专家论证。

③施工临时用电方案设计及安全用电技术措施和电气防火措施是否符合强制性标准要求。

④冬夏、雨期等季节性施工方案的制定是否符合强制性标准要求。

⑤施工总平面布置图是否符合安全生产的要求,办公、宿舍、食堂、道路等临时设施设置以及排水、防火措施是否符合强制性标准要求。

(4)查验施工单位拟在工程项目使用的施工起重机械设备、整体提升脚手架、模板等自升式架设设施和安全设施的相关证照和资料是否符合规定。

(5)检查施工单位(包括分包单位)工程项目的安全生产规章制度的建立以及专职安全生产管理人员的配备情况。

(6)审查工程项目施工安全重大危险源目录、内容与工程项目实际情况是否相符,施工安全重大危险源防护保证措施是否符合工程建设强制性标准要求。

(7)查验工程项目所有施工单位(包括分包单位)的资质和安全生产许可证;相关管理人员的安全生产考核合格证以及特种作业人员的特种作业证。

(8)审核施工单位应急救援预案和安全文明施工措施费用使用计划。

(9)审查工程项目及危险性较大的专项工程开工安全生产条件及各项手续。

总监理工程师应当审查施工单位报审的有关技术文件及资料并在报审表上签署意见;审查未通过的,应当要求相关施工单位及时纠正和完善,没有进行纠正和完善施工组织设计、施工方案及安全技术措施不得允许实施。

三、工程项目监理机构在工程项目施工阶段应当履行的安全监理职责

(1)检查施工单位是否按照审查批准的施工组织设计、施工方案中的安全技术措施和危险性较大的专项工程施工方案组织施工;审查施工安全重大危险源防护保证措施是否得到落实。

(2)督促施工单位对危险性较大的专项工程施工方案按照规定内容组织专家论证,并办理开工安全生产条件审查;督促施工单位在危险性较大的专项工程施工过程中进行安全巡视检查,督促施工单位安全生产专职人员进行现场监控。

(3)审查施工起重机械设备、整体提升脚手架、模板等自升式架设设施、钢管及扣件、漏电保护器、安全网等的检测检验报告和进场验收手续。参加施工起重机械设备、整体提升脚手架、模板等自升式架设设施以及施工临建设施的安装验收,督促施工单位及时办理相关设备设施的使用登记手续。

(4)检查施工现场各种安全警示标志设置是否齐全,是否符合强制性标准要求。

(5)检查施工单位对施工安全重大危险源的台账建立、检查记录、整改记录情况;监督检查施工单位对施工现场安全重大危险源的动态管理情况。

(6)核查安全防护文明施工措施费用专款使用情况,并按规定签署意见。

(7)督促施工单位进行安全生产自查,对其自查情况进行抽查,检查自查记录。参加建设单位组织的安全生产专项检查;检查施工单位专职安全生产管理人员的工作职责落实情况,包

括其工作日志;检查施工临时用电、施工起重机械设备、整体提升脚手架、模板等自升式架设设施的运行维护记录等。

(8)建立工程项目安全生产隐患台账,对安全生产违法违规行为和安全生产隐患,及时要求有关单位整改,并检查整改结果,签署整改验收意见。

(9)工程项目监理机构应当对下列专项工程施工作业(含安装、运行、拆卸)过程进行安全生产监督检查,并督促施工单位安全生产管理人员加强对关键工序施工全过程的跟班检查:

①基坑(槽)开挖与支护、降水工程;开挖深度超过 2.5m(含 2.5m)的基坑、1.5m(含1.5m)的基槽(沟);或基坑开挖深度未超过 2.5m、基槽开挖深度未超过 1.5m,但因地质水文条件或周边环境复杂,需要对基坑(槽)进行支护和降水的基坑(槽);采用爆破方式开挖的基坑(槽)。

②人工挖孔桩;沉井、沉箱;地下暗挖工程。

③模板工程:各类工具式模板工程,包括滑模、爬模、大模板等;水平混凝土构件模板支撑系统及特殊结构模板工程。

④物料提升设备(包括各类扒杆、卷扬机、井架等)、塔式起重机、施工电梯、架桥机等施工起重机械设备的安装、检测、顶升、拆卸工程;各类吊装工程。

⑤脚手架工程:落地式钢管脚手架、木脚手架、附着式升降脚手架、整体提升与分片式提升、悬挑式脚手架、门型脚手架、挂脚手架、吊篮脚手架、卸料平台。

⑥拆除、爆破工程。

⑦施工现场临时用电工程。

⑧其他危险性较大的专项工程:建筑幕墙(含石材)的安装工程;预应力结构张拉工程;隧道工程,围堰工程,架桥工程;电梯、物料提升等特种设备安装;网架、索膜及跨度超过 5m 的结构安装;2.5m(含2.5m)以上边坡的开挖、支护;较为复杂的线路、管道工程;采用新技术、新工艺、新材料对施工安全可能有影响的工程。

第三节　安全事故处理依据和程序

一、建设工作安全事故处理依据

进行建设工作安全事故处理的主要依据有4个方面:安全事故的实况资料;具有法律效力的建设合同,包括工程承包合同、设计委托合同、材料设备供应合同、分包合同以及监理合同等;有关的技术文件、档案;相关的建设工程法律、法规、标准及规范。前3种是与特定的建设工程密切相关的具有特定性质的依据。第四种法规性依据,是具有很高法律性、权威性、约束性、通用性和普遍性的依据,因而它在工程安全事故的处理事物中,也具有极其重要的作用。

(1)安全事故的实况资料

安全事故发生后,施工单位有责任就所发生的安全事故进行周密的调查、研究,掌握情况,并在此基础上写出调查报告,提交总监理工程师、建设单位和政府有关管理部门。在调查报告中,首先就与安全事故有关的实际情况作详尽的说明,其内容应包括:安全事故发生的地点、时间,安全事故状况的描述,安全事故发展变化的情况,有关安全事故的观测记录、事故现场状态的照片或录像。监理单位现场调查的资料,其内容大致与施工单位调查报告中有关内容相似,用来与施工单位所提供的情况对照、核实。

施工图纸和技术说明等设计文件是建设施工的重要依据。在处理安全事故中,其作用一方面是可以对照设计文件,核查施工安全生产是否完全符合设计的规定和要求;另一方面是可以根据所发生的安全事故情况,核查设计中是否存在问题或缺陷,是否为导致安全事故的一个原因。

(2)与施工有关的技术文件与资料档案属于这类技术文件、资料档案有:

施工组织设计或专项施工方案、施工计划、施工记录、施工日记等。根据它们可以查对发生安全事故的工程施工时的情况,如:施工时的气温、降雨,风等有关的自然条件;施工人员的情况;施工工艺与操作过程的情况;使用的材料情况;施工场地、工作面、交通等情况;地质及水文地质情况等。借助这些资料可以追溯和探寻事故的可能原因。

上述各类技术资料对于分析安全事故原因,判断其发展变化趋势,推断事故影响及严重程度,考虑处理措施等都是不可缺少的,起着重要的作用。

(3)有关合同及合同文件

所涉及的合同文件可以是工程承包合同、设计委托合同、设备、器材与材料供应合同、设备租赁合同、分包合同、监理合同等。有关合同和合同文件在处理安全事故中的作用是:确定在施工过程中有关各方是否按照合同有关条款实施其活动,借以探寻产生事故的可能原因。

(4)相关的建设工程法律法规和标准规范

1998年3月1日施行的《中华人民共和国建筑法》、1999年1月1日施行的《中华人民共和国合同法》、2000年1月1日施行的《中华人民共和国招标投标法》、2001年国务院发布的《工程建设项目招标范围和规模标准的规定》、2002年11月1日施行的《中华人民共和国安全生产法》、2003年国务院发布的《建筑工程安全生产管理条例》、2004年国务院发布的《安全生产许可证条例》、2004年建设部发布的《建筑施工企业安全生产许可证管理规定》等法律、法规及规章,就是为了维护建筑市场的正常秩序和良好环境,充分发挥竞争机制,保证建设工程的安全和质量要求。

二、建设工程安全事故处理程序

监理工程师应熟悉各级政府建设行政主管部门处理建设工程安全事故的基本程序,特别是应把握在建设工程安全事故处理过程中如何履行自己的职责。

1.事故的归口管理的法律依据

重大安全事故有国务院按有关程序和规定处理,按《生产安全事故报告和调查处理条例》(国务院令第493号)的规定进行报告。

国家建设行政主管部门归口管理全国工程建设重大安全事故;省、自治区、直辖市建设行政主管部门归口管理本行政辖区内的建设工程重大安全事故;市、县级建设行政主管部门归口管理一般建设工程安全事故。

建设工程安全事故调查组由事故发生地的市、县级以上建设行政主管部门或国务院有关主管部门等组织成立。特别重大安全事故调查组组成由国务院批准;一、二级重大事故由省、自治区、直辖市建设行政主管部门提出调查组组成意见,报请相应级别人民政府批准;三、四级重大安全事故由市、县级建设行政主管部门提出调查组组成意见,报请相应级别人民政府批准。事故发生单位属国务院部委的,由国务院有关主管部门或其授权部门会同当地建设行政主管部门提出调查组组成意见。重大安全事故,由省、自治区、直辖市建设行政主管部门组织;一般安全事故,调查组由市、县级建设行政主管部门组织。

2. 监理单位对事故的处理程序

监理工程师还应注意施工企业处理建设工程安全事故的原则,即"四不放过"的原则:安全事故原因不查清不放过,职工和事故责任人受不到教育不放过,事故隐患不整改不放过,事故责任人不受处理不放过。

建设工程安全事故发生后,监理工程师一般按以下程序进行处理。

建设工程安全事故发生后,总监理工程师应签发工程暂停令,并要求施工单位必须立即停止施工,施工单位应立即实行抢救伤员,排除险情,采取必要措施,防止事故扩大,并做好标识,保护好现场。同时,要求发生安全事故的施工总承包单位迅速按安全事故类别和等级向相应的政府主管部门上报,并在24小时内写出书面报告。

工程安全事故报告应包括以下主要内容:

(1)事故发生的时间、详细地点、工程项目名称及所属企业名称。

(2)事故的类别、事故严重程度。

(3)事故的简要经过、伤亡人数和直接经济损失的初步估计。

(4)事故发生原因的初步判断。

(5)抢救措施及事故控制情况。

(6)报告人情况和联系电话。

(7)监理工程师在事故调查组展开工作后,应积极协助,客观的提供相应证据,若监理方无责任,监理工程师可应邀参加调查组,参与事故调查;若监理方有责任,则应予以回避,但应配合调查组作好以下工作:

①查明事故发生原因、人员伤亡及财产损失情况。

②查明事故的性质和责任。

③提出事故处理及防止类似事故再次发生所应采取措施的建议。

④提出事故责任者的处理建议。

⑤检查控制事故的应急措施是否得当和落实。

监理工程师接到安全事故调查组提出的处理意见涉及技术处理时,可组织相关单位研究,并要求相关单位完成技术处理方案,必要时,应征求设计单位意见。技术处理方案必须依据充分,应在安全事故的部位、原因全部查清的基础上进行,必要时,组织专家进行论证,以保证技术处理方案可靠、可行,保证施工安全。

技术处理方案核检后,监理工程师应要求施工单位制订详细的施工方案,必要时,监理工程师应编制监理实施细则,对工程安全事故技术处理的施工过程及关键部位和关键工序应派人进行旁站监理。

施工单位完工自检后,监理工程师应组织相关各方进行检查验收,必要时进行处理结果鉴定。要求事故单位整理编写安全事故处理报告,并审核签认,进行资料归档。编写建设工程安全事故处理报告,主要包括职工重伤、死亡事故调查报告书;现场调查资料(记录、图纸、照片);技术鉴定和实验报告;物证、人证调查材料;间接和直接经济损失等。

第四节 参与建设各方的安全责任及法律责任

我国安全管理体制为:企业负责,行业管理,国家监察,群众监督。

《建设工程安全生产管理条例》明确了建设行政管理部门的安全职能,特别明确了参与工程建设的各方主体,包括建设单位、勘察设计单位、施工单位、工程监理单位和其他参与单位在做好施工安全生产工作方面的责任。这对全面了解自己应该履行的安全职责,开展安全监理工作具有重要意义。

一、参建各方主体的安全责任

1. 建设单位的安全责任

建设单位作为投资主体,在工程建设中居主导地位,对建设工程的安全生产负有重要责任。

(1)应在工程概算中确定并提出安全作业环境和安全施工措施的费用。

(2)不得要求勘察、设计、施工、工程监理等单位违反国家法律、法规和工程建设强制性标准规定,不得任意压缩合同约定的工期。

(3)有义务向施工单位提供工程所需的有关资料。

(4)有责任将安全施工措施报送有关主管部门备案。

(5)应当将拆除工程发包给有建筑企业资质的施工单位等。

2. 勘察、设计单位的安全责任

1)勘察单位的安全责任

(1)应当按照法律、法规和工程建设强制性标准进行勘察,提供的勘察文件应当真实、准确,满足建设工程安全生产的需要。

(2)在勘察作业时,应当严格执行操作规程,采取措施确保各类管线、设施和周边建筑物、构筑物的安全。

2)设计单位的安全责任

(1)按照法律、法规和工程建设强制性标准进行设计,应当考虑施工安全操作和防护的需要,对涉及施工安全的重点部位和环节在设计文件中注明,并对防范生产安全事故提出指导性意见。

(2)对采用新结构、新材料、新工艺的建设工程和特殊结构的建设工程,设计单位应当在设计中提出保障施工作业人员安全和预防生产安全事故的措施建议。

(3)设计单位和注册建筑师等注册执业人员应对其设计负责。

3. 施工单位的安全责任

施工单位在建设工程安全生产中处于核心地位。施工单位的安全责任如下:

（1）必须建立本企业安全生产管理机构和配备专职安全管理人员。

（2）应当在施工前向作业班组和人员做出安全施工技术要求的详细说明。

（3）应当对因施工可能造成损害的毗邻建筑物、构筑物和地下管线采取专项防护措施。

（4）应当向作业人员提供安全防护用具和安全防护服装，并书面告知危险岗位操作规程。

（5）施工单位应当对施工现场安全警示标志使用、作业、生活环境等进行管理。

（6）应在施工单位起重机械和整体提升脚手架、模板等自升式架设施验收合格后进行登记。

（7）施工单位应落实安全生产作业环境及安全施工措施费用。

（8）应对安全防护用具、机械设备、施工机具及配件在进入施工现场前进行查验，合格后方能投入使用。

（9）严禁使用国家命令淘汰、禁止使用的危及施工安全的工艺、设备、材料。

4. 工程监理单位的安全责任

《建设工程监理规范》规定"在发生下列情况之一时，总监理工程师可签发工程暂停令：……施工出现了安全隐患，总监理工程师认为有必要停工以消除隐患……"。

《建设工程安全生产管理条例》明确规定了监理单位和监理工程师的安全责任，即：

（1）工程监理单位应当审查施工组织设计中的安全技术措施或者专项施工方案是否符合工程建设强制性标准。

（2）工程监理单位在实施监理的过程中，发现存在安全事故隐患时，应当要求施工单位整改；情况严重的，应当要求施工单位暂停施工，并及时报告建设单位；施工单位拒不整改或者拒不停止施工的，工程监理单位应当及时向有关主管部门报告。

（3）工程监理单位和监理工程师应当按照法律、法规和工程建设强制性标准实施监理，并对建设工程安全生产承担监理责任。

5. 其他参与单位的安全责任

（1）提供机械设备和配件的单位的安全责任

提供机械设备和配件的单位应当按照安全施工的要求配备齐全有效的保险、限位等安全设施和装置。

（2）出租单位的安全责任

出租机械设备、施工机具及配件的单位应当具有生产（制造）许可证、产品合格证；应当对出租的机械设备、施工机具及配件的安全性能进行检测，在签订租赁协议时，应当出具检测合格证明；禁止出租检测不合格的机械设备和施工机具及配件。

（3）拆除单位的安全责任

拆除单位在施工现场安装、拆除施工起重机械和整体提升脚手架、模板等自升式架设施必须具有相应等级的资质。安装、拆除施工起重机械和整体提升脚手架、模板等自升式架设施，应当编制拆除方案，制定安全施工措施，并由专业技术人员现场监督。

施工起重机械和整体提升脚手架、模板等自升式架设施安装完毕后，安装单位应当自检，出具自检合格证明，并向施工单位进行安装使用说明，办理签字验收手续。

（4）检验检测单位的安全责任

检验检测单位对检测合格的施工起重机械和整体提升脚手架、模板等自升式架设施及材料等应当出具安全合格证明文件，并对检测结果负责。

二、监理工程师和工程监理单位的法律责任

《建设工程安全生产管理条例》明确规定了工程监理单位和监理工程师违反建设工程安全生产应承担相应的法律责任。

1. 可能的违法行为

工程监理单位可能发生的违法行为包括以下几点：

（1）工程监理单位未对施工组织设计中的安全技术措施或者专项施工方案进行审查。

（2）工程监理单位发现安全事故隐患未及时要求施工单位整改或者暂时停止施工。

（3）施工单位拒不整改或者拒不停止施工，工程监理单位未及时向有关主管部门报告就构成违法行为。施工单位拒不整改或者拒不停止施工，工程监理单位应当及时向有关主管部门报告。若不报告或者报告不及时，均是违法行为。

（4）工程监理单位和监理工程师未按照法律、法规和工程建设强制性标准实施监理就构成违法行为。工程建设的法律、法规和工程建设强制性标准是工程建设参与各方必须遵守的，工程监理单位也不例外。

2. 承担的法律责任

工程监理单位对其违法行为应承担相应的法律责任。

（1）行政责任

对于工程监理单位的上述违法行为，责令限期改正；逾期未改正的，责令停业整顿，并处10万元以上30万元以下的罚款；情节严重的，降低资质等级，直至吊销资质证书。

（2）刑事责任

《中华人民共和国刑法》第一百三十七条规定："建设单位、设计单位、施工单位、工程监理单位违反国家规定，降低工程质量标准，造成重大安全事故的，对直接责任人员处5年以下有期徒刑或者拘役，并处罚金；后果特别严重的处5年以上10年以下有期徒刑，并处罚金。"这里的刑事责任针对的是工程监理单位的直接责任人员。

（3）民事责任

工程监理单位的违法行为如果给建设单位造成损失，工程监理单位对建设单位承担赔偿责任。承担民事责任的前提是建设单位必须有损失，工程监理单位才承担民事责任。

（4）监理工程师法律责任

监理工程师未执行法律、法规和工程建设强制性标准的，建设行政主管部门责令停业3个月以上1年以下；情节严重的，吊销执业资格证书，5年内不予以注册；造成重大安全事故的，终身不予以注册；构成犯罪的，依照刑法有关规定追究刑事责任。

第四章

建设工程质量控制

第一节 工程项目质量控制概述

一、工程项目质量的内涵

按《质量管理体系 基础和术语》(GB/T 19000—2016)和 2000 版 ISO9000 的定义,质量是指"反映产品或服务满足明确或隐含需要能力的特征的总合"。是一组固有特性满足要求的程度,这里所指的产品或服务可以是结果,也可以是过程,即包含了产品或服务的形成过程和使用过程。具体可以是:某实物产品;某项活动或过程;某组织体系或人。工程项目质量是一组固有特性满足工程建设中有关法律、法规、技术标准、设计文件及工程合同中对工程的安全、使用、经济、美观等综合要求的程度。

工程项目质量的内涵包括工程项目的实体质量、功能和使用价值、工作质量 3 个方面的内容。

1. 工程项目的实体质量

任何工程项目都是由一道道工序逐步完成的,因此各道工序累积的结果最终通过工程项目的质量来反映。所以工程项目的实体质量是从产品形成过程和形成结果方面来反映工程项目质量。由各道工序的质量集合形成各工种的质量(分项工程质量),由各分项工程质量形成各部位的质量(分部工程质量),再由各部位的质量形成具有能完成独立功能主体的质量(单项工程质量),最后各单项工程的质量集合为工程项目的实体质量。其中单项工程质量又包含建筑工程、安装工程和生产设备的质量。它们之间的相互关系如图4-1所示。

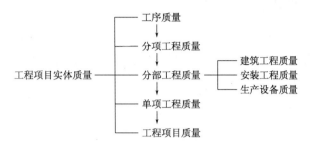

图4-1 工程项目质量相互关系图

2.功能和使用价值质量

功能和使用价值是从建筑工程产品满足需要的能力方面来反映产品质量的。它包括工程项目的适用性、可靠性、经济性、美观和环境协调几个方面。建设单位根据各自不同的需要,对功能和使用价值质量有不同的要求,所以,功能和使用价值的质量没有固定、统一的标准,只是相对建设单位的要求而言,看其满足要求的方面和程度如何。但从评价工程项目质量的一般原则出发,工程项目功能和使用价值的质量一般包括:

(1)适用性

①平面、空间布置合理。

②采光、通风、隔热、隔音良好。

③有利于生产,方便生产。

④工艺合理,技术先进。

(2)可靠性

①保证强度、刚度、稳定要求。

②防灾、抗灾、安全。

③使用有效、耐久。

(3)经济性

①节约用地、节约能源。

②维修费少、使用费低。

③工期短、经济效益高。

(4)美观

①造型新颖。

②装饰艺术。

(5)与环境协调

①生态环境协调。

②社会环境协调。

③基础设施协调。

3. 工作质量

工作质量是指参与工程的建设者为保证工程项目的质量,达到产品质量标准,减少废品率所从事工作的水平和完善程度。工作质量包括社会工作质量和生产过程工作质量两个方面。其中社会工作的内容包括:社会调查、市场预测、质量回访和保修服务等;生产过程工作的内容包括:政治工作、管理工作、技术工作和后勤工作等。工作质量是从工程项目质量因素中最重要、最活跃的要素之一,工程项目质量取决于参与建设的各单位、各方面的工作质量,它是建设者各方面、各环节工作质量的综合反映。工作质量是工程项目质量的保证,要通过提高工作质量来保证和提高工程项目的质量。

二、工程项目质量的特点

工程项目是一种涉及面广、建设周期长、影响因素多的建设产品。凡与决策、设计、施工和竣工验收各环节有关的各种因素都将影响到工程质量,诸如人、机械、设备、材料和环境都是直接影响到工程项目的质量。由于其自身具备的群体性、固定性、单一性、协作性、复合性和预约性等特点,决定了工程项目质量难以控制的特点:

(1)容易产生质量波动。由于建筑工程主要以露天建设单位为主,受气候和质地的影响较大,无稳定的生产设备和生产环境,具有产品固定、人员流动的生产特点,与有固定的自动线和流水线的一般的工业产品相比,工程项目更容易产生质量波动。

(2)容易产生系统因素变异。诸如施工方法不当、不按操作规程操作、机械故障、材料有误、仪表失灵、设计计算错误等原因都会引起系统因素变异。

(3)容易产生第二判断错误。工程项目建设过程中,由于各道工序需要交接或隐蔽工程部位,后道工序将覆盖前道工序的成果,若不及时进行工序交接间的检查,往往会由于后道工序的覆盖,将前道工序的不合格误认为合格,即容易产生第二判断的错误。

(4)质量检查时不能解体、拆卸。由于建筑产品的位置固定和建筑结构上的建造特点,对于建成的产品就不能像其他某些工业产品一样,可拆卸检查其内部质量;同时,由于建筑一般具有一次预约性,一旦发现产品质量问题也不可能像其他工业产品一样"包换"或"退款";对于局部的质量问题也不可能采取更换零件的方式;即使事后花更多的钱,也不能期望达到预期的效果。

正是由于以上这些工程项目质量的特点,决定了建设项目质量控制的方法和措施有其相应的特点。

三、工程项目建设各阶段对质量形成的影响

根据工程项目的特点和长期以来工程实践经验和规律的总结,工程项目基本建设的程序可分为决策、设计、施工、竣工验收4个阶段。各阶段对质量形成起着不同的作用和影响,其中在决策和设计阶段所进行的可行性研究的影响至关重要。因此各阶段对工程项目的质量影响不容忽视。

(1)项目可行性研究对质量的影响

可行性研究是确定建设项目取舍、成败的关键,是确定质量目标与水平的依据,直接影响项目能否列入计划。

(2)项目决策阶段对质量形成的影响

项目决策阶段是影响工程项目质量的关键阶段,它确定工程项目应达到的质量目标和水

平,体现项目"做什么"。为此。一方面要能充分反映建设单位对质量的要求和意愿,另一方面要做到工程项目三大控制目标——投资、质量、进度的最优组合。

(3)项目设计阶段对质量的影响

设计阶段是影响工程项目质量决定性环节,根据项目决策阶段已确定的质量目标和水平,通过工程设计使之具体化,体现项目"如何做"。这些设计成果一方面将决定着工程项目建成后的功能和使用价值;另一方面又是项目实施阶段的重要依据。因此应把项目设计作为监理控制的重要环节。

(4)项目施工阶段对质量的影响

施工阶段是根据设计图纸的要求,通过施工形成工程实体的过程,即将项目"做出来"。这一阶段是项目功能和使用价值的物化阶段,也是项目投资的物化阶段。由于这一阶段工期长,露天作业多,影响因素多,因此这一阶段是监理工作质量控制的重点。

(5)项目竣工验收阶段对质量的影响

项目竣工验收阶段是通过对项目施工阶段质量进行试车运转、检查评定,考核是否达到决策阶段的质量目标,是否符合设计阶段的质量要求,由此体现项目达到质量目标和水平的程度。

总之,工程项目的质量是通过项目建设各阶段的系统过程形成的,是项目的决策质量、设计质量、施工质量和竣工验收质量叠加影响形成的综合质量。

四、工程项目质量控制的概念

国际标准(ISO)中对质量控制的定义是:为满足质量要求所采取的作业技术和活动。监理工程师对工程项目质量的控制,就是为确保合同所规定的质量标准,采取一系列的控制措施、手段和方法,使工程质量处于受控状态。

质量控制按其控制的主体可分为:建设单位的质量控制,承包单位的质量控制和政府的质量控制。其中,建设单位的质量控制通过社会监理来实现;承包单位的质量控制靠承包单位的质量体系来实现;政府的质量控制靠建筑行政管理部门及各级质监站来实现。

五、社会监理对质量控制的目的

社会监理是受建设单位的委托,体现建设单位对工程项目管理的职能,且能实现建设单位有时难以实现的某些管理职能,对项目进行全面的质量控制。

社会监理在工程项目质量控制中处于中心地位,它能承担的任务不仅仅是质量监控,而必须从建设的整体效益出发,保证投资、进度、质量三大目标的顺利实现。社会监理的质量控制系统和承包商的质量体系共同构成工程项目质量体系的核心,并担负着督促、指导、协调和帮助承包商建立质量体系并督促其实施的重要任务。

社会监理对质量控制的目的在于维护建设单位的建设意图,代表建设单位的利益,按合同规定的有关条款,在项目实施的全过程,对每道工序进行质量跟踪、监督,最终实现建设单位确定的质量目标,并保证投资的经济效益。

六、监理工程师在质量控制中应遵循的原则

(1)坚持"质量第一,用户至上"。建筑产品是百年大计,直接关系到人民生命财产的安全,其质量至关重要,所以监理工程师应将"质量第一,用户至上"作为工程项目质量控制的基

本原则。

（2）以人为核心。人是质量的创造者,各道工序都是通过人的工作来完成的。要注意调动人的积极性、创造性,处理好人与人之间的关系,提高人的素质,以人的工作质量保证工序质量,进而保证工程质量。

（3）以预防为主。对产品质量控制的观念,应为事前控制和事中控制为主,对产品的质量检查应及时对工作质量检查、工序质量检查和对中间产品的质量检查。

（4）坚持质量标准、严格检查,一切用数据说话。质量标准是进行工程质量控制的依据,在实施中要坚持既定的质量标准,不能随意降低标准。同时应严格检查,并与既定的质量标准相对照。既坚持质量标准,又严格检查,才能实现质量控制目标。而数据则是质量状况的最好说明。

（5）遵守科学、公正、守法的职业规范。监理人员在监控和处理质量问题的过程中,应尊重客观事实,尊重科学,坚持科学、正直、公正的态度;遵纪、守法、杜绝不正之风;既要坚持原则,严格要求,秉公办理,又要谦虚谨慎,以理服人,热心帮助。

第二节 工程项目设计阶段的质量控制

一、设计方案的审核

控制设计质量,首先要把住设计方案审核关,符合国家有关工程建设的方针、政策;符合现行建筑设计标准、规范;适应国情,符合工程实际情况;工艺合理,技术先进;能充分发挥工程项目的社会效益、经济效益和环境效益。

设计方案的审核,应贯穿于初步设计、技术设计或扩大初步设计阶段,它包括总体方案和各专业的审核两部分内容。

1. 审核要求

（1）协调设计单位做好设计方案的技术经济分析,并在此基础上进行方案审核。

（2）方案审核要和投资联系起来。

（3）同时审核概(预)算。

2. 总体方案的审核

（1）总体方案的审核,主要在初步设计时进行,重点审核设计依据、设计规模、产品方案、工艺流程、项目组成及布局、设计配套、占地面积、协调条件、三废治理、环境保护、防灾抗灾、建设期限、投资概算等方面的可靠性、合理性、经济性、先进性和协调性,看设计方案是否满足决策阶段的质量目标和水平。

（2）各专业设计方案的审核,重点是审核设计方案的设计参数,设计标准、设备和结构选型、功能和使用价值等方面的内容,其目的在于看各专业方案是否满足适用、经济,美观、安全、可靠等要求。一般分专业进行。一般的工程项目通常要审核以下专业设计方案:

①建筑设计方案。

②结构设计方案。

③给水工程设计方案。

④通风空调工程设计方案。

⑤动力工程设计方案。

⑥供热工程设计方案。

⑦通信工程设计方案。

⑧厂内运输工程设计方案。

⑨排水工程设计方案。

⑩三废治理工程设计方案。

二、设计图纸的审核

设计的质量最终体现在设计图纸的质量上,设计图纸又是工程施工的直接依据,所以设计图纸审核要分阶段、按专业扎实认真地进行。

监理工程师代表建设单位对设计图纸的审核是分阶段进行的。初步设计阶段侧重于审核设计采用的技术方案是否符合总体方案的要求,是否达到了项目决策阶段确定的质量标准;技术设计阶段则侧重于看各专业设计是否符合预定的质量标准;施工图设计阶段侧重于反映项目的使用功能及质量要求是否得到保证;政府监督中对设计图纸的审核侧重于是否符合城市规划方面的要求,是否符合法定的标准;是否与工程所在地区的各项公共设施相衔接。

三、设计交底与图纸会审

设计交底与图纸会审是在监理工程师组织下,会同建设、设计和施工四方对工程项目的技术性情况进行通报、研究协调的一种必经程序。通过设计交底,设计单位可将设计意图、结构特点、施工要求、技术措施和有关注意事项向施工单位说明,以使施工单位熟悉设计图纸,了解工程特点和设计意图,以及对关键工程部分的质量要求。同时施工单位还可以提出图纸中存在的问题和需要解决的技术难题,通过四方研究协商,拟订解决的办法,形成会议纪要。

图纸会审的内容包括:

(1)是否无证设计或越级设计;图纸是否经过设计单位正式签署。

(2)地质勘探资料是否齐全。

(3)设计图纸与说明是否齐全。

(4)设计地震烈度是否符合当地要求。

(5)图纸相互之间有无矛盾;专业图纸之间,平立剖面图之间有无矛盾;标准有无遗漏;建筑结构与各专业图纸本身是否有差错及矛盾;结构图与建筑图尺寸及高程是否一致;建筑图与结构图的表示方法是否清楚,是否符合制图标准;预埋件是否表示清楚;有无钢筋明细表或钢筋的构造要求在图中是否表示清楚。

(6)总平面与施工图的几何尺寸、平面尺寸、高程等是否一致。

(7)消防是否满足规范要求。

(8)施工图中所列各种标准图册,施工单位是否具备。

(9)材料来源有无保证,能否代换;图中所要求的条件是否满足;新材料、新技术的应用有无问题。

(10)地基处理方法是否合理;建筑与结构构造是否存在不能施工、不便施工的技术问题,或容易导致质量、安全、工程费用增加等方面的问题。

（11）工艺管道、电器线路、设备装置、运输道路与建筑物之间或相互之间有无矛盾，布置是否合理。

（12）施工安全、环境卫生有无保证。

第三节　工程项目施工阶段的质量控制

一、施工阶段质量事前、事中、事后控制的系统过程

由于形成最终工程实物质量是一个系统的过程，所以施工阶段的质量控制是一个从材料投入开始进行质控直至最终工程质量检验为止的质量控制全过程。同时也是一个对影响质量诸因素进行全面控制的过程。根据工程实体质量形成的时间阶段，施工阶段的质量控制又可分为事前、事中、事后控制这样一个系统过程，如图 4-2 所示。

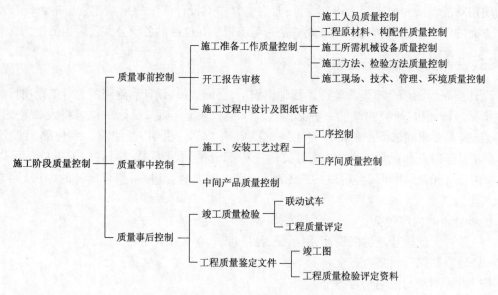

图 4-2　施工阶段质量事前、事中、事后控制的系统过程

二、质量事前控制的内容

事前控制是指在正式施工前进行的质量控制，其具体工作内容有：

1. 审查承包单位的技术资质

对于总承包单位的技术资质，已在招标阶段进行了审查；对于总包单位选定的分包施工单位，需经监理工程师审查认可后，方能进场施工。主要审查分包施工单位是否具备能完成工程并确保其质量的技术能力及管理水平。

2. 对工程所需原料、构配件的质量进行检查和控制

有的工程材料、半成品、构配件应事先检查和控制。有的工程材料、半成品、构配件应事先

提交样品,经认可后才能采购订货。凡进场材料均应有产品合格证或技术说明书。同时,还应按有关规定进行抽查。没有产品合格证和抽检不合格的材料,不得在工程中使用。

3. 设计交底和图纸会审

为了使承包单位熟悉有关设计图纸,充分了解工程特点、设计意图和工艺质量要求,同时也为了在施工前能发现和减少图纸的差错,事先消除图纸中的质量隐患,监理工程师要会同建设单位、设计单位做好设计交底和图纸会审工作。在设计交底前,总监理工程师应组织监理人员熟悉设计文件,并对图纸中存在的问题通过建设单位向设计单位提出书面意见和建议。项目监理人员应参加由建设单位组织的设计技术交底会,总经理工程师应对设计技术交底会议纪要进行签认。

4. 对永久性生产设备或装置,应按审批同意的设计图纸组织采购或订货

这些设备到现场后,均应进行检查和验收;主要设备还要开箱查验,并按所附技术说明书进行验收。对于从国外引进的机械设备,应在交货合同的期限内开箱逐一查验。

5. 对施工方案、方法和工艺的控制

主要是审查施工组织设计或施工方案有关质量保证的内容。如应有可靠的技术和组织措施;有针对重点(分布)工程的施工工法文件;有针对工程质量通病的技术措施;有为保证质量而制定的预控措施;有工艺流程图等。工程项目开工前,总监理工程师应组织专业监理工程师审查承包单位报送组织设计(方案)报审表,提出审查意见,并经总监理工程师审核、签认后报建设单位。

6. 协助承包单位完善管理制度

协助总包单位完善现场质量管理制度,包括现场会议制度、现场质量检验制度、质量报表制度和质量事故报告及处理制度,完善计量及质量检测技术和手段等。

7. 把好开工关

专业监理工程师应审查承包单位报送的工程开工报审表及相关资料,具备以下开工条件时由总监理工程师签发,并报建设单位:
(1)施工许可证以获政府主管部门批准。
(2)征地拆迁工作能满足工程进度的需要。
(3)施工组织设计已获总监理工程师批准。
(4)承包单位现场管理人员已到位,机具、施工人员已进现场,主要工程材料已落实。
(5)进场道路及水、电、通信等已满足开工要求。

三、质量事中控制的内容

质量事中控制是指在施工过程中进行的质量控制,其具体工作内容有:
(1)施工工艺过程质量控制。监理人员通过见证、旁站、巡视、平行检验等监控方法和手段对各种工序的操作工艺进行控制。
(2)严格工序间验收交接。工程交接检查。坚持上道工序不经检查验收不准进行下道工序的原则,验收合格后签署认可才能进行下道工序。对未经监理人员验收或验收不合格的工

序,监理人员应拒绝签认,并要求承包单位严禁进行下一道工序的施工。隐蔽工程如建筑工程中的地基、钢筋工程、预埋件和预留孔洞、防腐处理等,应先由承包单位自检、初验合格后,填报隐蔽工程验收单,报请监理验收签证。

对隐蔽工程中下道工序施工完成后难以检查的重点部位,专业监理工程师应安排监理员进行旁站。专业监理工程师应根据承包单位报送的隐蔽工程报验申请表和自检结果进行现场检查。符合要求予以签认。

(3)中间产品质量控制。一个单项工程的各项工序完成后,承包单位在该单项工程进行系统自检的基础上,可提出中间交工报告,监理工程师对已完成的分项、分部工程,按相应的质量评定标准和办法进行验查、验收。

(4)对审核设计变更和图纸修改。

(5)工程质量问题处理。

①分析质量问题的原因、责任;批准处理工程问题的技术措施或方案;检验处理处理措施的效果。

②对施工过程中出现的质量缺陷,专业监理工程师应及时下达监理通知,要求承包单位整改,并检查整改结果。

③监理人员发现施工存在重大质量隐患,可能造成质量事故,应通过总监理工程师及时下达工程暂停令,要求承包单位停工整改。

④对需要返工处理或加固补强的质量事故,总监理工程师应责令承包单位报送质量事故调查报告和经设计单位等相关单位认可的处理方案,项目监理机构应对质量事故的处理过程和处理结果进行跟踪检查和验收。

⑤总监理工程师应及时向建设单位及本监理单位提交有关质量事故的书面报告,并应将完整的质量事故处理记录整理归档。

(6)行使质量监督权,下达停工指令。有下列情况之一,为了保证工程质量而进行停工处理,总监理工程师可签发工程暂停令。

①未经检验进入下道工序;

②质量出现异常,未采取有效措施改正;

③擅自使用未经认可或批准的材料;

④擅自使用未经同意的分包单位进场施工或不合格人员进场作业。

以上问题整改完毕并经监理人员复查,符合规定要求后,总监理工程师应及时签署工程复工报审表意见;监理工程师下达工程暂停令和签署工程复工报审表,宜事先向建设单位报告。

(7)对工程进度款的支付签署质量认证意见。

(8)定期向建设单位报告有关工程质量动态情况。

(9)对保证工程质量资料进行控制。专业监理工程师应对承包单位报送的分部分项工程质量验评资料进行审核,符合要求后予以签认;总监理工程师应组织监理人员对承包单位报送的分部工程和单位工程质量验评资料进行审核和现场检查,符合要求后予以签认。

(10)组织定期或不定期的现场会议。及时分析、通报工程质量状况,并协调有关单位间的业务活动等。

四、质量事后控制的内容

质量事后控制是指在完成施工过程形成产品后的质量控制,其具体工作如下:

(1)按规定的质量评定标准和办法,对完成的分项、分部工程,单位工程进行检查验收。

(2)组织联动试车。

(3)审核承包单位提供的质量检验报告及有关技术性文件。

(4)审核承包单位提交的竣工图。

(5)整理有关工程项目质量的技术文件,并编目、建档。

五、施工阶段监理工程师质量控制工作流程

根据上述质量控制的系统过程和内容,监理工程师和承包单位在施工阶段对质量控制的工作流程如图4-3所示。

六、施工阶段质量检查的一般方法

监理工程师在施工阶段进行质量控制,履行自己的质量监控职责主要是通过审核有关的技术文件、报告和报表;对现场直接进行质量监督和检查或必要的试验;在需要时发布有关指令等方式来实现的。

1. 现场质量监督检查的主要内容

(1)开工前检查。

(2)工序交接检查。

(3)隐蔽工程检查。

(4)停工后复工前的检查。

(5)分项、分部工程完工后,应经监理人员检查认可后,签署验收记录。

(6)对施工难度较大的工程结构或容易产生的质量通病,监理人员应进行随班跟踪检查。

2. 监理人员在施工阶段对现场进行质量检查的一般方法

(1)目测法

目测检查法的手段,可归纳为看、摸、敲、照4个字。看,就是根据质量标准进行外观目测;摸,就是手感检查;敲,就是运用工具敲击进行检查;照,对于难以看到或光线较暗的部位,则可采用镜子反射或灯光照射的方法进行检查。

(2)实测法

实测法就是通过实测数据与施工规范及质量标准所规定的允许偏差对照,来判别质量是否合格。实测法的手段可归纳为靠、吊、量、套4个字。靠,是用直尺、塞尺检查地面、墙面、屋面的平整度。吊,是用托线板及线锤吊线检查垂直度。量,是用测量工具和计量仪表等检测断面尺寸、轴线、高程、温度等的偏差。套,是以方尺套方,辅以塞尺检查,对阴阳角的方正,踏脚线的垂直度,预制构件的方正进行检查的手段。

(3)试验检查

必须通过试验手段,才能对质量进行判断的检查方法。如对桩进行静载试验,确定其承载力;对钢筋的焊接头进行拉力试验,检验焊接质量等。

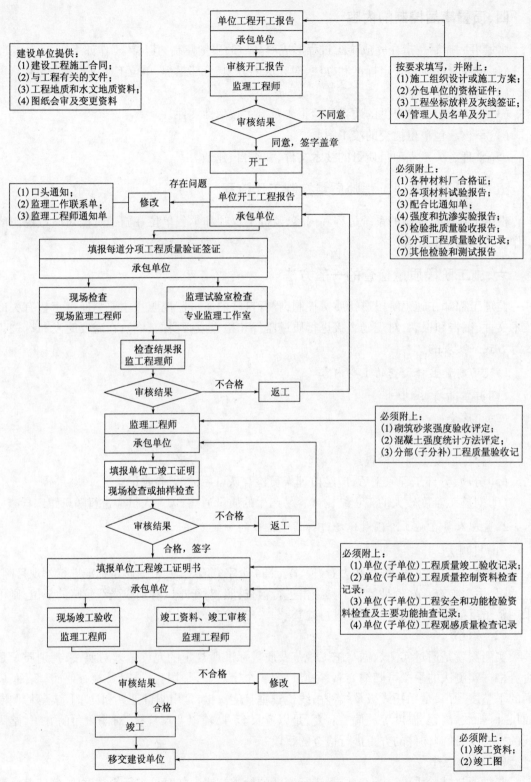

图 4-3　质量控制工作流程

七、工程成品保护的措施

在施工过程中,有些分项工程已经完成,而其他分项工程尚在施工,或者分项工程某些部位已经完成,而其他部位正在施工,如果对已完成的成品,不采取妥善的措施加以保护,就会造成损伤,影响质量。所以监理人员应对成品保护质量进行检查。通常对工程成品保护措施有"护、包、盖、逢"4种。

(1)护。就是前保护,如门口易碰部位钉上防护条或槽型盖铁;进出口台阶应垫砖或方木搭脚手板过人等。

(2)包。就是进行包裹,以防损伤或污染,如大理石或高级水磨石块柱子贴好后,应用立板包裹捆扎;室内灯具设备也应包裹,防止喷浆污染。

(3)盖。就是表面覆盖,防止堵塞、损伤,如地漏、落水口排水管按好后要加以覆盖;预制水磨石或大理石楼梯应用木板等覆盖;其他需要防晒、防冻、保温养护的项目,也应采取适当的覆盖。

(4)封。就是局部封闭,水泥地面或地面砖做好后,就将该房间局部封闭;屋面防水做完后,应封闭楼梯门或出入口等。

(5)做好工程成品的保护,不仅要落实在成品的保护措施上,而且应合理安排施工顺序,尽可能避免后道工序对前道已完成工序的损伤或污染。

八、隐蔽工程验收检查的内容及程序

隐蔽工程是指那些在施工过程中上一工序的工作结果,被下一工序所掩盖,无法进行复查的部位。例如钢筋混凝土工程中的钢筋,基础的土质、断面尺寸等。隐蔽工程的验收检查是监理工程师在施工的过程中应当重点进行质量检查的几个方面之一。

隐蔽工程验收检查的项目和内容主要有:

(1)基础工程。应验收检查其地质、土质情况,高程尺寸,基础端面尺寸,桩的位置、数量。

(2)钢筋混凝土工程。应验收检查钢筋的品种、规格、数量、位置、形状、焊接尺寸、接头位置,预埋件的数量及位置,以及材料代用情况。

(3)防水工程。应验收检查屋面、地下室、水下结构的防水层数、防水处理措施的质量。

(4)其他方面。应对完工后无法进行检查的工程,重要结构部位和有特殊要求的隐蔽工程作相应的验收检查。

隐蔽工程验收检查的程序是:施工单位在隐蔽工程完工以后,进行下一道工序之前,先根据规范和图纸要求进行自检,自检合格后填报"质量验收通知单",通知监埋工程师。现场监理人员应按照设计要求、施工规范,采用必要的检查工具,对其进行验收检查。如果符合设计要求和施工规范的规定,应及时签署隐蔽工程记录手续,以便承包单位继续进行下一工序的施工。同时,将隐蔽工程记录交承包单位归入技术资料。如不符合有关规定,应以书面形式告诉承包单位,令其处理。处理符合要求后再进行隐蔽工程验收与签证。

第四节　工程项目质量评定与竣工验收

一、工程项目质量评定与验收的概念和要求

1. 工程项目质量评定的概念

工程项目质量评定就是对照设计要求和国家规范标准的规定,按照国家和部门规定的有关评定规则,对工程建设过程中即单位工程竣工后进行的质量检查评定。国家和有关部门按照工程项目的划分类别分别制定了相应的质量评定标准,如建筑安装工程、公路工程、市政工程质量检验评定标准等。

2. 建筑工程施工质量验收要求

(1)建筑工程施工质量应符合本标准和相关专业验收规范的规定。

(2)建筑工程施工质量符合工程勘察、设计文件的要求。

(3)参加工程施工质量验收的各方人员应具备规定的资格。

(4)工程质量的验收均应在施工单位自行检查评定的基础上进行。

(5)隐蔽工程在隐蔽前应由施工单位通知有关单位进行验收,并应形成验收文件。

(6)涉及结构安全的试块、试件以及有关材料,应按规定进行见证取样检测。

(7)检验批的质量应按主控项目和一般项目验收。

(8)对涉及安全和使用功能的重要分部工程应进行抽样检测。

(9)承担见证取样检测及有关结构安全检测的单位应具有相应资历。

(10)工程观感质量应由验收人员通过现场检查,并应共同确认。

检验批的质量检验,应按质量验收统一标准根据验收项目的特点选择合适的抽样方案进行。

3. 建筑工程质量验收内容要求

建筑工程质量验收划分为单位(子单位)工程、分部(子分部)工程、分项工程和检验批。

(1)检验批合格质量应符合下列规定:

①主控项目和一般项目的质量经抽样检验合格。

②具有完整的施工操作依据、质量检查记录。

(2)分项工程质量验收合格应符合下列规定:

①分项工程所含的检验批均应符合合格质量的规定。

②分项工程所含的检验批的质量验收记录应完整。

(3)分部(子分部)工程质量验收合格应符合下列规定:

①分部(子分部)工程所含分项工程的质量均应验收合格。

②质量控制资料应完整。

③地基和基础、主体结构和设备安装等分部工程有关安全及功能的检验和抽样检验结果应符合有关规定。

④观感质量应符合要求。

（4）单位（子单位）工程质量验收合格应符合下列规定：

①单位（子单位）工程所含分部（子分部）工程的质量均应验收合格。

②质量控制资料应完整。

③单位（子单位）工程所含分部工程有关安全和功能的检测资料应完整。

④主要工程项目的抽查结果应符合相关质量验收规范的规定。

（5）建筑工程质量验收记录应符合下列规定：

①检验批质量按验收标准进行。

②分项工程质量按验收标准进行。

③分部（子分部）工程质量验收按标准进行。

④单位（子单位）工程质量验收、质量控制资料核查、安全和功能检验资料核查及主要功能抽查记录、观感质量检查按验收标准进行。

（6）当建筑工程质量不符合要求时，应按下列规定进行处理：

①经返工重做或更换器具、设备的检验批，应重新进行验收。

②经有资格的检测单位检测签订能够达到设计要求的检验批，应予以验收。

③经有资格的检测单位检测签订达不到设计要求、但经原设计单位核算认可能够满足结构安全和使用功能的检验批，应予以验收。

④经返修或加固处理仍不能满足安全使用要求的分部工程、单位（子单位）工程，严禁验收。

4. 建筑工程质量中间验收程序和组织

（1）检验批及分项工程应由监理工程师（建设单位项目技术负责人）组织施工单位项目专业质量（技术）负责人等进行验收。

（2）分部工程应由总监理工程师（建设单位项目负责人）组织施工单位项目负责人和技术、质量负责人等进行验收；地基与基础、主体结构分部工程的勘察、设计单位工程项目负责人和施工施工单位技术、质量部门负责人也应参加相关分部工程验收。

（3）单位工程完工后，施工单位应自行组织有关人员进行检查评定，并向建设单位提交工程验收报告。

（4）建设单位收到工程验收报告后，应由建设单位（项目）负责人组织施工（含分包单位），设计、监理等单位（项目）负责人进行单位（子单位）工程验收。

（5）单位工程有分包单位施工时，分包单位对所承包的工程验收应将工程有关资料交总包单位。

（6）当参加验收各方对质量验收意见不一致时，可请当地建设行政主管部门或工程质量监督机构协调处理。

二、建筑工程分项、分部工程的划分

建筑工程的分项工程一般按主要工种工程来划分。建筑工程的分部工程应按建筑的重要部位划分。

建筑工程按部位分为 6 个分部工程，6 个分部工程又由若干工种组成的分项工程组成见表 4-1。

建筑工程分部、分项工程名称表 表 4-1

序号	分部(式单位)工程名称	分 项 工 程 名 称
1	地基与基础工程	土方、爆破、土灰、砂、砂石和三合土基地、重锤夯实地基、挤密桩地基、打(压)桩、灌注桩、沉井和沉箱、地下连续墙、防水混凝土结构、水泥砂浆防水层、卷材防水层、模板、钢筋、混凝土、构件安装、预应力混凝土、砌砖、砌石、钢结构焊接、钢结构螺栓连接、钢结构制作、钢结构安装、钢结构油漆等
2	主体工程	模板、钢筋、混凝土、构件安装、预应力钢筋混凝土、砖砌、石砌、钢结构焊接、钢结构螺栓连接、钢结构制作、钢结构安装、钢结构油漆、木屋架制作、木屋安装、屋面木骨架等
3	地面与楼面工程	基层、整体楼面、地面，板块楼面、地面，木质楼板、地面等
4	门窗工程	木门窗制作、木门窗安装，钢门窗安装，铝合金门窗安装等
5	装饰工程	一般抹灰、安装抹灰、清水砖墙勾缝、油漆、刷(喷)浆、玻璃、裱糊、饰面、罩面板及钢木骨架、细木制品、花饰安装等
6	屋面工程	屋面找平层、保温(隔热)层、卷材、油膏嵌缝、涂料屋面、细石混凝土屋面、平瓦屋面、薄钢板屋面、波瓦屋面、水落管等

在确定分部和分项工程时应注意：

(1)地基与基础工程包括 ±0.000 以下的结构及防水分项工程。凡有地下室的工程，其首层地面的结构层及以下部分的所有结构及防水项目，如砖砌、混凝土、防水等均纳入地基与基础工程分部，而地面与楼面、门窗、装饰等有关项目则应纳入相应的有关分部工程。

(2)为使分项划分准确，从而使质量检验和评定符合实际，对多层及高层建筑工程中的主体工程必须按楼层划分分项工程，单层房屋建筑工程应按变形缝划分分项工程。其他分部的项目工程可按楼层划分，在评定各分部工程的质量时，其分项工程作为独立项均参加评定。也就是说，二层以上的建筑，完成一层评定一次；有变形缝的，按每区段完成一次评定一次；分段流水作业的，应该每层、每段评定一次，最后将所有评定结果各自作为一个分项进行分部的评定。

三、建筑设备安装工程分项、分部工程的划分

建筑设备安装的分项工程一般按工种种类及设备组别划分。也可按系统和区段来划分。

建筑设备安装工程的分部工程按专业划分为 4 个分部工程，4 个分部工程又由若干分项工程组成，见表 4-2。

建筑设备安装工程分部、分项工程名称 表 4-2

序号	分部(或单位)工程名称		分 项 工 程 名 称
1	建筑采暖卫生与煤气工程	室内	给水管安装、给水管道附件及卫生器具给水配件安装、给水附属设备安装、排水管道安装、卫生器具安装、采暖管道安装、采暖散热器及太阳能热水器安装、采暖附属设备安装、煤气管道安装、锅炉安装、锅炉附属设备安装、锅炉附件安装等
		室外	给排水管道安装、供热管道安装、煤气管道安装、煤气调压装置安装等
2	建筑电气安装工程		架空线路和杆上电气设备安装、电缆线路、配管及管内穿线、瓷柱(珠)及瓷瓶配线、护套线配线、槽板配线、照明配线用索案、硬母线安装、滑接线和移动式软电缆安装、电力变压器安装、低压电器安装、电机的电气检查和接线、蓄电池安装、电气照明器具及配电箱(盘)安装、避雷针安装及接地装置安装等

序号	分部(或单位)工程名称	分 项 工 程 名 称
3	通风与空调工程	金属管制作、硬聚氯乙烯风管制作、部件制作、风管及部件安装、空气处理室制作及安装、消声器制作及安装、除尘器制作及安装、通风机安装、制冷管道安装、防腐与油漆、风管及设备保温等
4	电梯安装工程	牵引装置组装、导机组装、轿箱及层门组装、电气装置安装、安全保护装置、试运转等

四、分项工程质量评定标准

分项工程质量评定是分部工程乃至单位工程质量评定的基础,对于工程项目的质量评定具有较大影响。标准规定:对分项工程的质量评定,从保证项目、基本项目和允许偏差项目3个方面考核,根据能达到要求的程度确定相应的质量等级。

(1)保证项目。关系到结构或结构的安全性能和使用功能的关键环节。必须保证能满足要求。它包括的主要内容有:重要材料及附件材料、技术性能等实验数据及出厂证明;重要成品的检验报告及出厂证明;重要项目的强度、尺寸的校验;决定质量的关键项目的施工方法和工艺要求的合理性及效果检验;工程进行中和完毕后必须进行的检验测试数据及应履行的手续等。保证项目是建设中至关重要且无论如何应满足要求的项目。

(2)基本项目。是对结构的使用要求、使用功能、美观等都有较大影响,必须通过抽样检查来确定工程质量的工程内容,它允许有一定范围的偏差和缺陷,但有限度。它在分项工程质量评定中的重要性仅次于保证项目。在基本项目的评定中,根据项目的重要性、复杂性确定检查的数量,然后分处(件)检查、定级,然后综合确定项目的等级。

(3)允许偏差项目。是根据一般操作水平,结合对结构性能和使用功能,观感所能允许的影响程度,给予一定的允许偏差范围的工程内容。一般要求在标准规定的检查数量中要求大部分的件(处)在允许偏差的范围内,但也允许有一定限度的超出。

根据全面衡量分项工程中的保证项目,基本项目和允许偏差项目的内容,给分项工程定出"合格"和"优良"质量等级。

五、分项、分部、单位工程的质量等级标准

标准规定:分项、分部、单位工程质量评定等级均分为"合格"和"优良"两个等级。

1.分项工程的质量等级标准

(1)合格

①保证项目必须符合相应质量评定的规范。

②基本项目抽检处(件)应符合相应质量标准中合格的规定。

③允许偏差项目抽检的点数中,建筑工程有70%及其以上,建筑设备安装工程有80%及其以上的实测值应在相应质量检验评定标准的允许偏差范围内,其余的实测值也应基本达到相应质量评定标准的规定。

(2)优良

①保证项目必须符合质量检验评定标准的规定。

②基本项目每项抽检的处(件)应符合相应质量检验评定标准的合格规定,其中50%及其以

上的处(件)符合优良,该项定为优良;优良项数占检验项数50%及其以上,该基本项目定为优良。

③允许偏差项目抽检的点数中,有90%及其以上的实测值在相应质量检验评定标准的允许偏差范围内,其余的实测值也应基本达到相应质量评定标准的规定。

2.分部工程质量等级标准

(1)合格。所含分项工程的质量全部合格。

(2)优良。所含分项工程的质量全部合格,其中50%及其以上为优良。

3.单位工程质量等级标准

(1)合格

①所含分部工程的质量全部合格。

②质量保证资料应符合标准规定。

③观感质量评定得分率达70%及其以上。

(2)优良

①所含分部工程的质量全部合格,其中50%及其以上为优良,其中主体工程和装饰分部工程必须为优良。

②质量保证资料应符合标准规定。

③观感质量的评定得分率达到85%及其以上。

六、工程项目竣工验收的条件

1.工程项目达到下列条件的,可报请竣工验收

(1)生产性和辅助公用设施,已按设计建成,能满足生产要求。

(2)主要工艺设备已安装配套,经联动负荷试车合格,安全生产和环境保护符合要求,已形成生产能力,能够生产出设计文件中所规定的产品。

(3)生产性建设项目中的职工宿舍和其他必要的生活福利设施以及生产准备工作,能适应投产初期的需要。

(4)非生产性建设项目,土建工程及房屋建筑附属的给水、排水、采暖通风、电气、煤气及电梯已安装完毕,室外的各管线已施工完毕,可以向用户供水、供电、供暖气、供煤气,具备正常使用条件。如因建设条件和施工顺序所限,正式热源、水源、电源没有建成,则须由建设单位和施工单位共同采取临时措施解决,使之达到使用要求,这样也可报请竣工验收。

如果工程项目符合上述基本条件,但实际上有少数非主要设备及某些特殊材料短期内不能解决,或工程虽未按设计规定的内容全部建完,但对投产、使用影响不大,也可报请竣工验收。这类项目在验收时,要将所缺设备、材料和未完工程列出清单,注明原因,报监理工程师,以确定解决的办法。当这些设备、材料或未完工程已安装或修建完时,可报请竣工验收。

2.项目具有下列情况之一者,施工企业不得报请竣工验收

(1)生产、科研性建设项目,因工艺或科研设备、工艺管道尚未安装,地面和主要装修未完成者。

(2)生产、科研性建设项目的主体已经完成,但附属配套工程未完成,影响投产使用者。

(3)非生产性建设项目的房屋建筑已竣工,但由本施工企业承担的室外管线没有完成,锅

炉房、变电房、冷冻机房等配套工程的设备安装尚未完成,不具备使用条件者。

(4)各类工程的最后一道喷浆、表面油漆未做者。

(5)房屋建筑工程已基本完成,但被施工企业临时占用,尚未完全腾出者。

(6)房屋建筑工程已完成,但其周围的环境未清扫,仍有建筑垃圾者。

七、工程项目竣工验收的一般程序

工程项目竣工验收的一般程序是:

(1)监理工程师督促施工单位竣工预验,预验工作可根据工程重要程度及工程情况分层次进行。一般有 3 个层次:基层施工单位自验;工程处(或项目经理)组织自验;公司预验。

(2)审查施工单位提交的验收申请报告;监理工程师在收到施工单位送交的验收申请报告后,应参照合同的要求、验收标准等进行仔细审查。

(3)根据申请报告作现场初验;在审查竣工验收报告基本合格后,监理工程师组织对工程项目进行初验,如发现有质量问题,及时报告施工单位,并令其按有关质量要求修理或返工。

(4)由监理工程师牵头,组织建设单位、设计单位、施工单位等参加正式验收;竣工验收一般分为两个阶段进行,即:单位工程验收;全部工程验收。正式验收的程序一般是:

①参加工程项目竣工验收的各方对已竣工的工程进行目测检查,同时逐一检查工程资料所列内容是否齐备和完整。

②举行各方参加的现场验收会议。首先由施工单位代表介绍工程情况、自检情况,出示竣工资料(竣工图和各项原始资料及记录)。其后由监理工程师通报工程监理中的主要内容,发表竣工意见。然后,建设单位根据在竣工项目目测中发现的问题,按照合同所规定的事项,对施工单位提出限期处理意见。由质检部门会同建设单位及监理工程师讨论工程正式验收是否合格。监理工程师宣布验收结果。

(5)办理竣工验收签证书。单位工程质量验收合格后,建设单位应在规定时间内将工程竣工验收报告和有关文件,报建设行政管理部门备案。

八、监理工程师对质量保证资料核查的主要内容

监理工程师对质量保证资料核查的主要内容有:

(1)质量保证资料是否齐全,内容与标准是否一致。

(2)质量保证资料是否真实可信,对于施工单位送检的材料,其检验单位是否具有权威性。(应是法定检验单位)

(3)提供质量保证资料的时间是否与工程进展同步(排除完工后补做试验的可能性)。

九、监理工程师对工程项目竣工验收资料审核的主要内容

1. 工程项目竣工主要验收资料

(1)工程项目开工报告。

(2)工程项目竣工报告。

(3)分项、分部工程和单位工程技术人员名单。

(4)图纸会审和设计交底记录。

(5)设计变更通知单。

（6）技术变更核定单。

（7）工程质量事故发生后的调查处理资料。

（8）水准点位置、定位测量记录、沉降及位移观测记录。

（9）材料、设备、构件的质量合格证明资料。

（10）试验、检验报告。

（11）隐蔽验收记录和施工日志。

（12）竣工图。

（13）质量检验评定资料。

（14）工程竣工及验收资料。

2. 监理工程师在对工程项目竣工验收资料审核内容

（1）材料、设备、构件的质量合格证明材料。这些证明材料必须如实地反映实际情况，不得擅自修改、伪造和事后补做。对有的重要资料，应附有关资料证明材料、质量及性能的复印件。

（2）试验、检验资料。各种材料的试验、检验资料，必须根据规范要求制作或取样，进行规定数量的试验，若施工单位对某种材料缺乏相应的设备，可送具有权威性、法定性的有关机构检验。试验、检验的结论只要符合设计要求后才能用于工程上。

（3）检查隐蔽工程记录及施工记录。

（4）审查竣工图。建设项目竣工图是真实地记录各种地上、地下建筑物等详细情况的技术文件，是对工程进行交工验收、维护、扩建、改建的依据，也是使用单位长期保存的技术资料。监理工程师必须对竣工图绘制基本要求进行审核，以考查施工单位提交的竣工图是否符合要求；审查施工单位提交的竣工图是否与实际情况相符。若有疑问，及时向施工单位提出质询，审查竣工图图面是否整洁，字迹是否清楚；审查中发现施工图不准确或短缺时，要及时让施工单位采取措施修改和补充。

第五节　工程质量事故分析及处理

一、工程质量事故的特点

凡工程不符合规定的质量标准或设计要求，即称为工程质量事故。鉴于建筑产品的生产不同于一般工业产品，所以，建筑工程质量事故更具有复杂性、严重性、可变性和多发性的特点。

（1）复杂性。因为影响工程质量事故的因素很多，当出现一个工程事故时，可能是由各种各样的原因引起的。另一方面，即使是同一性质事故，因为有时也截然不同。所以在分析事故原因时，应避免人们受专业、习惯等方面的影响，从工程具体的实际情况出发，客观地进行分析。同时，工程事故的危害性也造成了分析、处理问题的复杂性。

（2）严重性。建筑工程是百年大计，必须坚持质量第一，因此，质量事故的严重性不言而喻。事故轻则造成返工，拖延工期，增加工程费用，重则给工程留下隐患，影响建筑物的安全和使用功能，更有甚者可能引起倒塌事故，严重的会造成国家和人民生命财产的重大损失。工程质量事故的严重性也预示着工程事故处理的严谨和严肃性。

（3）可变性。工程质量事故不同于一般工业品的质量问题，它在许多情况下还将随着时间的推移，不断发展变化。例如，钢筋混凝土结构出现的裂缝将随环境温度、湿度的变化而变化，随荷载的大小、荷载的方向、荷载的持续时间变化而变化。地基基础不良引起的混合结构的裂缝也随地基沉降的发展过程而有一个相对发展变化阶段。许多小的质量事故，如果不分清原因，消除隐患，那么将从细微的量变到质变产生重大的质量事故。所以在分析和处理事故质量时应充分注意质量事故可变性的特点，采取可靠的措施，以免事故进一步恶化。

（4）多发性。有许多质量事故是经常发生的质量通病，如屋面、厕所渗漏，抹灰层开裂、脱落等，另外还有同一类型的事故往往反复发生，因此对常见病、多发病应认真总结经验，吸取教训，预防其发生。

二、工程质量事故分析处理程序和基本要求

工程质量事故分析和处理就是针对已发现的工程事故调查分析原因，针对原因找出处理的对策，确定处理的方案，实施质量事故的处理，并对工程质量事故的性质和处理后的状况下一个明确的结论，因此，质量事故分析、处理的程序一般可按图4-4所示进行。

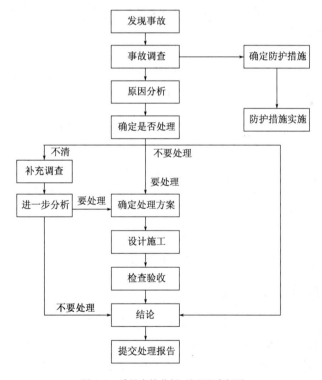

图4-4　质量事故分析、处理程序框图

事故处理的目的是消除隐患，保证结构安全可靠，保证施工顺利进行，因此事故处理的基本要求是：安全可靠，不留隐患，满足建筑功能和使用要求，技术可能，经济合理，施工方便。

三、工程质量事故调查报告的主要内容

在质量事故分析和处理中分析事故的原因，做出正确的判断是至关重要的。但原因分析是建立在对事故充分调查研究的基础上的，所以事故调查的主要目的，是要确定事故的范围、

性质、影响和原因。通过调查,为事故的分析与处理提供依据,所以一定要力求全面、准确、客观。为此,事故调查报告的主要内容有:

(1)工程概况。重点介绍与事故有关部分的工程情况。

(2)事故情况。事故发生时间、地点、性质、现状及发展变化的情况。

(3)是否需要采用临时应急防护措施。

(4)事故调查中与工程质量有关的数据、资料。

(5)事故原因的初步判断。

(6)事故涉及人员一定要公正、科学、避免人为因素的干扰,应围绕如何解决好工程质量问题做文章。

四、工程事故处理所必备的资料

一般工程事故质量事故所必备的资料有:

(1)与事故有关的施工图。如果图纸有问题,则是设计方面的责任;如果图纸无误,则图纸就好似衡量质量事故程度的尺度之一。

(2)与施工有关的资料。如施工中的施工记录,工程所用的材料的质保资料,试验、检验资料和试块强度试验报告等。

(3)事故调查分析报告。事故调查分析报告应包括:

①事故情况。出现事故时间、地点;事故的描述;事故的观测记录;事故发展变化规律;事故是否已经稳定等。

②事故性质。应区分属于结构性问题还是一般性的缺陷;是表面性的还是实质性的;是否需要及时处理;是否需要采取保护措施。

③事故原因。应阐明所造成事故的主要原因,如结构裂缝,是因地基不均匀沉降,还是温度变形;是因施工振动,还是由于结构本身承载力不足造成的。

④事故评估。阐明事故对建筑功能、使用要求、结构受力性能及施工安全有何影响,并应附有实测、验算数据和试验资料。

⑤事故涉及人员及主要责任者的情况。

(4)设计、施工、使用单位对事故责的意见和要求。

五、工程质量事故处理报告的内容

在工程质量事故处理程序上,当事故分析处理并施工验收完毕时,应对事故处理作出鉴定,并提交事故处理报告。事故处理报告应像其他工程质量资料一样作为永久性技术资料保存。事故处理报告的内容一般包括:

(1)事故检查报告。

(2)事故原因分析。

(3)事故处理的依据。

(4)事故处理方案、方法及技术措施。

(5)处理施工中各种原始记录资料。

(6)检查验收记录;事故结论。

第五章

建设工程进度控制

第一节　进度控制概述

一、进度控制的概念

工程建设的进度控制是指对工程项目建设各阶段的工作内容、工作程序、持续时间和衔接关系根据进度总目标及资源优化配置的原则编制计划并付诸实施,然后在进度计划的实施过程中经常检查实际进度是否按计划要求进行,对出现的偏差情况进行分析,采取补救措施调整或修改原计划后再付诸实施。如此循环,直到建设工程竣工验收交付使用的全过程中一系列活动的总称。

进度控制的最终目的是确保项目进度目标的实现,建设项目进度控制的总目标是建设工期。进度与质量、投资并列为工程项目建设三大目标。它们之间有着相互依赖和相互制约的关系。监理工程师在工作中要对 3 个目标全面系统地加以考虑,正确处理好进度、质量和投资的关系,提高工程建设的综合效益。特别是对一些投资较大的工程,对进度目标进行有效的控制,确保进度目标的实现,往往会产生很大的经济效益。

工程项目的进度,受许多因素的影响,建设者需事先对影响进度的各种因素进行调查,预测它们对进度可能产生的影响,编制科学合理的进度计划,指导建设工作按计划进行。然后根据动态控制原理,不断进行检查,将实际情况与计划对进度进行调整或修正,再按新的计划实施,这样不断地计划、执行、检查、分析、调整计划的动态循环过程,就是进度控制。

二、影响进度的因素

由于建设项目具有庞大、复杂、周期长、相关单位多等特点,因而影响进度的因素很多。从产生的根源看,有的来源于建设单位及上级机构;有的来源于设计、施工及供货单位;有的来源于政府、建设部门、有关协作单位和社会;也有的来源于监理单位本身。归纳起来,这些因素包括以下几方面:

(1)人的干扰因素。如建设单位使用要求改变而发生的设计变更;建设单位应提供的场地条件不及时或不能满足工程需要;勘察资料不准确,特别是地质资料错误或遗漏而引起的不能预料的技术障碍;设计、施工中采用不成熟的工艺或技术方案失当;图纸供应不及时、不配套或出现差错;计划不周,导致停工待料和相关作业脱节,工程无法正常进行;建设单位越过监理职权进行干涉,造成指挥混乱等。

(2)材料、机具、设备干扰因素。如材料、构配件、机具、设备供应环节的差错,品种、规格、数量、时间不能满足工程的需要等。

(3)地基干扰因素。如地下埋藏文物的保护、处理对工期的影响。

(4)资金干扰因素。如建设单位资金不能及时到位,未及时向承包人或供应商拨款等。

(5)环境干扰因素。如交通运输受阻,水、电供应不具备,外单位临近工程施工干扰,节假日交通、市容整顿的限制;向有关部门提出各种申请审批手续的延误;安全、质量事故的调查、分析处理及争端的调节、仲裁;恶劣天气、地震、临时停水、停电、交通中断、社会动乱等。

受以上因素影响,工程会产生延误。工程延误有两大类,其一是指由于承包人自身的原因造成的工期延长,一切损失有承包人自己承担,同时建设单位还有权对承包人实行违约误期罚款;其二是指由于承包人以外的原因造成的工期延长,经监理工程师批准的工程延误,所延长的时间属于合同工期的一部分,承包人不仅有权要求延长工期,而且还可向建设单位提出赔偿的要求以弥补由此造成的额外损失。

监理工程师应对上述各种因素进行全面的预测和分析,公正地区分工程延误的两大类原因,合理地批准工程延长的时间,以便有效地进行进度控制。

三、进度控制的任务

进度控制是一项系统工作,是按照计划目标和组织系统,对系统各个部分的行为进行检查,以保证协调地完成总体目标。进度控制的主要任务是:

1. 准备阶段进度控制的任务

(1)向建设单位提供有关工期的信息,并协助建设单位确定工期总目标。

(2)编制项目总进度计划。

(3)编制准备阶段详细工作计划,并控制该计划的执行。

(4)施工现场条件调研和分析等。

2. 设计阶段进度控制的任务

(1)编制设计阶段工作计划并控制其执行。

（2）编制详细的出图计划并控制其执行等。

3. 施工阶段进度控制的任务

（1）编制施工总进度计划并控制其执行。

（2）编制施工年、季、月实施计划并控制其执行等。

四、进度控制的措施

进度控制的措施主要有组织措施、技术措施、合同措施、经济措施及信息管理五大措施。

1. 组织措施

（1）建立进度控制目标体系，明确建设工程现场监理组织机构中进度控制人员及其职责分工。

（2）建立工程进度报告制度及进度信息沟通网络。

（3）建立进度计划审核制度和进度计划实施中的检查分析制度。

（4）建立进度协调会议制度，包括协调会议举行的时间、地点，协调会议的参加人员等。

（5）建立图纸审查、工程变更和设计变更管理制度。

2. 技术措施

（1）审查承包人提交的进度计划，使承包人能在合理的状态下施工。

（2）编制进度控制工作细则，指导监理人员实施进度控制。

（3）采用网络计划技术及其他科学适用的计划方法，并结合电子计算机的应用，对建设工程进度实施动态控制。

3. 经济措施

（1）及时办理工程预付款及工程进度款支付手续。

（2）对应急赶工给予优厚的赶工费用。

（3）对工期提前给予奖励。

（4）对工程延误收取误期损失赔偿金。

（5）加强索赔管理，公正地处理索赔。

4. 合同措施

（1）推行分阶段承发包模式，对建设工程实行分段设计、分段发包和分段施工。

（2）加强合同管理，协调合同工期与进度计划之间的关系，保证合同中进度目标的实现。

（3）严格控制合同变更，对各方提出的工程变更和设计变更，监理工程师应严格审查后再补入合同文件之中。

（4）加强风险管理，在合同中应充分考虑风险因素及其对进度的影响，以及相应的处理方法。

5. 信息管理措施

进度控制的信息管理措施，主要是利用现代化的管理手段，及时收集有关反映项目进度情况的信息，进行分析加工，为进度控制工作提供依据。

第二节 工程进度网络计划技术

一、进度计划的表示方法

进度计划可以用横道图或网络图表示。

例如:某基础工程施工分成三个施工段进行,各工序的施工顺序依次为:挖基槽→做垫层→做基础→回填土。其进度计划用横道图表示如图5-1所示,用网络图表示如图5-2所示。

施工过程	进 度 日 程																						
	1	2	3	4	5	6	7	8	9	10	11	12	13	14	15	16	17	18	19	20	21	22	23
挖基槽	1				2			3															
做垫层					1			2			3												
做基础									1							2			3				
回填土																		1		2		3	

图 5-1 用横道图表示的进度计划

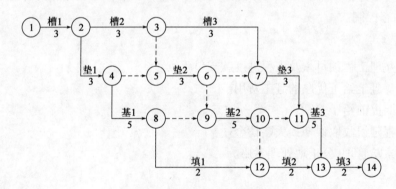

图 5-2 用双代号网络图表示的进度计划

横道图简单明了,容易理解,容易绘制,也便于据此来编制各种资源需用量,因此,在工序关系比较简单的工程项目中得到了广泛的应用。但横道图不能很清晰、严格地反映出各个工作之间的相互依赖、相互制约的关系。因此,在横道图中很难判断出,哪些是关键工作,哪些是非关键工作;也难以说明一项工作提前了或延迟了对总工期有无影响,有多大影响。

网络图的特点则正好和横道图的特点相反。相对而言,网络图较为复杂,不太容易理解与编制,很难根据网络图来编制各种资源需用量计划。但是,网络图能很清晰、严格的反映出各个工作之间的相互依赖、相互制约的关系。因此,在网络图中能判断出,哪些是关键工作,哪些是非关键工作;一项工作提前了或延误了对总工期有无影响,有多大影响等。同时,网络图可使用计算机来进行绘制、计算、优化、调整,是一种先进的、通用的进度控制方法。

二、网络图的一般规定

1. 网络图的工作定义

网络图是由箭线和节点组成的,用来表示工作流程的,有向、有序的网状图形。一个网络图表示一项计划任务。

网络图中的工作,是将计划任务按需要划分成粗细不同的、消耗时间或既消耗时间也消耗资源的子项目或子任务。

在双代号网络图中,箭线表示一项工作,节点表示各工作之间的联系,如图5-3所示。

2. 逻辑关系的定义和分类

工作之间的先后顺序关系叫逻辑关系。逻辑关系包括工艺逻辑关系和组织逻辑关系两类。

生产性工作之间由工艺技术决定的,非生产性工作之间由程序决定的先后顺序关系叫工艺逻辑关系,如图5-2中的槽1→垫1→基1→填1等。

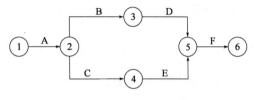

图5-3 双代号网络图

工作之间由于组织安排需要或资源(人力、材料、机械设备、资金等)调配需要而规定的先后顺序关系叫组织逻辑关系,如图5-2中的槽1→槽2→槽3等。

3. 双代号网络图工作的表示方法

在双代号网络图中,表示工作的箭线宜画成水平箭线或由水平线段和竖直线段组成的折

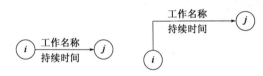

图5-4 双代号网络图工作的表示方法

线箭线。箭线的方向表示工作的进行方向,应保持自左向右的总方向。虚工作可画成水平的或竖直的虚线箭线,也可画成折线形虚线。当箭线为折线形时,宜将工作名称和持续时间标注在水平线段上,如图5-4所示。

在双代号网络图中,一项工作必须用唯一的一条箭线和相应的唯一的一对箭头、箭尾代号表示,如图5-5a)、b)所示。图5-5c)所示的画法是错误的,因为 i—j 既表示了A工作,又表示了B工作。而图5-5d)多画了一个不必要的虚工作,这样使得网络图不简洁。

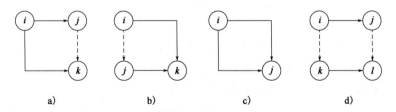

图5-5 双代号网络图一项工作只能有唯一的一对代号

4. 紧前工段、紧后工作和平行工作的定义

紧排在本工作之前的工作称为本工作的紧前工作。本工作和紧前工作之间可能有虚工作。如图5-3中,A是B、C工作的紧前工作,E的紧前工作有B、C。

紧排在本工作之后的工作称为本工作的紧后工作。本工作和紧后工作之间可能有虚工作。如图5-3中,B的紧后工作有D、E;A的紧后工作是B、C。

可以在本工作同时开始的工作称为本工作的平行工作。如图 5-3 的 B、C 工作就互为平行工作,同样,D、E 工作也是互为平行工作。

5. 线路、先行工作和后续工作的定义

在网络图中,从开始节点出发,顺箭线方向连续经过一系列箭线与节点,最后达到结束节点所形成的通路称为线路。线路可依次用线路上的节点代号来记述,也可依次用该线路上的工作名称来记述。如图 5-3 中,共有 3 条线路,即 1—2—3—5—6、1—2—3—4—5—6、1—2—4—5—6,也可记述为 ABDF、ABDEF 和 ACEF。

自开始节点至本工作之前各条线路上的所有工作称为本工作的先行工作。如图 5-3 中,D 的先行工作有 A、B;E 的先行工作有 A、B、C。

本工作之后至结束节点各条线路上的所有工作称为本工作的后续工作。如图 5-3 中,C 的后续工作有 E、F;B 的后续工作有 D、E、F。

三、双代号网络图的绘制

1. 双代号网络图的绘图规则

(1)双代号网络图必须按照已定的逻辑关系绘制,不能有多余的逻辑关系,也不能遗漏逻辑关系。

(2)在双代号网络图中严禁出现从一个节点出发,顺箭线方向又回到原出发点的循环回路。

(3)在双代号网络图中严禁出现双向箭线或无箭头线段。

(4)严禁在双代号网络图中出现没有箭尾节点的箭线和没有箭头节点的箭线。

(5)当双代号网络图的起点节点有多条外向箭线或终点节点有多余内向箭线时,为使图形简洁,可应用母线法绘图。使多条箭线经一条共用的母线线段从起点节点引出,或使多条箭线经一条共用的母线线段引入终点节点。但箭线线型不同(粗线、细线、虚线、点画线或其他线型)且可能导致误解时,不得用母线绘图。

(6)在绘制双代号网络图时,宜避免箭线交叉。当交叉不可避免时,可以采用过桥法、断线法或指向法处理。

(7)在双代号网络图中,只应有一个起点节点和一个终点节点(任务中部分工作分期完成的网络计划例外),并不应出现其他没有内向箭线或外向箭线的节点。

2. 双代号网络图的编号

双代号网络图中不出现逆向箭线和竖直向实线箭线,宜在绘制之前,先确定出各个节点的位置号,再按节点位置号绘制网络图。其步骤为:

(1)无紧前工作的工作,其开始节点的位置号为零。

(2)有紧前工作的工作,其始节点位置号等于其紧前工作的始节点位置号的最大值加 1。

(3)有紧后工作的工作,其终节点位置号等于其紧后工作的始节点位置号的最小值。

(4)无紧后工作的工作,其终节点位置号等于网络图中各个工作的节点位置号的最大值加 1。

3. 根据给定的逻辑关系绘制双代号网络图

绘制双代号网络图可按以下步骤进行:

(1)根据已知的紧前工作关系确定出紧后的工作关系。画网络图时应从前往后画。另外,根据紧前工作和紧后工作的定义,当某一工作 A 是另一工作 B 的紧前工作,则 B 相应的就是 A 的紧后工作,以此类推,就能快捷地确定出各工作的紧后工作关系。

（2）判断虚箭线的个数和方向。

第一步:两两比较工作的紧后工作,看其是否有相同部分,若无相同部分,则肯定无虚箭线;若有相同部分,则可能有虚箭线,此时再进行下一步比较。

第二步:在有相同的紧后工作的条件下,再看两工作是否还有不同的紧后工作。

（3）确定各工作的始节点位置号和终节点的位置号。

（4）根据判断出的虚箭线、节点位置号和确定出的各工作的紧后逻辑关系,绘出双代号网络图。

几种基本逻辑关系的表达方法见表5-1。

基本逻辑关系表示方法　　　　　　　　　　　表 5-1

序号	逻辑关系	双代号表示方法	单代号表示方法
1	A 完成后进行 B;B 完成后进行 C		
2	A 完成后同时进行 B 和 C		
3	A 和 B 都完成后进行 C		
4	A 和 B 都完成后,同时进行 C 和 D		
5	A 完成后进行 C;A 和 B 都完成后进行 D		
6	A 和 B 都完成后进行 C;B 和 D 都完成后进行 E		
7	A 完成后进行 C;A 和 B 都完成后进行 D;B 完成后进行 E		

137

四、网络计划时间参数的计算

1. 时间参数的概念

(1) 最早开始时间:各紧前工作全部完成后,本工作有可能开始的最早时刻,用 T_{i-j}^{ES} 或 T_i^{ES} 表示。

(2) 最早完成时间:工作最早开始时间与本工作持续时间之和,用 T_{i-j}^{EF} 或 T_i^{EF} 表示。

(3) 最迟开始时间:在不影响整个任务按期完成的条件下,本工作最迟必须开始的时刻,用 T_{i-j}^{LS} 或 T_i^{LS} 表示。

(4) 最迟完成时间:在不影响整个任务按期完成的条件下,本工作最迟必须开始的时刻,用 T_{i-j}^{LF} 或 T_i^{LF} 表示。

(5) 总时差:在不影响工期的前提下,工作所具有的机动时间,用 F_{i-j}^T 或 F_i^T 表示。

(6) 自由时差:在不影响其紧后工作最早开始的前提下,工作所具有的机动时间,用 F_{i-j}^F 或 F_i^F 表示。

(7) 时间间隔:在单代号网络图中,工作 i 的最早完成时间与其紧后工作 j 的最早开始时间之间的差值,用 T_{i-j}^{LAG} 表示。

(8) 计算工期:由时间参数计算确定的工期,即关键路线的各工作持续时间之和,用 T_c 表示。

(9) 要求工期:主管部门或合同条款所要求的工期,用 T_r 表示。

(10) 计划工期:根据计算工期和要求工期确定的工期,用 T_p 表示。

2. 双代号时标网络计划时间参数的计算

1) 按工作计算法计算时间参数

(1) 计算各工作的最早开始时间 T_{i-j}^{ES}

工作的最早开始时间应从网络图的起点节点开始,顺箭线方向依次逐项计算。

以起点节点为箭尾节点的工作,如未规定其最早开始时间,可令其值等于零,即:

$$T_{i-j}^{ES} = 0 \tag{5-1}$$

其他任一工作 $i-j$ 的最早开始时间 T_{i-j}^{ES} 可计算为:

$$T_{i-j}^{ES} = \max_h \left\{ T_{h-i}^{ES} - D_{h-i} \right\} \tag{5-2}$$

式中: T_{h-i}^{ES} ——工作 $i-j$ 的紧前工作 $h-i$ 的最早开始时间;

D_{h-i} ——工作 $i-j$ 的紧前工作 $h-i$ 的持续时间。

即工作 $i-j$ 的最早工始时间等于其紧前工作 $h-i$ 的最早开始时间与工作 $h-i$ 的持续时间之和,若有多个紧前工作,则应取和的最大值。

(2) 计算各工作的最早完成时间 T_{i-j}^{EF}

工作 $i-j$ 的最早完成时间 T_{i-j}^{EF} 可计算为:

$$T_{i-j}^{EF} = T_{i-j}^{ES} + D_{i-j} \tag{5-3}$$

即工作 $i-j$ 的最早完成时间等于其最早开始时间与其持续时间之和。

(3) 网络计划计算工期 T_c 的确定

T_c 可计算为:

$$T_c = \max_i \left\{ T_{i-n}^{EF} \right\} \tag{5-4}$$

式中: T_{i-n}^{EF}——以终点节点 n 为箭头节点的工作 $i-n$ 的最早完成时间。

即网络计划的计算工期等于以终点节点 n 为箭头节点的结束工作最早完成时间的最大值。

（4）计算各工作的最迟完成时间 T_{i-j}^{LF}

各工作的最迟完成时间 T_{i-j}^{LF} 应从网络图的终点节点开始，逆着箭头方向依次逐项地计算。

以终点节点 $(j=n)$ 为箭头节点的工作的最迟完成时间 T_{i-n}^{LF} 应按网络计划的计划工期 T_p 确定，即：

$$T_{i-n}^{LF} = T_p \tag{5-5}$$

其他各工作的最迟完成时间 T_{i-j}^{LF} 可计算为：

$$T_{i-j}^{LF} = \min_k \{ T_{j-k}^{LF} - D_{j-k} \} \tag{5-6}$$

式中: T_{j-k}^{LF}——工作 $i-j$ 的紧后工作 $j-k$ 的最迟完成时间；

D_{j-k}——工作 $i-j$ 的紧后工作 $j-k$ 的持续时间。

即工作 $i-j$ 的最迟完成时间 T_{i-j}^{LF} 等于其紧后工作 $j-k$ 的最迟完成时间与其持续时间的差，若有多个紧后工作，则应取差的最小值。

（5）计算各工作的最迟开始时间 T_{i-j}^{LS}

工作 $i-j$ 的最迟开始时间可计算为：

$$\begin{aligned} T_{i-j}^{LS} &= T_{i-j}^{LF} - D_{i-j} \\ &= \min_k \{ T_{j-k}^{LF} - D_{i-k} \} - D_{i-j} \\ &= \min_k T_{j-k}^{LS} - D_{i-j} \end{aligned} \tag{5-7}$$

式中: T_{j-k}^{LS}——工作 $i-j$ 的紧后工作 $j-k$ 的最迟开始时间。

即工作 $i-j$ 的最迟开始时间等于其最迟完成时间与持续时间的差值，也等于其紧后工作 $j-k$ 的最迟开始时间的最小值与工作 $i-j$ 的持续时间的差值。

（6）计算各工作的总时差 F_{i-j}^T

F_{i-j}^T 可计算为：

$$F_{i-j}^T = T_{i-j}^{LS} - T_{i-j}^{ES} \tag{5-8}$$

或者

$$F_{i-j}^T = T_{i-j}^{LF} - T_{i-j}^{EF} \tag{5-9}$$

即工作 $i-j$ 的总时差等于其最迟开始时间与最早开始时间的差值，也等于其最迟完成时间与最早完成时间的差值。

（7）计算各工作的自由时差 F_{i-j}^F

工作的自由时差 F_{i-j}^F 可计算为：

$$F_{i-j}^F = T_{j-k}^{ES} - T_{i-j}^{ES} - D_{i-j} \tag{5-10}$$

或者

$$F_{i\ j}^F = T_{j-k}^{ES} - T_{i-j}^{EF} \tag{5-11}$$

即工作 $i-j$ 的自由时差等于其紧后工作 $j-k$ 的最早开始时间减去工作 $i-j$ 的最早开始时间与持续时间，也等于其紧后工作 $j-k$ 的最早开始时间减去工作 $i-j$ 的最早完成时间。

按工作计算法计算网络计划的时间参数时，可采用图上计算法，用六时标注法或四时标注法表示，如图 5-6 所示。

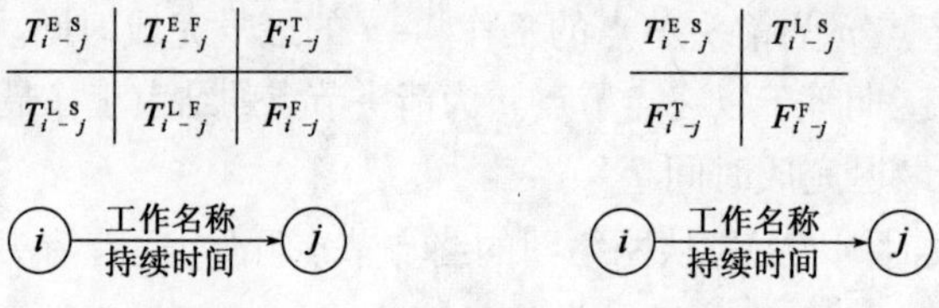

$$\begin{array}{|c|c|c|} \hline T_{i-j}^{ES} & T_{i-j}^{EF} & F_{i-j}^{T} \\ \hline T_{i-j}^{LS} & T_{i-j}^{LF} & F_{i-j}^{F} \\ \hline \end{array}$$

$$\begin{array}{|c|c|} \hline T_{i-j}^{ES} & T_{i-j}^{LS} \\ \hline F_{i-j}^{T} & F_{i-j}^{F} \\ \hline \end{array}$$

a)六时标注法　　　　　　　　　　b)四时标注法

图 5-6　图上计算法的标注方法

2)按节点计算法计算时间参数

按节点计算法计算时间参数是先计算节点最早时间和最迟时间,再据此计算出各工作的6个时间参数。按节点计算法计算时间参数计算量较小,尤其是计算机计算时占用内存空间较小,因而被广泛采用。

(1)节点最早时间的计算

节点的最早时间 T_i^E 应从网络图的起点节点开始,顺着箭线方向逐个计算。

起点节点的最早时间如无规定时,可令其值等于零,即:

$$T_1^E = 0 \tag{5-12}$$

其他各节点的最早时间 T_j^E 可计算为:

$$T_j^E = \max_i \{ T_i^E + D_{i-j} \} \tag{5-13}$$

式中:T_i^E——节点 j 的紧前节点 i(即有箭线连接 i 和 j 节点)的最早时间;

　　　D_{i-j}——工作 $i-j$ 的持续时间。

即节点 j 的最早时间等于其紧前节点 i 的最早时间与其紧前工作 $i-j$ 的持续时间之和。

(2)网络计划计算工期 T_c 的确定。网络计划计算工期 T_c 可按终点的最早的时间确定,即:

$$T_c = T_n^E \tag{5-14}$$

式中:T_n^E——终点节点的最早的时间。

(3)节点最迟时间的计算

节点的最迟时间 T_i^L 应从网络图的终点节点开始,逆着箭线的方向依次逐项计算。

终点节点的最迟时间 T_n^L 应按网络计划工期 T_p 确定,即:

$$T_n^L = T_p \tag{5-15}$$

其他节点的最迟时间 T_i^L 可计算为:

$$T_i^L = \min_j \{ T_j^L - D_{i-j} \} \tag{5-16}$$

式中:T_j^L——节点 i 的紧后节点 j 的最迟时间;

　　　D_{i-j}——节点 i 的紧后工作 $i-j$ 的持续时间。

即节点 i 的最迟时间 T_i^L 等于其紧后节点 j 的最迟时间与其紧后工作 $i-j$ 的持续时间之差,若有多个紧后节点,则须取差的最小值。

(4)由节点的时间参数计算工作的时间参数

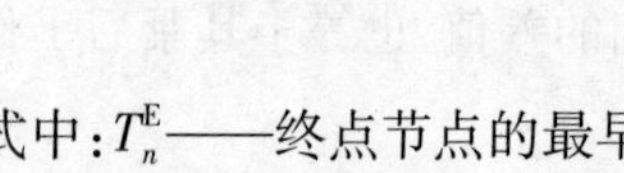

$$\begin{array}{|c|c|} \hline T_i^E & T_i^L \\ \hline \end{array} \qquad \begin{array}{|c|c|} \hline T_j^E & T_j^L \\ \hline \end{array}$$

图 5-7　按节点计算法计算时间参数

若求出了各节点的最早时间和最迟时间,就可据此计算出各工作的时间参数,如图 5-7 所示。

由图 5-7 以及工作时间参数的定义可得:

$$T_{i-j}^{ES} = T_i^E \tag{5-17}$$

即工作 $i-j$ 的最早开始时间 T_{i-j}^{ES} 等于其箭尾节点 i 的最早时间 T_i^E。

$$T_{i-j}^{EF} = T_i^E + D_{i-j} \qquad (5\text{-}18)$$

即工作 $i-j$ 的最早完成时间 T_{i-j}^{EF} 等于其箭尾节点 i 的最早时间 T_i^E 与其持续时间 D_{i-j} 之和。

$$T_{i-j}^{LF} = T_j^L \qquad (5\text{-}19)$$

即工作 $i-j$ 的最迟完成时间 T_{i-j}^{LF} 等于其箭头节点 i 的最早时间 T_j^L。

$$T_{i-j}^{LS} = T_j^L - D_{i-j} \qquad (5\text{-}20)$$

即工作 $i-j$ 的最迟开始时间 T_{i-j}^{LS} 等于其箭头节点 j 的最迟时间 T_j^L 与其持续时间 D_{i-j} 之差。

$$F_{i-j}^T = T_j^L - T_i^E - D_{i-j} \qquad (5\text{-}21)$$

即工作 $i-j$ 的总时差 F_{i-j}^T 等于其箭头节点 j 的最迟时间 T_j^L 减去其箭尾节点 i 的最早时间 T_i^E，再减去工作 $i-j$ 的持续时间 D_{i-j}。

$$F_{i-j}^F = T_j^E - T_i^E - D_{i-j} \qquad (5\text{-}22)$$

即工作 $i-j$ 的自由时差 F_{i-j}^F 等于其箭头节点 j 的最早时间 T_j^E 减去其箭尾节点 i 的最早时间 T_i^E，再减去工作 $i-j$ 的持续时间 D_{i-j}。

3）用标号法确定计算工期和关键线路

在网络图中，总时差 $F_{i-j}^T = 0$ 的工序即为关键工作，由关键工序组成的线路为关键线路。因此，在按工作计算法或节点计算法计算出各工作的时间参数后，即可确定出该网络图的关键工作和关键线路。

有时可能只需要找出网络图的关键工作和关键线路，而不需要知道所有工作的时间参数，这时，即可用标号法确定计算工期和关键线路。

用标号法确定计算工期和关键线路，是对每个节点用源节点和标号值进行标号，将节点都标号后，再从网络计划的终点节点开始，从右向左按源节点寻求出关键线路，网络计划终点节点标号值即为计算工期。

各节点的标号值按如下步骤确定：

第一，设网络计划起点节点 1 的标号值为零，即：

$$b_1 = 0 \qquad (5\text{-}23)$$

第二，其他节点的标号值等于该节点的内向工作（即以该节点为完成节点的工作）的开始节点标号值加上该工作的持续时间，即：

$$b_j = \max_i \{ b_i + D_{i-j} \} \qquad (5\text{-}24)$$

3. 双代号时标网络计划时间参数的计算

双代号时标网络计划是以时间坐标为尺度绘制的网络计划。时标的时间单位应根据需要在编制网络计划之前确定，可为时、天、周、旬、月或季等。

在双代号时标网络计划中，各工作的时间参数可按如下规定确定：

（1）最早开始时间 T_{i-j}^{ES}

工作 $i-j$ 箭线左端节点中心所对应的时标值为该工作的最在开始时间 T_{i-j}^{ES}。

（2）最早完成时间 T_{i-j}^{EF}

无波纹线的工作箭线右端节点中心所对应的时标值为该工作的最早完成时间 T_{i-j}^{EF}；有波

形线的工作箭线实线部分右端所对应的时标值为该工作的最早完成时间 T_{i-j}^{EF}。

（3）自由时差 F_{i-j}^{F}

工作 $i-j$ 箭线的波形线在坐标轴上的水平投影长度即为该工作的自由时差 F_{i-j}^{F}。

（4）总时差 F_{i-j}^{T}

在时标网络计划中，各工作的总时差须自右向左，在其诸紧后工作的总时差都确定后才能确定，其值等于其诸紧后工作总时差的最小值与本工作自由时差之和，用公式表述为：

$$F_{i-j}^{\text{T}} = \min_{k} \left\{ F_{j-k}^{\text{T}} \right\} + F_{i-j}^{\text{F}} \tag{5-25}$$

（5）最迟开始时间 T_{i-j}^{LS}

工作 $i-j$ 的最迟开始时间等于该工作的最早开始时间 T_{i-j}^{ES} 加上该工作的总时差 F_{i-j}^{T}，即：

$$T_{i-j}^{\text{LS}} = T_{i-j}^{\text{ES}} + F_{i-j}^{\text{T}} \tag{5-26}$$

（6）最迟完成时间 T_{i-j}^{LF}

工作 $i-j$ 的最迟完成时间等于该工作的最早完成时间 T_{i-j}^{EF} 加上该工作的总时差 F_{i-j}^{T}，即：

$$T_{i-j}^{\text{LF}} = T_{i-j}^{\text{EF}} + F_{i-j}^{\text{T}} \tag{5-27}$$

4. 单代号网络计划时参数的计算

（1）最早开始时间 T_i^{ES}

在单代号网络计划中，工作 i 的最早开始时间 T_i^{ES} 应从网络图的起点节点开始，顺着箭线方向依次逐项计算。

起点节点的最早开始时间 T_i^{ES} 如无规定时，可令其值等于零，即：

$$T_i^{\text{ES}} = 0 \tag{5-28}$$

其他工作的最早开始时间 T_i^{ES} 可计算为：

$$T_i^{\text{ES}} = \max_{h} \left\{ T_h^{\text{ES}} + D_h \right\} \tag{5-29}$$

式中：T_h^{ES}——工作 i 的紧前工作 h 的最早开始时间；

D_h——工作 i 的紧前工作 h 的持续时间。

即工作 i 的最早开始时间 T_i^{ES} 等于其紧前工作 h 的最早开始时间 T_h^{ES} 与其紧前工作 h 的持续时间之和，若有多个紧前工作，则须取和的最大值。

（2）最早完成的时间 T_i^{EF}

工作 i 的最早完成时间可计算为：

$$T_i^{\text{EF}} = T_i^{\text{ES}} + D_i \tag{5-30}$$

即工作 i 的最早完成时间 T_i^{EF} 等于其最早开始时间 T_i^{ES} 与其持续时间之和。

（3）计算工期 T_c 和计划工期 T_p

网络计划的计算工期可计算为：

$$T_c = T_n^{\text{EF}} \tag{5-31}$$

式中：T_n^{EF}——终点节点 n 的最早完成时间。

当已规定了要求工期 T_r 时,计划工期为:

$$T_p \leqslant T_r \qquad (5\text{-}32)$$

当未规定要求工期 T_r 时,计划工期为:

$$T_p = T_c \qquad (5\text{-}33)$$

(4)最迟完成时间 T_i^{LF}

工作 i 的最迟完成时间 T_i^{LF} 应从网络图的终点节点开始,逆着箭线方向依次逐项计算。

终点节点所代表的工作 n 的最迟完成时间 T_n^{LF} 可根据计划工期 T_p 确定,即:

$$T_n^{LF} = T_p \qquad (5\text{-}34)$$

其他工作 i 的最迟完成时间 T_i^{LF} 可计算为:

$$T_i^{LF} = \min_j \{ T_j^{LF} - D_j \} \qquad (5\text{-}35)$$

式中:T_j^{LF}——工作 i 的紧后工作 j 的最迟完成时间;

D_j——工作 i 的紧后工作 j 的持续时间。

即工作 i 的最迟完成时间 T_i^{LF} 等于其紧后工作 j 的最迟完成时间与持续时间之差,若有多个紧后工作,则须取差的最小值。

(5)最迟开始时间 T_i^{LS}

工作 i 的最迟开始时间可计算为:

$$T_i^{LS} = T_i^{LF} - D_i \qquad (5\text{-}36)$$

(6)时间间隔 T_{i-j}^{LAG}

相临两项工作 i 和 j 之间的时间间隔 T_{i-j}^{LAG} 可计算为:

$$T_{i-j}^{LAG} = T_j^{ES} - T_i^{EF} \qquad (5\text{-}37)$$

即相邻两项工作 i 和 j 之间的时间间隔 T_{i-j}^{LAG} 等于紧后工作 j 的最早开始时间减去紧前工作 i 的最早完成时间。

(7)总时差 F_i^T

工作 i 的总时差 F_i^T 可计算为:

$$F_i^T = T_i^{LS} - T_i^{ES} \qquad (5\text{-}38)$$

或者

$$F_i^T = T_i^{LF} - T_i^{EF} \qquad (5\text{-}39)$$

即工作 i 的总时差等于其最迟开始时间 T_i^{LS} 与最早开始时间 T_i^{ES} 之差,也等于其最迟完成时间 T_i^{LF} 与最早完成时间 T_i^{EF} 之差。

当工作 i 的各种时间参数尚未计算出来时,可按下列方法计算:从网络图的终点节点开始,逆着箭线方向依次逐项计算,此时,终点节点的总时差 F_n^T 为零,即:

$$F_n^T = 0 \qquad (5\text{-}40)$$

其他各工作 i 的总时差可计算为:

$$F_i^T = \min_j \{ T_{i-j}^{LAG} + F_j^T \} \qquad (5\text{-}41)$$

即工作 i 的总时差等于其与紧后工作 j 的时间间隔 T_{i-j}^{LAG} 加上紧后工作 j 的总时差,若有多个紧后工作,则须取和的最小值。

(8)自由时差 F_i^F

工作 i 的自由时差可计算为:

$$F_i^F = \min_j \{ T_{i-j}^{LAG} \} \tag{5-42}$$

即工作 i 的自由时差 F_i^F 等于其与紧后工作 i 的时间间隔,若有多个紧后工作,则须取时间间隔的最小值。

5.关键工作和关键线路的确定

没有机动时间的工作,即总时差的最小工作称为关键工作。当计划工期等于计算工期时,总时差为零的工作就是关键工作。

在网络计划中,自始至终全由工作组成的线路,位于该线路上的各工作总持续时间最长,这种线路成为关键线路。

在单代号网络图中,还可以利用时间间隔 T_{i-j}^{LAG} 来确定关键线路:从终点节点 n 出发,逆着箭线方向,沿时间间隔 $T_{i-j}^{LAG} = 0$ 的节点和箭线走至起点节点所形成的通路,既为关键线路。

在双代号网络中,若是用节点计算法计算时间,还可以利用节点时间确定关键线路:从起点节点出发,顺着箭线方向,依次连接最早时间等于最迟时间的节点,至终点节点所形成的通路,即为关键线路。

五、网络计划检查结果的分析

对双代号时标网络计划,宜利用画出的实际进度前锋线,分析计划的执行情况及其发展趋势,对未来的进度情况做出预测判断,找出偏离计划目标的原因及可供挖掘的潜力所在。

对非时标网络计划宜按表 5-2 记录的情况对计划中的未完成工作进行分析判断;

网络计划检查结果分析表 表 5-2

工作编号	工作名称	检查计划时尚需作业时间	到计划完成时尚有时间	原有总时差	尚有总时差	情况判断

(1)若某工作提前完成,则可继续执行原网络计划。

(2)若某工作发生延误,且该工作是关键工作,则会影响工期,须对网络计划进行调整。

(3)若某工作发生延误,但该工作是非关键工作,则需作以下进一步判断:

①若延误的时间小于该工作的自由时差,则对网络计划无影响,可继续执行原网络计划。

②若延误的时间大于该工作的自由时差而小于该工作的总时差,则对网络计划的工期无影响,但会影响其紧后工作的最早开始时间,因此,仍可继续执行原网络计划。

③若延误的时间大与该工作的总时差,则会影响网络计划的工期,因此,要对原网络计划进行调整。

(4)网络计划的调整方法。

①改变工作间的逻辑关系。此种方法主要是通过改变各工作的先后顺序及逻辑关系来实现缩短工期。如将原来依次进行的工作改为平行进行或搭接进行,以达到缩短工期的目的。

②改变工作的持续时间。在原网络计划各工作之间的逻辑关系不变的情况下,通过压缩

各工作之间的逻辑工期来达到缩短工期的目的。具体方法有：

 a. 增加资源供应量。

 b. 实行多班(两班或三班)工作制。

 c. 采取相关的技术措施,如新施工工艺,新施工设备等。

第三节　工程进度计划实施中的监测

在工程项目实施过程中,计划的不变是相对的,变是绝对的,因此在项目进度计划的执行过程中,必须采取系统的进度控制措施,即采用准确的监测手段不断发现问题,为将来进一步分析产生的原因、采取行之有效的进度调整措施并及时解决问题提供依据。

在建设项目实施过程中,监理工程师要经常监测进度计划的执行情况。进度监测系统过程主要包括以下工作。

一、进度计划执行中的跟踪检查

跟踪检查的主要目的是为了及时准确地掌握实际工程进度的情况,发现可能存在的问题,为下一步的分析调整提供第一手材料。为此,监理工程师必须认真做好下面3个方面的工作:

(1)及时收集进度报表资料。进度报表是反映实际进度的主要方式之一,承包单位要按照监理制度规定的时间、格式和报表内容填写进度报表。监理工程师根据进度报表数据了解工程实际进度。

(2)派监理人员常驻现场,检查进度计划的实际情况。监理人员常驻现场,可以加强进度监测工作,掌握实际进度的第一手资料,使数据更准确。

(3)定期召开现场会议。定期召开现场会议,监理工程师与执行单位有关人员面对面了解实际进度情况,同时也可以协调有关方面的进度。

进度检查的时间间隔与工程项目的类型、规模、监理的对象和有关条件等多方面因素相关。可视具体情况,每半月或每周进行一次。

二、整理、统计和分析收集的数据

收集的数据要进行整理、统计和分析,形成与计划具有可比性的数据。

三、实际进度与计划进度的对比

实际进度与计划进度的对比是将实际进度的数据与计划进度的数据进行比较,检查实际进度比计划进度拖后、超前还是一致,常用的比较方法有:

1. 横道图比较法

横道图比较法是指将在项目实施中检查实际进度收集的信息,经整理后直接用横道线并列标于原计划的横道线处,进行直观比较的方法,如图5-8所示。

工程项目实施中各项工作的速度不一定相同,进度控制要求和提供的进度信息也不尽相同,因而可以采用以下几种方法:

(1)匀速进展横道图比较法,如图5-9所示。

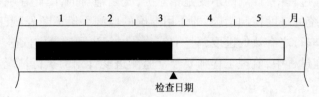

序号	工作名称	工作时间	进 度（周）
			1 2 3 4 5 6 7 8 9 10 11 12 13 14 15 16
1	挖土1	2	
2	挖土2	6	
3	混凝土1	4	
4	混凝土2	3	
5	防潮	2	
6	回填土	2	

—— 计划进度　　—— 工程施工的实际进度　　▲ 检查日期

图 5-8　某基础工程实际进度与计划进度比较图

图 5-9　匀速进展横道图比较法

该方法只适用于工作从开始到完成的整个过程中其进展速度是不变的,累计完成的任务量与时间成正比。若工作的进展速度是变化的,则必须采用双比例单侧横道图比较法或双比例双侧横道图比较。

（2）双比例单侧横道图比较法,如图 5-10 所示。

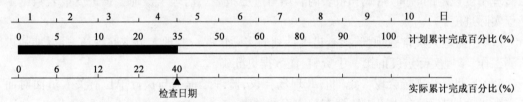

图 5-10　双比例单侧横道图比较法

（3）双比例双侧横道图比较法,如图 5-11 所示。

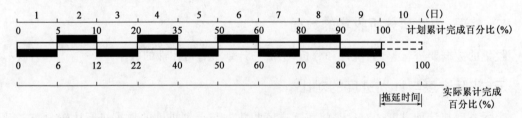

图 5-11　双比例双侧横道图比较法

2. S 形曲线比较法

以横坐标表示进度时间,纵坐标表示累计完成任务量,绘制出一条计划时间—累计完成任务量的曲线,将工程项目各检查时间—实际完成任务量曲线绘在一坐标图中,进行实际进度与计划进度相比较的一种方法,该曲线往往是 S 形状的,如图 5-12 所示。

3. 香蕉形曲线比较法

香蕉形曲线是两种 S 形曲线组合的闭合曲线。一般说来,按任何一个计划,都可以绘制出两种曲线:一是以各项工作最早开始时间安排进度而绘制的 S 形曲线,称为 ES 曲线;二是以各项工作最迟开始时间安排进度而绘制的 S 形曲线,称为 LS 曲线。两条 S 形曲线都是从计划的开始时刻开始和完成时刻结束,因此两条曲线是闭合的。一般情况下,ES 曲线上的各点均落在 LS 曲线相应的左侧,形成一个形如香蕉的曲线,如图 5-13 所示。

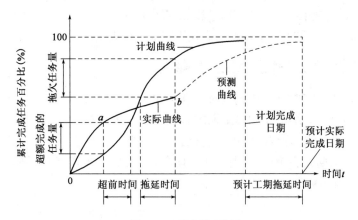

图 5-12　S 形曲线比较图

　　在项目的实施中进度控制的理想状况是任一时刻按实际进度描出的点,应落在该香蕉形曲线的区域内。

4. 前锋线比较法

　　前锋线比较法主要适用于时标网络计划。从检查时刻的时标点出发,将检查时刻正在进行工作的点都依次连接起来,组成一条一般为折线的前锋线。根据前锋线与箭线交点的位置判定工程实际进度与计划进度的偏差,如图 5-14 所示。

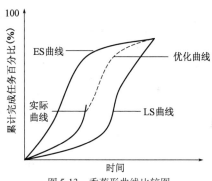

图 5-13　香蕉形曲线比较图

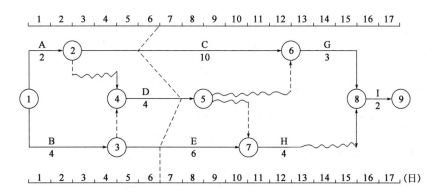

图 5-14　某网络计划前锋线比较图

5. 列表比较法

　　该方法是记录检查时正在进行的工作名称和已进行的天数,然后列表计算有关时间参数,根据原有总时差和剩余总时差判断实际进度与计划进度的比较方法。

第四节　工程进度计划实施中的调整与控制

通过对进度计划实施中的监测,能及时发现是否出现了进度偏差,一旦出现了偏差必须分析该偏差对后续工作及总工期的影响,以便决定是否需要进行进度计划的调整,以及如何调整。

一、分析偏差对后续工作及总工期的影响

当出现进度偏差时,需要分析该偏差对后续工作及总工期产生的影响。偏差的大小及其所处的位置不同,则对其后续工作和总工期的影响程度也是不同的。分析的方法主要是利用网络计划中总时差的概念进行判断。由时差概念可知:当偏差小于该工作的自由时差时,对工作计划无影响,对总工期无影响;当偏差大于总时差时,对后续工作和总工期都有影响。具体分析步骤如图 5-15 所示。

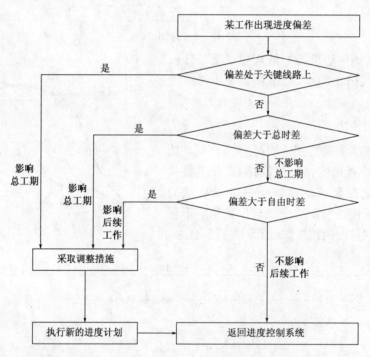

图 5-15　进度差对后续工作和总工期影响分析过程图

二、进度计划的调整方法

在对实施的进度计划分析的基础上确定调整原计划的方法,一般主要有以下两种:

1. 改变某些工作之间的逻辑关系

若实施中的进度产生的偏差影响了总工期,并且有关工作之间的逻辑关系允许改变,可以改变关键线路和超过计划工期的非关键线路上的有关工作之间的逻辑关系,达到缩短工期的目的。这种方法用起来效果显著,例如可以把依次进行的有关工作改变为平行的或相互搭接的以及分成几个施工段进行流水施工的工作,都可以达到缩短工期的目的。

2. 缩短某些工作的持续时间

这种方法是不改变工作之间的逻辑关系,只是缩短某些工作的持续时间,而使施工进度加快,以保证实现计划工期的方法。这种方法通常可在网络图上直接进行,一般可分为以下3种情况:

(1)某些工作进度拖延的时间在该项工作的总时差范围内,但超过其自由时差。这一拖延并不会对总工期产生影响,而只对后续工作产生影响。因此在进行调整前,需确定后续工作允许拖延的时间限制,并以此作为进度调整的限制条件。

(2)某项工作进度拖延的时间超过该项工作的总时差。该工作不管是否为关键工作,这种拖延都对后续工作和总工期产生影响。其进度计划的调整方法又可分为以下3种情况:

①项目总工期不允许拖延。调整的方法只能采取缩短关键线路上后续工作的持续时间以保证总工期目标的实现,其实质是工期优化的方法。

②项目总工期允许拖延。此时只需以实际数据取代原始数据,并重新计算网络计划有关参数。

③项目总工期允许拖延的时间有限。以总工期的限制作为规定工期,并对还未实施的网络计划进行工期优化,即通过压缩网络计划中某些工作的持续时间,来使总工期满足规定工期的要求。

(3)网络计划中某项工作进度超前。在计划阶段所确定的工期目标,往往是综合考虑各方面因素而优选的合理工期,因此,时间的任何变化,无论是拖延还是超前,都可能造成其他目标失控。因此,实际中若出现进度超前的情况,进度控制人员也必须综合分析由于进度超前对后续工作产生的影响,并与有关承包单位共同协商,提出合理的进度调整方案。

三、工程建设设计阶段的进度控制

工程建设设计阶段是项目建设程序中的一个重要阶段,同时也是影响项目建设工期的关键阶段,因此,监理工程师必须采取有效措施对工程项目的设计进度进行控制,以确保项目建设总进度目标的实现。

1. 确定设计进度目标体系

设计进度控制的最终目标就是在保质、保量的前提下,按规定的时间提供施工图纸。在这个总目标下,根据设计各阶段的工作内容确定各阶段的进度目标,每阶段内还应明确各设计专业的进度目标,形成进度目标体系。它是实施进度控制的前提。

工程设计主要包括设计准备工作、初步设计、技术设计、施工图设计等阶段。每一个阶段都应有明确的进度目标。

2. 编制设计进度控制计划体系

根据所确定的进度控制总目标及各阶段、各专业分目标,编制设计进度控制总计划、阶段性设计进度计划及专业设计进度作业计划,用来指导设计进度控制工作的实施。设计进度控制计划体系包括:

(1)设计总进度计划

设计总进度计划主要用来控制自设计准备至施工图设计完成的总设计时间及各设计阶段的安排,从而确保设计进度控制总目标的实现。

（2）阶段性设计进度计划

阶段性设计进度计划包括设计准备工作进度计划、初步设计（技术设计）工作进度计划和施工图设计工作进度计划。这些计划是用来控制各阶段的设计进度，从而实现阶段性设计进度目标。在编制阶段性设计进度计划时，必须考虑设计总进度计划对各阶段的时间要求。

（3）专业设计进度作业计划

为了控制各专业的设计进度，并作为设计人员承包设计任务的依据，应根据施工图设计工作进度计划、单项工程设计工日定额及所投入的设计人员数量，编制设计进度作业计划。

3. 设计进度控制措施

对设计进度的控制必须从设计单位自身的控制及监理单位的监控两方面着手：

1）设计单位的进度控制

为了履行设计合同，按期交付施工图设计文件，设计单位应采取有效措施，控制工程设计进度。

（1）建立计划部门，负责设计年度计划的编制和工程建设项目设计进度计划的编制。

（2）建立健全设计技术经济定额，并按定额要求进行计划的编制与考核。

（3）实行设计工作技术经济责任制。

（4）编制切实可行的设计总进度控制计划、阶段性设计进度作业计划；在编制计划时，加强与建设单位、监理单位、科研单位及承包单位的协作与配合，使设计进度计划积极可靠。

（5）认真实施设计进度计划，力争设计工作有节奏、有次序、合理搭配进行；在执行计划时要定期检查计划的执行情况，并及时对设计进度进行调整，使设计工作始终处于可控制状态。

（6）坚持按基本建设程序办事，尽量避免进行"边设计、边准备、边施工"的"三边"工程。

（7）不断分析总结设计进度控制工作经验，逐步提高设计进度控制工作水平。

2）监理单位的进度监控

监理单位受建设单位的委托进行工程设计监理时，应落实项目监理班子中专门负责设计进度控制的人员，按合同要求对设计工作进度进行严格的监控。

对于设计进度的监控应实施动态控制。在设计工作开始之前，首先应由监理工程师审查设计单位所编制的进度计划的合理性。在进度计划实施过程中，监理工程师应定期检查设计工作的实际完成情况，并与计划进度计划进行比较分析。一旦发现偏差，就应在分析原因的基础上提出措施，以加快设计工作进度，必要时，应对原进度计划进行调整或修正。

四、工程建设施工阶段进度控制

建设项目在施工过程中，需要消耗大量的人力和物力，建筑产品和施工生产也具有特定的技术经济特点，施工阶段的进度控制是整个工程项目控制的重点。

1. 确定施工阶段进度控制目标

工程建设施工阶段进度的最终目标是保证建设项目如期建成使用。为了有效地控制施工进度，首先要对施工进度总目标从不同的角度进行层层分解，形成施工阶段进度控制目标系统，它是实施施工进度控制的前提。

2. 施工进度目标的确定

确定施工进度目标时，必须全面细致地分析与工程项目进度有关的各种有利因素和不利因素,才能制定出一个科学的、合理的进度控制目标。

确定施工阶段控制目标的主要依据有:工程建设总进度目标对施工工期的要求;工期定额,类似工程项目的实际进度;工程难易程度条件的落实情况等。

在确定施工进度分解目标时,还要考虑以下个几个方面:

(1)对于大型工程建设项目,应根据尽早提供可动用的单元原则,集中力量分期分批建设,以便尽早投入使用,尽快发挥投资效应。这时,为保证每一动用单元能形成完整的生产能力,就要考虑这些动用单元交付使用时所必需的全部配套项目。因此,要处理好前期动用和后期建设关系、每期工程中主题工程与辅助及附属工程之间的关系、地下工程与地上工程之间的关系、场外工程与场内工程之间的关系等。

(2)合理安排土建与设备的协调施工。要按照它们各自的特点,合理安排土建施工与设备基础施工、设备安排的先后次序,明确设备工程对土建工程的要求和土建工程为设备工程提供施工条件的内容及时间。

(3)结合本工程的特点,参考施工工期定额及同类工程建设的经验来确定施工进度目标,避免只按主观愿望盲目确定进度目标,从而在实施过程中造成进度失控。

(4)做好资金供应能力、施工力量配备、物资(材料、构配件、设备)供应能力与施工进度需要的平衡工作,确保工程进度目标的实现。

(5)考虑外部协作条件的配合情况,包括施工过程中及项目竣工动用所需的水、电、气、通信、道路及其他社会服务项目。它们必须与有关项目的进度目标相协调。

(6)考虑工程项目所在地区地形、地质、水文、气象等方面的限制条件。

总之,要想对工程项目的施工进度实施控制,就必须有明确、合理的进度目标(进度总目标和进度分目标),否则控制便失去了意义。

3. 工程项目的施工进度控制工作内容

工程项目的施工进度控制从审核承包人提交的施工进度计划开始,直至工程项目保修期满为止,其工作内容主要有:

1)编制施工阶段进度控制工作细则

施工进度控制工作细则是在工程项目监理规划的指导下,由工程项目监理工程师负责编制的更具有实施性和操作性的监理业务文件,其主要内容包括:

(1)施工进度控制目标分解图。

(2)施工进度控制的主要工作内容和深度。

(3)进度控制人员的具体分工。

(4)与进度控制有关各项工作的时间安排及工作流程。

(5)进度控制的方法(包括进度检查日期、数据收集方式、进度报表格式、统计分析方法等)。

(6)进度控制的具体措施。

(7)施工进度控制目标 实现的风险分析。

(8)尚待解决的有关问题。

2)施工进度控制程序

项目监理机构应按下列程序进行工程进度控制。

(1)总监理工程师审批承包人报送的施工总进度计划。

（2）总监理工程师审批承包单位编制的年、季、月度施工进度计划。

（3）专业监理工程师对进度计划实施情况检查、分析。

（4）当实际进度符合计划进度时，应要求承包单位编制下一期进度计划；当实际进度滞后于计划进度时，专业监理工程师应书面通知承包单位采取纠偏措施并监督实施。

施工进度计划编制或审核的内容主要有：

①进度安排是否符合工程项目建设总目标和分目标的要求，是否符合施工合同中开、竣工日期的规定。

②施工顺序的安排是否符合施工程序的要求。

③劳动力、材料、构配件、机具和设备的供应计划是否能保证进度计划的实现，是否均衡。需求高峰期是否有足够能力实现计划供应。

④建设单位的资金供应能力是否能满足进度需要。

⑤施工进度的安排是否与设计单位的图纸供应进度一致。

⑥建设单位应提供的场地条件及原材料和设备，特别是国外设备的到货与进度计划是否衔接。

⑦分包单位分别编制的各项单位工程施工进度计划之间是否相协调，专业分工与计划衔接是否明确合理。

⑧进度安排是否合理，是否有造成建设单位违约而导致索赔的可能存在。

3）进度控制管理

（1）专业监理工程师应依据施工合同有关条款、施工图及经过批准的施工组织设计制订进度控制方案，对进度目标进行风险分析，制订防范性对策，经总监理工程师审定后报送建设单位。

（2）专业监理工程师应检查进度计划的实施，并记录实际进度及其相关情况，当发现实际进度滞后于计划进度时，应签发监理工程师通知单指令承包人采取调整措施。当实际进度严重滞后于计划进度时应及时报总监理工程师，由总监理工程师与建设单位商定采取进一步措施。

（3）总监理工程师应在监理月报中向建设单位报告工程进度和所采取进度控制措施的执行情况，并提出合理预防由建设单位原因导致的工程延期及其相关费用索赔的建议。具体内容包括：

①建立现场办公室，以保证施工进度的顺利实施。

②协助施工单位实施进度计划，随时注意施工进度计划的关键控制点，了解进度实施的动态。

③及时检查和审核施工单位提交的进度统计分析资料和进度控制报表。

④进行必要的现场跟踪检查，以检查现场工作量的实际完成情况，为进度分析提供可靠的数据资料。

⑤对收集的进度数据进行整理和统计，并将计划与实际进行比较，从中发现是否出现进度偏差。

⑥分析进度偏差将带来的影响并进行工程进度预测，从而提出可行的修改措施。

⑦根据需要及时调整进度计划并付诸实施。

⑧审批工程延期。

⑨定期向建设单位汇报工程实际进展状况,按期提供必要的进度报告。

⑩组织定期和不定期的现场会议,及时分析通报工程施工进度状况,并协调施工单位之间的生产活动。

五、工程竣工阶段进行的进度控制

具体内容有:

(1)及时组织验收工作。

(2)处理工程索赔。

(3)工程进度资料的归类、编目和建档。

(4)根据实际施工进度,及时修改和调整验收阶段进度计划及监理工作计划,以保证下一阶段工作的顺利开展。

(5)调查、分析工期延误原因,审批工期合理顺延,确定最终工期。

第六章

建设工程投资控制

第一节　建设工程投资的概念

一、投资的概念

投资从一般意义上理解是指为获取利润而将资本投放于企业的行为。从物资生产和物资流通的角度来理解,投资通常是指购置和建造固定资产,购买和储备流动资产的经济活动。

工程建设投资,广义概念是指工程项目建设阶段、运营阶段和报废阶段所花费的全部资金,狭义概念是指工程项目建设阶段所需要的全部费用总和。目前我国监理工程师对工程建设项目投资的控制主要是在项目建设阶段,所以以下所提到的工程建设项目投资是指其狭义概念。在建设工程投资中,我们首先要区分建设工程总投资和建设投资的概念。

1.建设工程总投资

建设工程总投资,一般是指从头到尾地建成某项工程,建设单位所花费的全部费用。这种解释是从建设单位的角度来讲的,其构成包括该项工程预计开支或实际开支的全部固定资产投资费用,也就是建设投资和铺底流动资金。生产性建设工程总投资包括建设投资和铺地流动资金两部分,而非生产性建设工程总投资只含有建设投资。

2.建设投资

(1)建设投资包括设备工器具购置费、建筑安装工程费、工程建设其他费用、预备费(包括基本预备费和涨价预备费)、建设期利息和固定资产投资方向调节税(目前暂不征)等。

(2)建设投资可以分为静态投资部分和动态投资部分。静态投资部分由建筑安装工程费、设备工器具购置费、工程建设其他费和基本预备费组成。动态投资部分包括涨价预备费、建设期利息和固定资产投资方向调节税。

二、工程造价

工程造价有两种含义,一种指建设投资,另一种是建筑安装工程的价格。

一般情况下,工程造价指的是一项工程预计开支或实际开支的全部固定资产投资费用,也就是建设投资。在实际应用中,工程造价还可指工程价格,即为建成一项工程,预计或实际在土地市场、设备市场、技术劳务市场以及承包市场等交易活动中所形成的建筑安装工程的价格和建设工程的总价格。

三、建设工程投资的特点

建设工程投资的主要特点如下:

(1)建设工程投资数额巨大

建设工程投资数额巨大,动辄上千万,数十亿。它关系到国家、行业或地区的重大经济利益,对国计民生也会产生重大的影响。

(2)建设工程投资差异明显

每项建设工程都有其特定的用途、功能、规模,其结构、空间分割、设备配置和外装饰都有不同的要求,工程内容和实物形态也都有差异性。同样的工程处于不同的地区,在人工、材料、机械消耗上也有差异。

(3)建设工程投资需要单独计算

建设工程的实物形态千差万别,并且不同地区构成投资费用的各种要素有很大差异,导致建设工程投资的千差万别。因此,建设工程只能通过特殊的程序(编制估算、概算、预算、合同价、结算价及最后确定竣工决算等),就每项工程单独计算其投资。

(4)建设工程投资确定依据复杂

建设工程投资的确定依据繁多,关系复杂。在不同的建设阶段有不同的确定依据,且互为基础和指导,互相影响。

(5)建设工程投资确定层次繁多

建设工程投资的确定需分别计算部分项工程投资、单位工程投资、单项工程投资,最后才形成建设工程投资。

(6)建设工程投资需动态跟踪调整

建设工程投资在整个建设期内都属于不确定的,需随时进行动态跟踪、调整,直至竣工决算才能真正形成建设工程投资。

四、建设工程投资控制原理

建设工程投资控制是指在投资决策阶段、设计阶段、发包阶段、施工阶段及竣工阶段,把建设工程投资控制在批准的投资限额内,随时纠正发生的偏差,以保证项目投资管理目标的实现,以求在建设工程中能合理使用人力、物力、财力,取得较好的投资效益和社会效益。

投资控制是项目控制的主要内容之一,但这种控制是动态的,并贯穿于项目建设的始终。投资控制的原理也叫作投资控制的动态原理。

1. 对建设工程投资的动态控制应贯穿于项目建设全过程

(1)项目投入。

(2)在工程进展过程中,必定存在各种各样的干扰。

(3)收集实际数据,即对工程进展情况进行评估。

(4)把投资目标的计划值与实际值进行比较。

(5)检查实际值与计划值有无偏差,如果没有偏差,则工程继续进展,继续投入人力、物力、财力等;如果有偏差,则需要分析产生偏差的原因,采取控制措施。

2. 在投资动态控制过程中应做好的工作

(1)对计划目标值的论证和分析。

(2)及时对工程进展做出评估。

(3)进行项目计划值与实际值的比较,—判断是否存在偏差。

(4)采取控制措施以确保投资控制目标的实现。

五、投资控制的目标、重点和措施

1. 目标

投资控制的一大特点是分阶段设置投资目标。投资控制目标的设置,应是随着工程建设实践的不断深入而分阶段设置。有机联系的各个阶段目标相互制约、相互补充,共同组成建设工程投资控制的目标系统。

(1)在建设工程设计方案选择和进行初步设计阶段,投资估算是投资控制的目标。

(2)在技术设计和施工图设计阶段,设计概算是投资控制的目标。

(3)施工阶段的投资控制目标是施工图预算或建安工程承包合同价。

2. 重点

项目投资控制的重点在于施工前的投资决策和设计阶段,而在项目做出投资决策后,控制项目投资的关键就在于设计。

投资控制贯穿于项目建设的全过程。影响项目投资最大的阶段是约占工程项目建设周期1/4的技术设计结束前的工作阶段。在初步设计阶段,影响项目投资的可能性为75%～95%;在技术设计阶段,影响项目投资的可能性为35%～75%;在施工图设计阶段,影响项目投资的可能性则为5%～35%。

3. 措施

投资控制的措施包括组织、技术、经济、合同与信息管理等方面。其中,经济与技术相结合是最有效的投资手段。

(1)组织

从组织上采取措施,包括明确项目组织结构,明确项目投资控制者及其任务,以使项目投资控制有专人负责,明确管理职能分工。

(2)技术

从技术上采取措施,包括重视设计多方案选择,严格审查监督初步设计、技术设计、施工图设计和施工组织设计,深入技术领域研究节约投资的可能性等。

(3)经济

从经济上采取措施,包括严格审核各项费用支出,采取节约投资的奖励措施等。

第二节 建设工程投资确定的依据

一、建设工程定额

1. 概念

建设工程定额,即额定的消耗量标准,是指按照国家有关的产品标准、设计规范和施工验收规范、质量评定标准,并参考行业、地方标准以及有代表性的工程设计、施工资料确定的供建设过程中完成规定计量单位产品所消耗的人工、材料、机械等消耗量的标准。建设工程定额所反映的是社会平均消耗水平。

2. 作用

定额在建设工程管理中有很重要的作用。建设工程的特点决定了建设工程投资的特点,而建设工程投资的特点又决定了建设工程投资的形成必须依靠定额来进行计算。具体来讲,定额的作用主要体现在以下几个方面:

(1)每个建设工程都是由单项工程、单位工程、分部分项工程组成的,需要分层次计算,而定额是分层次计算的基础。

(2)在国家定额指导下,结合企业的具体情况编制企业的投标报价定额,而只有依据企业定额形成的报价才能具有竞争优势。

(3)在建设工程投资的形成过程中,首先要依据定额做出一个基本的价格标准,然后再采取投标报价技巧,根据工程具体情况等对该价格进行适当调整,最终形成有竞争优势的报价。

(4)建设工程投资的编制离不开定额的指导。

3. 分类

(1)按建设程序分类

按建设程序分类,可将定额分为预算定额、概算定额和估算指标。

①预算定额也叫预算基础定额,是完成规定计量单位分项工程计价的人工、材料、施工机械台班消耗量的标准,是统一预算工程量计算规则小项目划分、计量单位的依据。

②概算定额(指标)是在预算定额基础上以主要分项工程总和相关分享的扩大定额,是编制初步设计概算和编制施工图预算的依据,它也可作为编制估算指标的基础。

③估算指标是编制项目建议书、可行性研究报告投资估算的依据。估算指标可以为建设工程的投资估算提供依据。

(2)按建设工程特点分类

按建设工程特点分类,可将定额分为建筑工程定额,安装工程定额,铁路、公路、水利工程定额等几个方面。

①建筑工程定额:是建筑工程的基础定额或预算定额、概算定额(指标)的统称。

②安装工程定额:是安装工程的基础定额或预算定额、概算定额(指标)的统称。目前我国由机械设备安装定额、电气设备安装定额、自动化仪表安装定额、静置设备与工艺金属结构安装定额等,都属于安装工程定额范畴。

③铁路、公路、水利工程定额等,分别也是各自基础定额或预算定额、概算定额(指标)的统称。

(3)按构成工程的成本和费用分类

按照构成工程的成本和费用,可将定额分为构成直接工程成本的定额、构成工程间接费的定额以及构成工程建设其他费用的定额。

①构成直接工程成本的定额:构成直接成本的定额,是指直接费定额、其他直接费定额和现场经费定额。

②构成工程间接费的定额:构成工程间接费的定额,是指与建筑安装生产的个别产品无关,而为企业生产全部产品所必须发生的各项费用的消耗标准,包括企业管理费、财务费用和其他费用定额等。

③构成工程建设其他费用的定额:构成工程建设其他费用的定额,是指应列入建设工程总成本的其他费用的消耗标准。

(4)按定额的适用范围分类

按照定额的适用范围,可将定额分为国家定额、行业定额、地区定额和企业定额。

(5)按生产要素(物质消耗的内容)分类

按生产要素分,可将定额分为劳动定额、材料消耗定额、机械台班使用定额等。其中,劳动定额又称人工消耗定额,包括时间定额和产量定额两类。机械台班使用定额也包括时间定额和产量定额两类。

二、建设工程工程量清单

1. 概念

工程量清单是建设工程招标文件的重要组成部分。是指由建设工程招标人发出,对招标工程的全部项目,按统一的工程量计算规则、项目划分和计量单位计算出的工程数量列出的表格。工程量清单的内容包括工程量清单说明和工程量清单表两大部分。

(1)工程量清单说明。工程量清单说明主要是招标人告知投标人拟招标工程的工程量清单的编制依据以及重要作用,清单中的工程量是招标人估算得出的,仅仅作为投标报价的基础。结算时的工程量应以招标人或由其授权委托的监理工程师核准的实际完成量为依据,提示投标申请人重视清单,以及如何使用清单。

(2)工程量清单表。工程量清单表是清单项目和工程数量的载体,是工程量清单的重要组成部分。合理的清单项目设置和准确的工程数量,是清单的前提和基础。对于招标人来讲,工程量清单表是进行投资控制的前提和基础。

2. 作用

(1)为投标者提供公开、公平、公正的竞争环境。工程量清单由招标人统一提供,统一的工程量避免了人为因素造成的不公正影响,为投标者创造了一个公平的竞争环境。

（2）计价和询标、评标的基础。工程量清单由招标人提供，无论是标底的编制还是企业投标报价，都必须在清单的基础上进行，同样也为今后的询标、评标奠定了基础。

（3）为施工过程中支付工程进度款提供依据。与合同结合，工程量清单为施工过程中的进度款支付提供了依据。

（4）工程结算、竣工结算及工程索赔的依据。

（5）评标参考。设有标底价格的招标工程，招标人利用工程量清单编制标底价格，以方便评标参考。

3. 工程量清单的编制

（1）一般规定

工程量清单作为招标文件的一部分，由分部分项工程量清单、措施项目清单、其他项目清单组成。工程量清单可由招标人自行编制，也可委托有资质的招标投标代理机构、工程价格咨询单位或监理单位进行编制。招标人提供工程量清单的优点有两个：一是减轻投标人在投标报价时计算工程量的负担，二是有利于评标。

分部分项工程量清单位是不可调整的闭口清单。投标人对招标文件提供的分部分项工程量清单必须逐一计价，对清单所列内容不允许任何更改变动。措施项目清单为可调清单，投标人对招标文件中所列项目，可根据企业自身特点作适当的变更增减，一经报出，将来措施项目发生时投标人不得以任何借口提出索赔与调整。

其他项目清单由招标人部分（预留金、材料购置费）、投标人部分（总承包服务费、零星工作项目费）两部分组成。招标人填写的项目与数量，投标人不得随意改动，且必须写进报价，如果不报价，招标人有权认为投标人就未报价内容要无偿为自己服务。当投标人认为招标人列项不全时，投标人可自行增加列项并确定本项目的工程数量及计价。

（2）分部分项工程量清单的编制

应根据《建设工程工程量清单计价规范》（GB 50500—2013）规定的统一项目编码、项目名称、计量单位和工程计算规则进行编制。

①项目编码。分部分项工程量清单的项目编码以5级编码设置，用12位数字表示。前4级编码（1~9位）应按《建设工程工程量清单计价规范》（GB 50500—2013）的规定设置，全国统一；10~12位应根据拟建工程的工程量清单项目名称由其编制人设置，并应自001起顺序编制。

第1级：表示工程分类顺序码（2位），房屋建筑与装饰装修工程为01、安装工程为02、市政工程为03；第2级：表示分项工程分类顺序码（3位）。

②项目名称。清单项目名称为分项工程项目名称及其相应项目特征。分项工程项目名称一般以工程实体而命名，如有缺项，招标人可按相应的原则进行补充，并报当地工程造价管理部门备案。

③项目特征。主要涉及项目的自身特征（才智、型号、规格、品牌）项目的工艺特征以及对项目施工方法可能产生影响的特征，对清单项目特征不同的项目应分别列项。

④计量单位。应采用基本单位，应遵守规定：

a. 以"吨（t）"为单位，应保留小数点后三位数字，第四位四舍五入；

b. 以"立方米（m³）""平方米（m²）""米（m）"为单位，应保留小数点后两位，第三位四舍五入；

c. 以"个""项"等为单位，应取整数。

⑤工作内容。清单工作内容包括主体工作和辅助工作。

⑥工程数量的计算。工程量是工程量清单表中各个项目名称所对应的工程数量,是工程量清单的核心内容。工程量计算依据是设计图纸和工程量计算规则。工程量必须按照施工图纸的设计尺寸和内容,同时遵守合同规定的工程量计算规则进行计算。

分部分项工程清单工程量是图示工程实体工程量,而将施工方案引起工程费用的增加折算到综合单价或因措施费用的增加放到措施项目清单中。

(3)措施项目清单的编制

措施项目清单是表明为完成分项实体工程而必须采取的一些措施性工作的清单表,以"项"为计量单位,以确定环境保护、文明施工、临时设施、材料的二次搬运等项目。参考拟建工程的常规施工方案,以确定大型机械设备进出场及安拆、混凝土模板及支架、脚手架、施工排水降水、垂直运输机械、组装平台等项目。参阅相关施工规范与工程验收规范,可确定施工方案没有表述的但为实现施工规范与工程验收规范要求必须发生的技术措施;设计文件中不足以写进施工方案但要通过一定的技术措施才能实现的内容;招标文件中提出的需要通过一定的技术措施才能实现的要求。

(4)其他项目清单的编制

其他项目清单是指除分布分项工程量清单、措施项目清单所包含的内容以外,因招标人的特殊要求而发生的与拟建工程有关的其他费用项目和相应数量的清单。其他项目清单应根据拟建工程的具体情况,参照下列内容:招标人部分(预留金、材料购置费等)、投标人部分(总承包服务费、零星工作项目费等)列项。

零星工作项目标应根据拟建工程的具体情况,详细列入人工、材料、机械的名称、计量单位和相应数量,并随工程量清单发至投标人。

4. 工程量清单计价

工程量清单计价应包括按招标文件规定,完成工程量清单所列项目的全部费用,包括分部分项工程费、措施项目费、其他项目费和规费、税金。工程量清单计价中,按分部分项工程单价组成来分,工程量清单报价的主要形式有工料单价法、综合单价法和全费用综合单价法3种。在2013年4月1日实施的《建设工程工程量清单计价规范》(GB 50500—2013)中,规定工程量清单应采用综合单价计价,包括人工费、材料费、机械使用费、管理费、利润,以及考虑相关的风险因素所产生的费用的综合单价。工程量清单计价应采用同一格式,其中主要内容包括:

①封面,应按规定内容填写、签字、盖章。

②投标总价,应按工程项目总价表合计金额填写。

③工程项目总价表。

④单项工程费汇总表。

⑤单位工程费汇总表。

⑥分部分项工程量清单计价表。

⑦措施项目清单计价表。

⑧其他项目清单计价表。

⑨零星工作项目计价表。

⑩分部分项工程量清单综合单价分析表。

⑪措施项目费分析表。

⑫主要材料价格表。

1）总报价的计算

利用综合单价法计价需分享计算清单项目,汇总得到总报价:

$$分部分项工程费 = \sum(分部分项工程量 \times 分部分项工程综合单价)$$

$$措施项目费 = \sum(措施项目工程量 \times 措施项目综合单价)$$

$$单位工程报价 = \sum 分部分项工程费 + 措施项目费用 + 其他项目费用 + 规费 + 税金$$

$$单项工程报价 + \sum 单项工程报价$$

$$总报价 = \sum 单项工程报价$$

2）分部分项工程费计算

（1）计算施工方案工程量。招标人提供的分部分项工程量是按施工图图示尺寸计算得到的工程净量。在计算直接工程费用时,必须考虑施工方案等各种因素,重新计算施工作业量,以施工作业量为基数完成计价。

（2）人、料、机数量测算。企业可以按反映企业水平的企业定额或参照政府消耗量定额确定人工、材料、机械台班的耗用量。

（3）市场调查和询价。以市场价格为单价,确定人工工资单价、材料预算价格和施工机械台班单价。

（4）计算清单项目分部分项工程的直接工程费单价。

（5）计算综合单价。根据每个分项工程的具体情况,逐项计算管理费用和利润。一般采用分摊法,即先计算工程的全部管理费和利润,然后再分摊到工程量清单中的每个分项工程上。

3）措施项目费计算

计价时,首先应详细分析其所包括的全部工程内容,然后确定其综合单价。计算措施项目综合单价的方法有参数计价法、实物量法计价、分包法计价。

4）其他项目费计算

计价规范中提到的 4 项其他项目费,对招标人来说只是参考,可以补充,但是,对投标人是不能补充的,必须按照招标人提供的工程量确定执行。

（1）招标人部分。该部分是非竞争性项目,要求投标人按招标人提供的数量和金额列入报价,不允许投标人对价格调整。

预留金是指主要考虑到可能发生的工程量变化和费用增加而预留的金额,应根据设计文件的深度、设计质量的高低、拟建工程的成熟程度及工程风险性质来确定其额度。设计深度、设计质量高、已经成熟的工程设计,一般预留工程总造价的 3% ~ 5% ,在初步设计阶段一般为 10% ~ 15% 。材料购置费指由招标人采购的拟建工程费。招标人部分可能增加的项目由指定分包工程费。

（2）投标人部分。是竞争性费用,名称、数量由招标人提供,价格由投标人自行确定。

5）规费和税金计算

规费可用计算基数(可以是直接工程费、人工费或人工费和机械费的合计数)乘以规费费率计算得到。税金包括建筑安装工程造价内的营业税、城市维护建设税及教育费附加,按纳税人地点选择税率。以直接费、间接费和利润之和乘以税率得到税金。

三、建设工程投资确定其他依据

建设工程投资确定的其他依据包括工程技术文件、要素市场价格信息、建设工程环境条件,以及其他确定依据4个部分。

1.工程技术文件

工程技术文件是反映建设工程项目的规模、内容、标准、功能等的文件,是工程技术文件。工程技术文件是建设工程投资确定的重要依据,因为只有根据工程技术文件,才能对工程的分部组合即工程结构做出分解,得到计算的基本子项。而且,在工程建设的不同阶段,所产生的工程技术文件是不同的。

2.要素市场价格信息

构成建设工程投资的要素包括人工、材料、施工机械等,要素价格是影响建设工程投资的关键因素,并且,要素价格是由市场形成的。

3.建设工程环境条件

建设工程所处的环境条件,也是影响建设工程投资的重要因素。环境条件的差异或变化,会导致建设工程投资大小的变化。

4.其他

国家对建设工程费用计算的有关规定,按国家税法规定须计取的相关税费等,都构成了建设工程投资确定的依据。

四、企业定额

企业定额,是工程施工企业根据本企业的技术水平和管理水平,编制的完成单位和各产品所必须的人工、材料和施工机械台班消耗量,以及其他生产经营要素消耗的数量标准。随着我国社会主义市场经济体制的不断完善,工程价格管理制度改革的不断深入,企业定额将日益成为施工企业进行管理的重要工具。

施工企业在编制企业定额时,应根据本企业的技术能力和管理水平,以国家发布的预算定额或基础定额为参照和指导,测定计算完成分项工程或工序所必需的人工、材料和机械台班的消耗量,准确反映本企业的施工生产力水平。在编制企业定额时,最关键的工作是确定人工、材料和机械台班的消耗量,以及计算分项工程单价或综合单价等。

1.企业定额的作用

(1)企业定额是施工企业计算和确定工程施工成本的依据,是施工企业进行成本管理、经济核算的基础。

(2)企业定额是施工企业进行工程投标、编制工程投标报价的基础和主要依据。

(3)企业定额是施工企业编制施工组织设计、制订施工计划和作业计划的依据。

2.企业定额的编制原则

施工企业在编制企业定额时应根据本企业的技术能力和管理水平,以国家发布的预算定额或基础定额为参照和指导,测定、计算完成分项工程或工序所必需的人工、材料和机械台班的消耗量,准确反映本企业的施工生产力水平。

3.企业定额的编制方法

编制企业定额最关键的工作是确定人工、材料和机械台班的消耗量,计算分项工程单价或综合单价。

人工消耗量的确定,首先是根据企业环境,拟订正常的施工作业条件,计算分项工程单价或综合单价。

人工消耗量的确定,首先是根据企业环境,拟订正常的施工作业条件,分别计算测定基本用工和其他用工的工日数,进而拟定施工作业的定额时间。

材料消耗量的确定,是通过企业历史数据的统计分析、理论计算、实验、试验、实地考察等方法计算确定材料包括周转材料的净用量和损耗量,从而拟订材料消耗的定额指标。

机械台班消耗量的确定,同样需要根据企业的环境,拟订机械工作的正常施工条件,确定机械净工作效率和利用系数,据此拟订施工机械作业的定额台班和与机械作业相关的工人小组的定额时间。

第三节 投资与工程建设投资构成及计价特点

一、工程建设投资的构成及计价特点

1. 我国现行工程建设投资构成及计算方法

投资和计算方法见表6-1。

工程建设投资构成及各项费用的计算方法 表6-1

序号	投资类别	费 用 项 目		参 考 计 算 方 法
(一)	建筑工程投资	直接工程费 间接费 计划利润 税金		Σ(实物工程量×概预算定额基价)+其他直接费+现场经费(直接工程费×取费定额)[(直接费+间接工程费)×计划利润率]或(人工费计划利润率)(直接工程费+间接费+计划利润)×规定的税率
(二)	设备、工器具投资	设备购置费(包括备品备件)		设备原价×(1+设备运杂费率)
		工器具及生产家具购置费		设备购置费费率
(三)	工程建设其他投资	土地使用费	通过划拨取得土地使用权	按有关规定计算征用费和迁移补偿费
			通过出让取得土地使用权	按有关规定计算土地使用权出让金
		与建筑有关	(1)单位管理费	[(一)+(二)]×费率或规定的金额计算
			(2)察设计费	按有关定额计算
			(3)研究实验费	按批准的计划编制
			(4)建设单位临时设施费	按有关定额计算
			(5)引进技术和进口设备其他费用	按有关定额计算
			(6)供电贴费	按有关定额计算
			(7)施工机构迁移费	按有关定额计算
			(8)工程监理费	按有关定额计算
			(9)工程保险费	按有关定额计算
			(10)工程承包费	总承包工程的总承包管理费,按有关定额计算
		与生产有关	(1)生产准备费	按有关定额计算
			(2)办公和生活家具购置费	按有关定额计算
			(3)联合试运转费	[(一)+(二)]×费率或按规定的金额计算

续上表

序号	投资类别	费 用 项 目	参 考 计 算 方 法
（四）	预备费	1. 基本预备费	［（一）+（二）+（三）］×费率按规定计算
		2. 涨价预备费	
（五）		固定资产投资方向调节税	Σ各单位工程投资额税率
（六）		建设期贷款利息	按规定计算
（七）		铺底流动资金	按规定计算

2. 我国现行建筑安装工程费用的具体构成

根据住房城乡建设部和财政部"关于印发《建筑安装工程费用项目组成》的通知"（建标〔2013〕44号），建筑安装工程费用按费用构成要素和造价形成分别由图6-1和图6-2所示的费用组成。

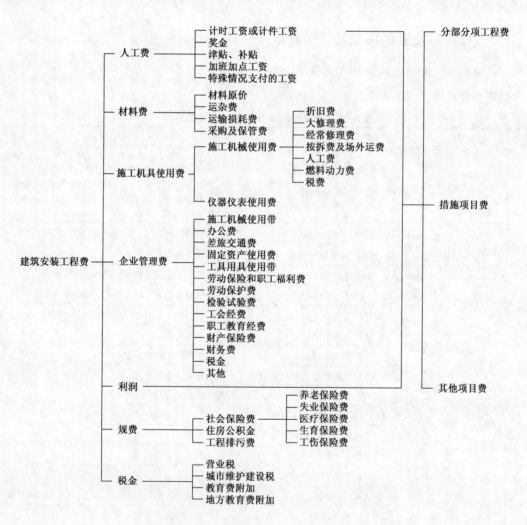

图 6-1　建筑安装工程费用（按费用构成要素划分）

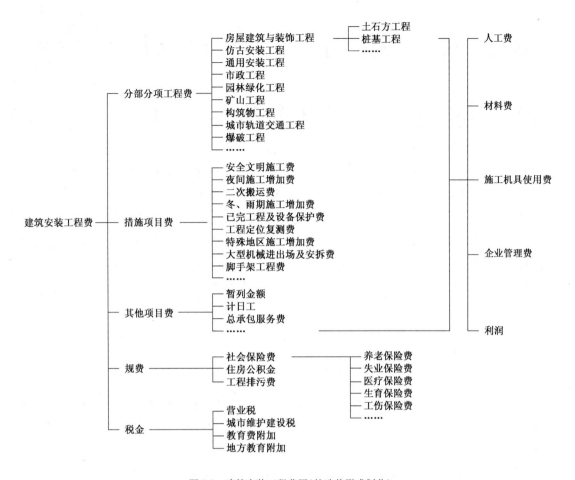

图 6-2　建筑安装工程费用(按造价形成划分)

二、工程建设投资计价特点

作为建设工程这一特殊商品的价值表现形式,建设工程造价的运动除具有一切商品价格运动的共同特点之外,又有其自身的特点。

(1)单件性计价。由于建设工程设计的单件性,使得建设工程的实物形态千差万别,所以对建设工程不能像对工业产品那样按品种规格、质量成批定价,只能针对具体的工程单价计价。

(2)分阶段动态计价。工程项目的建设周期一般较长,消耗大;而且有许多影响工程变更、材料涨价等。为适应项目管理的要求,适应工程造价控制和管理的要求,需要按照设计阶段的设计概算,施工图设计阶段的施工图预算,招标阶段的合同价,竣工验收阶段的竣工决算,整个计价过程是一个由粗到细、由浅到深,最后确立实际的过程。

(3)分部组合计价。一个建设项目由若干单项分部工程组成,一个单项工程由若干单位工程组成,一个单位工程由若干分部工程组成,一个分部工程可由几个分项工程组成。与此特点相应,计价时,首先要求对工程建设项目进行分解,按构成进行分部计算,逐层汇总。

第四节　项目监理机构在建设工程投资控制中的主要任务

一、我国项目监理机构在建设工程投资控制中的主要任务

1. 建设前期阶段

在建设前期阶段主要任务,包括工程项目的机会研究,初步可行性研究,编制项目建议书、进行可行性研究,对拟建项目进行市场调查和预测,编制投资估算等。

2. 设计阶段

在设计阶段主要的任务,包括协助建设单位提出设计要求;组织设计方案竞赛或涉及招标;用技术经济方法组织评选设计方案;协助设计单位开展限额设计工作;编制本阶段资金使用计划并进行预付款控制;审查评审投标书,提出评标建议等。

3. 施工招标阶段

在施工招标阶段的主要任务包括准备与发送招标文件;编制工程量清单和招标工程标底;协助评审投标书,提出评标建议等。

4. 施工阶段

在施工阶段的主要任务,包括对工程项目造价目标进行风险分析并制定防范性对策;审查工程变更的方案;按施工合同约定的工程量计算规则和支付条款进行工程量计算和工程款支付;收集、整理有关的施工和监理资料等。

二、国外项目监理机构在建设工程投资控制中的主要任务

国外的投资控制主要有两种模式,第一种是欧洲与美国模式,由建设单位委托项目管理咨询公司(PM),其国际性组织是 FIDIC;第二种是英联邦国家和地区,负责项目投资控制的通常是工料测量师行(QS)。项目管理咨询公司提供的是全过程全方位的服务,投资控制只是它众多业务之中的一方面。相比起来,工料测量师行更加专业,其任务主要限于投资有关的各种业务。

1. 项目管理咨询公司

项目管理咨询公司投资控制的具体任务有 12 项:

(1)项目的投资控制效益分析(多方案)。

(2)初步设计时的投资估算。

(3)项目实施时的预算控制。

(4)工程合同的签订和实施。

(5)物资采购。

(6)工程量的核实。

(7)工时与投资的预测。

(8)工时与投资的核实。

(9)有关控制措施的制订。

（10）方行企业债券。

（11）保险审议。

（12）其他财务管理等。

2．工料测量师行

（1）立约前阶段的任务

立约前阶段的具体任务,可依据工程建设的不同阶段来划分。在工程建设开始阶段,工料测量师和建筑师、工程师对拟建项目做出初步的经济评价,着手准备工作和今后行动计划。在可行性研究阶段,工料测量是根据建筑师和工程师提供的数据,对各种拟建方案制订初步估算,以便建设单位决定项目执行方案,确保该方案可行性。在方案建议阶段,工料测量师按照设计方案编制估算书,以便建设单位确定拟建项目的布局、设计和施工方案。在初步设计阶段,制订建设投资分项初步概算合资资金支出初步估算表。在详细设计阶段,根据近似的工料数量及当时的价格,制订更详细的分项概算,并将他们与项目投资限额相比较。

（2）立约后阶段的任务

立约后阶段的任务包括:对工程进度进行估计,并向建设单位提出中起付款的建议;工程进行期间,定期制订最终成本估计报告书,反映施工中存在问题及投资的支付情况;制订工程变更清单,并与承包人达成费用上增减的协议;审核及评估承包人提出的索赔,并进行协商;办理工程竣工结算、该结算是工程最终成本的详细说明;回顾分析项目管理和执行情况等。

三、工程建设项目决策阶段的投资控制

决策阶段的投资控制,对整个项目来说,节约投资的可能性最大。在项目投资决策之前,要做好项目可行性研究工作、项目可行性研究工作、使项目投资决策科学化,减少和避免投资决策失误,提高项目投资的经济效益。

1．工程建设项目可行性研究的概述

可行性研究又称可行性分析,它是在投资之前,对拟议中的建设项目进行全面的综合的技术经济分析和论证,从而为项目投资决策提供可靠依据的一种科学方法。一个项目的可行性研究,一般要解决项目技术上是否可行,经济上效益是否显著,财务上是否盈利,工期多长,需要的投入是多少等问题。

可行性研究报告的内容,会因研究项目的不同而有所变化,但还是有很多相同之处。下面以工业企业建设项目为例,说明其主要内容,见表6-2。

工业企业建设项目可行性研究报告内容　　　　　　表6-2

序号	名　称	内　容
1	总论	项目背景、投资总额、研究依据和范围
2	市场需求预测	产品供需情况、价格趋势、营销网络、渗透程度
3	资源、动力、公用设施	储量、质量、价格
4	专业化协作	比较全能厂与专业化厂的投资和成本的大小
5	建厂条件和厂址方案	对拟建厂址进行自然条件和社会经济条件的比较
6	工程设计方案	工艺设计、设备选型、总平面规划、土建工程量估算

续上表

序号	名　称	内　容
7	环境保护与劳动安全	"三废"排出量估算,处理方案论证,处理费用估算;劳动保护措施
8	生产组织准备与培训	研究生产组织形式、人员培训计划
9	进度计划	采用横道图或用网络图来表示
10	投资估算与资金筹措	建设项目所需投资总额、资金筹措计划
11	项目经济评价	财务评价、国民经济评价
12	综合评价与结论、建议	综合论述项目可行性、推荐方案、指出存在问题和改进建议

2. 工程建设投资估算

工程建设项目投资估算,是项目主管部门审批项目建议书的依据之一,是建设项目投资的最高限额,不得随意突破,是研究分析计算项目投资经济效果的重要条件,是资金筹措及制订贷款计划的依据,也是进行设计招标、优选设计单位和设计方案的依据。故在建设投资决策阶段应做好投资估算工作。工程建设项目投资估算的编制方法很多,如生产规模指数估算法,以设备投资为基础的比例估算法,单位面积综合指标估算法等,在实际工作中应根据项目的性质,选用适宜的估算方法。

3. 工程建设项目经济评价

项目的经济评价,是根据项目的各项技术经济因素和各种财务、经济预测指标,对项目的财务、经济、社会效益进行分析和评估,从而确定项目投资效果的一系列分析、计算和研究工作。

经济评价的任务是在完成市场要求预测、建设地点选择、技术方案比较等可行性研究的基础上,运用定量分析与定性分析相结合、动态分析与静态分析相结合、宏观效益分析与微观效益分析相结合等方法,计算项目投资的费用和产出的效益,通过多方安的比较,对拟建项目的经济可行性、合理性进行分析论证,做出全面的经济评价,提出投资决策的经济依据,确定推荐最佳投资方案。

项目的经济评价,一般应进行财务评价、国民经济评价和社会效益评价。

(1)财务评价

财务评价的内容包括项目的盈利能力分析、清偿能力分析和外汇平衡分析。

盈利能力分析要计算财务内部收益率、投资回收期、财务净现值、投资利润率、投资利税率、资本金利润率等指标。清偿能力分析要计算资产负债率、借债偿还期、流动比率、速动比率等指标。外汇平衡分析要计算经济换汇成本、经济节汇成本等指标。

(2)国民经济评价

国民经济评价是按照资源合理配置的原则,从国家整体角度考察项目的效益和费用,用影子价格、影子汇率和社会折现率等经济参数分析、计算项目对国民经济的净贡献,评价项目的经济合理性。

影子价格是自然资源、劳动力、资金等资源对国民经济收益,在最优产出水平时所具有的以货币表示的价值。影子汇率即影子价格,是项目国民经济评价中用于外汇与人民币之间的换算。社会折现率是国家规定的把不同时间发生的各种费用、效益的现金流量折算成现值的参数,它表明社会对资金时间价值的估算,表示社会最低可以接受的社会收益率的极限,并作为衡量项目经济内部收益率的基准值。

（3）社会效益评价

目前,我们现行的建设项目经济评价指标体系中,还没有规定出社会效益评价指标,关键问题是有些指标不好量化。故社会效益评价以定性分析为主,主要分析项目建成投产后,对环境保护和生态平衡的影响;对提高地区和部门科学技术水平的影响;对提供就业机会的影响;对产品质量的提高和对产品用户的影响;对提高人民物质文化生活及社会福利生活的影响;对提高资源利用率的影响。

（4）建设项目不确定性经济分析

建设项目的财务评价和国民经济评价,都属于确定性经济评价,因其所用的变量参数均假定是确定的。实际情况中,这些变量或参数几乎很少能与原来假定(预测)的值完全一致,而是存在着许多不确定性。这些不确定性有时会对建设项目经济评价的结果产生重大影响,所以有必要对建设项目进行不确定性经济分析,包括敏感性分析、盈亏平衡分析和概率分析,其中盈亏平衡分析只用于财务评价,敏感性分析和概率分析可同时用于财务评价和国民经济评价。

四、工程建设项目设计阶段的投资控制

设计阶段的投资控制是建设项目全过程投资控制的重点之一,应努力做到使工程设计在满足工程质量和功能的前提下,其活劳动和物化劳动的消耗,达到相对较少的水平,最大不应超过投资估算数。为达到这一目的,应在有条件的情况下积极开展设计竞赛和设计招标活动,严格执行设计标准,推广标准化设计,应用限额设计、价值工程等理论对工程建设项目设计阶段的投资进行有效的控制。

1. 严格执行设计标准,积极推广标准设计

设计标准是国家的重要技术规范,来源于工程建设实践经验和研究成果,是工程建设必须遵循的科学依据,设计标准体现科学技术向生产力的转化,是保证工程质量的前提,是工程建设项目创造经济效益的途径之一。设计规范(标准)的执行,有利于降低投资、缩短工期;有的设计规范虽不直接降低项目投资,但能降低建筑全寿命费用;还有的设计规范,可能使项目投资,但保障了生命财产安全,从宏观讲,经济效益也是好的。

标准设计是指按照国家规定的现行标准规范,对各种建筑、结构和构配件等编制的具有重复作用性质的整套技术文件,经主管部门审查、批准后颁发的全国、部门或地方通用的设计。推广标准设计,能加快设计速度,节约设计费用;可进行机械化、工厂化生产,提高了劳动生产率,缩短建设周期;有利于节约建筑材料,降低工程造价。

2. 价值工程及其在设计阶段的应用

价值工程,又称价值分析,是研究产品功能和成本之间的关系问题的管理技术。功能属于技术指标,成本则属于经济指标,它要求从技术和经济两方面来提高产品的经济效益。"价值"是功能和实现这个功能所耗费用(成本)的比值,其表达式为:

$$V = \frac{F}{C}$$

式中:V——价值系数;

F——功能(一种产品所具有的特定职能和用途)系数;

C——成本(从为满足用户提出的功能要求进行研制、生产到用户使用所花费的全部成本)系数。

(1)价值工程的工作步骤

价值工程,是运用集体智慧道贺有组织的活动,对产品进行功能分析,以最低的总成本,可靠地实现产品必要功能。其工作大致分为以下步骤:

①价值工程对象选择;

②收集资料;

③功能分析;

④功能评价;

⑤提出改进方案;

⑥方案的评价与选择;

⑦实验证明;

⑧决定实施方案。

这些步骤可概括为:分析问题、综合研究和方案评价3个阶段。

(2)提高产品价值的途径

从价值公式可以看出,价值与功能成正比关系,而与成本成反比关系。提高产品价值的途径概括起来有以下5个方面:

①功能不变,成本降低。如通过材料的有效替换来实现。

②成本不变,功能提高。如通过改进设计来实现。

③成本小幅增加,功能大幅提高。经过科研和设计的努力,通过增加少量成本,使产品功能有较大幅度的提高。

④功能小幅降低,成本大幅降低。根据用户需要,适当降低产品的某些功能,以使产品成本有大幅度的降低。

⑤功能提高,成本降低。运用新技术、新工艺、新材料,在提高产品功能的同时降低产品成本,使产品的价值有大幅度的提高。

3.价值工程在设计阶段的应用

通过以上的介绍,很容易看出,只要是投入了资金进行建设的大、小工程项目,都可以应用价值工程。

(1)运用价值工程进行设计方案的选择

同一个建设项目,或是同一单项、单位工程可以有不同的设计方案,每一设计方案有各自的功能特点和不同的造价。可以根据价值工程的理论,对每一设计方案进行功能分析和评价,投资费用计算,进而计算每一个设计方案的价值系数,比较其大小,选择优秀方案。

(2)价值工程在优化工程设计中的运用

既从价值工程的观点出发,对现有的工程设计进行严密的分析,从功能和成本两个角度综合考虑,提出新的改进设计方案,使工程建设的经济效益得到明显的提高,其具体应用的途径同2.(2)中叙述的5个方面。价值工程的作用也越来越被人们所认识。

4.限额设计的应用

限额设计就是按照批准的设计任务书及投资估算控制初步设计,按照批准的初步设计总概算控制施工图设计,同时各专业在保证达到要求的使用功能的前提下,按分配的投资限额控制设计,严格控制初步设计和施工图设计的不合理变更,保证总投资额不被突破。建设项目限额设计的内容如下:

(1)建设项目从可行性研究开始,便要建立限额设计观念。合理地、准确地确定投资估算,是项目确定总投资额的依据。

(2)初步设计应按核准后的投资估计限额,通过多个方案的设计优选来实现。初步设计应严格按照施工规划和施工组织设计,按照合同文件要求进行,并要切选定实、合理的费用指标和经济指标,正确地确定设计概算,经审核批准后的设计概算限额,便是下一个施工详图设计控制投资的依据。

(3)施工图是设计单位的最终产品,必须严格地按初步设计确定的原则、范围、内容和投资额进行设计,即按设计概算限额进行施工图设计。但由于初步设计外部条件如施工地质、设备、材料供应、价格变化以及横向协作关系的影响,加上人们主观认识的局限性,往往给施工图设计和以后的实际施工带来局部变更和修改,合理的修改和变更是正常的,关键是要进行核算和调整,控制施工图设计不突破设计概算限额。

(4)对于正确可能发生的变更,为减少损失,应尽量提前实现,如在设计阶段变更,只需改图纸,其他费用尚未发生,损失有限;如在采购阶段变更,则不仅要修改图纸,设备材料还必须重新采购;若在施工中变更,除上述费用外,以施工的工程还须拆除,势必造成重大变更损失,为此,要建立相应设计管理制度,尽可能把设计变更控制在设计阶段,对影响工程造价的重大设计变更,更要采用先算后变的方法。

5. 建设项目设计概算的编制

设计概算是确定建设项目投资依据,是进行拨款和贷款的依据,是实现投资包干的依据,是考核设计方案的经济合理性和控制施工图预算的依据。设计概算由单位工程概算、单项工程综合概算和建设项目总概算三级组成。设计概算的编制,是从单位工程概算这一级开始,经过逐级汇总而成的。

1)单位工程编制的主要方法

(1)建筑工程编制的主要方法

①扩大单价法。又叫概算定额法,当初步设计达到一定深度、建筑结构比较明确是采用。主要步骤:第一,根据初步设计图纸和说明书,按概算定额中划分的项目计算工程量;第二,根据计算的工程量套用概算定额单价,计算出材料费、人工费、施工机械费之和;第三,根据有关取费标准计算其他直接费、间接费、计算利润和税金;第四,汇总各种费用得建筑工程概算造价。

②概算指标法。当初步设计深度不够,不能准确计算工程量而有类似概算可用时采用。概算指标,是按一定计量单位规定的,比概算定额更综合扩大的分部或单位工程等的劳动、材料和机械台班的消耗量指标和造价指标。在建筑工程中,它按完整的建筑物、构筑物以平方米、立方米或座等为计量单位。

③类似工程预算法。当工程设计对象与已建或再建工程相类似,结构特征基本相同又没有可用的概算指标是采用。该法以原有的相似工程的预算为基础,按编制概算指标方法,考虑建筑结构差异和价差,求出单位工程的概算指标,再按概算指标法编制建筑工程预算。

(2)设备及安装工程概算编制方法

设备购置费由设备原价和设备运杂费组成。国产标准设备原价一般是根据设备型号、规格、材质数量及所附带的配件内容，套用主管部门规定的或工厂自行规定的现行产品出厂价格逐项计算。对于非主要设备的原价也可按占主要设备总原价的百分比计算。百分比指标按主管部门或地区有关规定执行。

设备安装工程概算编制方法有预算单价法、扩大单价法、安装设备百分比法和综合吨位指标法。

①预算单价法。当初步设计较深，有详细的设备清单时，可直接按安装工程预算定额单价编制设备安装工程预算，其程序基本同于安装工程施工图预算。

②扩大单价法。当初步设计深度不够，设备清单不完整，只有主体设备或仅有成套设备重量时，可采用主体设备或成套设备的综合扩大安装单价来编制预算。

③安装设备百分比法。当初步设计深度不够，只有设备出厂价而无详细规格、重量时，安装费可按设备费的百分比计算。

④综合吨位指标法。当初步设计提供的设备有规格和重量时，可采用综合吨位指标法来编制预算。

2）单项工程综合预算编制

将单项工程内各个单位工程的预算汇总得到综合概算。在不编总概算时应加列工程建设其他费用，如土地使用费、勘察设计计费、监理费、预备费、固定资产投资方向调节费等。

3）建筑项目总概算编制

总概算是确定整个建筑项目从筹建到建成全部建筑费用的文件，它由组成建筑项目的各个单项工程综合概算及建筑其他费用和预备费、固定资产投资方向调节税等汇总编制而成。

五、工程建设招标阶段的投资控制

监理工程师在项目施工招标阶段进行投资控制的主要工作是协助建设单位编制招标文件、标底，评标、向建设单位推荐合理报价，协助建设单位与承包商签订工程承包合同。

1. 建安工程施工图预算的编制

施工图预算是确定建筑安装工程预算造价的文件。其编制方法常用的有单价法和实物法两种。

1）单价法

用单价法编制施工图预算，就是根据地区统一单位估价表（或综合预算定额）中的各项工程综合单价，乘以相应的各分项工程的工程量，并相加，得到单位工程的直接费，再加上其他直接费、间接费、计划利润和税金，即可得到单位工程的施工图预算。其具体步骤如下：

（1）准备资料，熟悉施工图纸和施工组织。

（2）按综合预算定额（或单位估价表）中的项目划分，分别计算工程量。

（3）查预算定额单价（具体工程做法与定额做法不一致时，需进行定额换算）。

（4）将工程量与定额单价相乘，汇总得到定额工程直接费。

（5）以定额工程直接费为基础，乘以一定费率标准得其他直接费、现场经费、间接费和计划利润。

（6）经材料价差调整，得到调整后的工程直接费。

（7）以工程直接费、其他直接费、现场经费、间接费和计划利润为基础乘以税率得到税金。

（8）将工程直接费、其他直接费、现场经费、间接费、计划利润和税金相加得到施工图预算。

2）实物法

用实物法编制施工图预算,根据预算定额或企业自身积累的经验确定工程的工人、材料和机械消耗量,由建设地的实际单价求得工程直接费,对于其他直接费、现场经费、间接费、利润和税金则根据市场供求情况、随行就市与以具体确定。其步骤如下:

（1）准备资料,熟悉施工图纸。

（2）计算工程量,由定额或经验确定本工程的人工、材料和机械消耗量。

（3）根据建设地人工、材料、机械台班单价,汇总人工费材料费和机械费。

（4）根据建设地建筑市场情况确定其他直接费、现场经费、间接费、利润和税金。

（5）汇总各项费用得的施工图预算。

2. 施工招标标底的编制

标底是建筑安装工程造价的表现形式之一,是由招标单位或具有编制标底价价格资格和能力的单位根据设计图纸和有关规定计算,并经工程造价管理部门核准审定的发包造价,是招标工程的预期价格,是招标者对招标工程所需费用的自我测算。

国内建筑安装工程招标标底的编制,常采用工料单价法和综合单价法。

（1）工料单价法

运用工料单价法编制招标工程的标底是以施工图预算或设计概算为基础,考虑诸如工期、质量、材料价差、自然环境等因素,适当调整得到工厂招标标底。

（2）综合单价法

运用综合单价法编制招标工程的标底,首先要计算各分项工程的综合单价,该单价应包括人工费、材料费、机械费、其他直接费、现场费、间接费、有关文件规定的调价、利润、税金以及采用固定价格的风险金等全部费用。综合单价确定后,再与各分项工程量相乘汇总,既可得到标底。

另外,对于采用标准图建造的住宅工程,地方造价管理部门通过实践,对不同结构体系的住宅工程造价进行测算,制订出每平方米造价包干标准,招标时根据装修、设备的不同,适当调整得到正负零以上部分工程造价,对基础和地下工程按施工图预算编制造价,将二者合并得该工程招标标底。

国外工程项目施工招标标底编制,FIDIC 的做法,是在招标期前的一定时间内,由监理工程师根据详细的工程设计图纸、施工规划和工程量清单等,按照当时当地的市场预算单价或综合单价编制工程师概算。一般工程师概算的编制时间与建设项目招标时间之间的间隔通常较小,工程师概算所确定的计划投资数,除去建设单位自身和监理费,以及建设单位掌握的物资的和物价上涨的预备费外,一般就是建设项目招标标底。

六、工程建设施工阶段的投资控制

决策阶段、设计阶段和招标阶段的投资控制工作是工程建设规划在达到预先功能要求的前提下,其投资预算数也达到最优程序,这个最优程序的预算数的实现,取决于工程建设施工阶段投资控制工作。监理工程师在施工进行投资控制的基本原理是把计划投资额作为投资控制的目标值,在工程施工过程中定期地进行投资实际值与目标值的比较,找出偏差及产生的原因,采取有效措施加以控制,以保证投资控制目标的实现。期间日常的核心工作是工程计量与支付,同时工程变更和索赔对工程支付的影响较大,也需引起足够的重视。

1.编制资金使用计划,确定投资控制目标

施工阶段编制资金使用计划的目的是为了控制施工阶段投资,合理地确定工程项目投资控制目标值,也就是根据工程概算或预算确定计划投资的总目标值、分目标值、细目标值。

(1)按项目分解编制资金使用计划

根据建设项目的组成,首先将总投资分解到个单项工程,再分解到单位工程,最后分解到分部分项工程,分部分项工程的支出预算包括材料费、人工费、机械费,也包括承包人的间接费、利润等,是分部分项工程的综合单价与工程量的乘积。按单价合同签订的招标项目,可根据订合同时提供的工程量清单所定的单价确定。其他形式的承包合同,可利用招标编制标底时计算的材料费、人工费、机械费及考虑分摊的间接费、利润等确定综合单价,同时核实工程量,准确确定支出预算。

编制资金使用计划时,既要在项目总的方面考虑总准备费,也要在主要的工程分项中安排适当的不可预见费。所核实的工程量与招标时的工程量估算值有较大出入时,应予以调整并作"预计超出子项"注明。

(2)按时间进度编制资金使用计划

建设项目的投资总是分阶段、分期支出的,资金应用是否合理与资金时间安排有密切关系。为了合理地制订资金筹措计划,尽可能减少资金占用和利息支付,编制按时间进度分解的资金使用计划很有必要的。

通过对施工对象的分析和施工现场的考察,结合当代施工技术特点制订出科学合理的施工进度计划,在此基础上编制按时间进度划分的投资支出预算。其步骤如下:

①编制施工进度计划。

②根据单位时间内完成的工程量计算出这一时间内的预算支出、在时标网络图上按时间编制投资支出计划。

③计算工期内各时点的预算支出累计额,绘制时间投资累计曲线(S形曲线)。

对时间投资累计曲线,根据施工进度计划的最早可能开始时间和最迟必须开始时间来绘制,则可得两条时间投资累计曲线,俗称"香蕉"形曲线。一般而言,按最迟必须开始安排施工,对建设资金贷款利息节约有利,但同时也降低了项目按期竣工的保证率,故监理工程师必须合理地确定投资支出预算,达到既节约投资支出,有能控制项目工程的目的。

在实践操作中可同时绘出计划进度预算支出累计线、实际进度预算支出累计线和实际进度实际支出累计线,以进行比较,了解施工过程中费用的节约或超出情况。

2.工程量计算

采用单价合同的承包工程,工程量清单中的工程量,只是在图纸和规范基础上的估算值,不能作为工程款结算的依据。监理工程师必须对已完工的工程进行计量,只有经过监理工程师对计量支付有充分的批准权和否定权,对不合格的工作和工程,可以拒绝计量。监理工程师通过按时计量,可以及时掌握承包单位工作的进展情况和工程进度,督促承包单位履行合同。

1)计算程序

(1)《施工合同范本》规定的工程计量程序

①承包人应于每月25日向监理人报送上月20日至当月19日已完成的工程量报告,并附具进度付款申请单、已完成工程量报表和有关资料。

②监理人应在收到承包人提交的工程量报告后 7 天内完成对承包人提交的工程量报表的审核并报送发包人,以确定当月实际完成的工程量。监理人对工程量有异议的,有权要求承包人进行共同复核或抽样复测。承包人应协助监理人进行复核或抽样复测,并按监理人要求提供补充计量资料。承包人未按监理人要求参加复核或抽样复测的,监理人复核或修正的工程量视为承包人实际完成的工程量。

③监理人未在收到承包人提交的工程量报表后的 7 天内完成审核(或复核)的,承包人报送的工程量报告中的工程量视为承包人实际完成的工程量,据此计算工程价款。

(2)FIDIC 规定的工程计量程序

FIDIC 条款 56.1 条对工程计量程序作了相应的规定:如监理工程师要求对任何部位进行计量时,应适当地通知承包人授权代理人,代理人应立即参加或派出一名合格的代表协助工程师进行上述计量,并提供监理工程师所要求的一切详细资料。如承包人不参加上述计量,并由于疏忽遗忘而未派上述代表参加,则由监理工程师单方面进行的计量应被视为对工程该部分的正确计量。

2)计量的前提、依据和范围

准备计量的工程必须符合质量要求,并且备有各项质量验收手续,这是验收的前提条件。

工程计量的依据是计量细则。在工程承包合同中,每个合同对计量的方法都有专门条款进行详细说明和规定,合同中称之为计量细则,或叫清单序言。承包人在投标时按计量细则提出单价,所以监理工程师必须严格按照计量细则的规定进行计量,不能按习惯去做或是按别的合同计量细则去做。

监理工程师进行计量的范围一般有 3 个方面:第一,工程量清单的全部项目;第二,合同文件中规定的项目;第三,工程变更项目。

3.工程支付

工程付款是合同双方极为关注的事项,承包商希望早日收到施工款项,建设单位希望所付款项均落到实处,尽量延期付款,以利各自的资金周转。

1)工程支付的一般形式

(1)预付款。在工程开工以前建设单位按合同规定向承包人支付预付款,有动员预付款和材料预付款两种。

(2)工程进度款。一般是每个月结算一次。承包人每个月末向监理工程师提交该月的付款申请,其中包括完成的工程量,使用材料数量等计价资料。监理工程师收到申请后,在限定的时间内进行审核、计量、签字、支付工程价款。但要按合同规定的具体办法扣除预付款和保留金。

(3)工程结算。工程完工后要进行工程结算工作。当竣工报告已由建设单位批准,该项目已被验收,即应支付项目的总价款。

(4)保留金。保留金即建设单位从承包人应得到的工程进度款中扣留的金额,目的是促使承包人抓紧工程收尾工作,尽快完成合同任务,做好工程维护工作。一般合同规定保留金约为应付金额的 5% ~10% 。但其累计额不应超过合同价的 5% 。随着项目的竣工和维修期满,建设单位应退还相应的保留金,当项目建设单位向承包商颁发竣工证书时,退还该保留金的50% 。到颁发维修期满证书时退还其余的 50% 。合同宣告终止。

(5)浮动价格支付。一般建设项目大多采用固定价格计价风险有承包人承担。但是在项目规模较大、工期较长时,由于物价、工资等的变动,建设单位为了避免承包人因冒风险而提供报价,常采用浮动价格结算工程款合同,此时在合同中应注明浮动条件。

2)常见的工程支付方法

(1)我国按月结算建安工程价款支付

①预付备料款。施工企业承包工程,一般都实行包工包料,需要有一定数量的备料周转资金。根据《施工合同范本》12.1.1 条的规定:预付款的支付按照专用合同条款约定执行,但最迟应在开工通知载明的开工日期 7 天前支付。预付款应当用于材料、工程设备、施工设备的采购及修建临时工程、组织施工队伍进场等。除专用合同条款另有约定外,预付款在进度付款中同比例扣回。在颁发工程接收证书前,提前解除合同的,尚未扣完的预付款应与合同价款一并结算。发包人逾期支付预付款超过 7 天的,承包人有权向发包人发出要求预付的催告通知,发包人收到通知后 7 天内仍未支付的,承包人有权暂停施工,并按照发包人违约的情形执行。

预付备料款的限额由下列主要因素决定:主要材料(包括外购构件)占工程造价的比重;材料储备期;施工工期。

一般建筑工程的预付备料款的限额不应超过当年建筑工作量(包括水、电、暖)的30%;安装工程按年安装工程量的10%;材料占比重较多的安装工程按年计划产值的15%左右拨付。

在实际工作中,备料的数据,要根据各工程类型、合同工期、承包方式和供应体制等不同条件而定。

②备料款的扣回。建设单位拨付给承包单位的备料款属于预支性质,到了工程中后期,随着工程所需主要材料储备的逐步减少,应以抵扣工程价款的方式陆续扣回。扣款的方法有两种:一是,从未施工工程尚需的主要材料及构件的价值相当于备料款数额时起扣,从每次结算工程款,按材料比重扣抵工程价款,竣工前全部扣清。二是,在承包方完成工程金额累计达到总价的 10% ~95% 间均扣回。

③中间结算。施工企业在工程建设过程中,按逐月完成的分步分项工程数量计算各项费用,向计算单位办理中间结算手续。

现行的中间结算办法是,施工企业在旬末或月中向建设单位提出预支工程款账单,预支一旬或半旬的工程款,月终在提取工程款结算账单和已完成工程月报表,收取当月工程价款,并通过银行进行结算。

按月进行结算,要对现场已施工完毕的工程逐一进行清点,资料提出后要交监理工程师和建设单位审查签字。

当未完建筑按工程价为总价的某一约定比例时(如)停止支付,预留该部分工程款作为保留金(尾留款),在工程竣工办理竣工结算时最后拨款。

根据《施工合同范本》12.4.4 条的规定:除专用合同条款另有约定外,监理人应在收到承包人进度付款申请单以及相关资料后 7 天内完成审查并报送发包人,发包人应在收到后 7 天内完成审批并签发进度款支付证书。发包人逾期未完成审批且未提出异议的,视为已签发进度款支付证书。

④竣工结算。工程竣工验收报告经发包人认可后 28 天内,承包人向发包人递交竣工结算报告及完整的结算资料,双方按照协议书约定的合同价款及专用条款约定的合同价款调整内容,进行工程竣工结算。专业监理工程师审核承包人报送的竣工结算报表;总监理工程师审定竣工结算报表;与发包人及承包人协商一致后,签发竣工结算文件和最终的工程款支付证书。

竣工结算要有严格的审查,一般从以下几个方面入手:核对合同条款;检查隐蔽验收记录;落实设计变更签证;按图核实工程数量;执行定额单价;防治各种计算误差。

⑤保修金的返还。工程保修金一般为施工合同价款的 3% ,在专用条款中具体规定。发包人在质量保修期后 14 天内,将剩余保修金和利息返还承包人。

(2)FIDIC 合同条件下的建安工程价款支付

FIDIC 合同条件规定的支付结算为:每个月末支付工程进度款;竣工移交时办理竣工结算;解除缺陷责任后进行最终决算三大类型。支付结算过程中涉及的费用又可以分为两大类:一类是工程量清单中列明的费用;另一类属于工程量清单内虽未注明,但条款有明确规定的费用,如变更工程款、物价浮动调整款、预付款、保留金、逾期付款利息、索赔款、违约赔款等。

①工程量清单项目。工程量清单项目分为一般项目、暂定金额和计日工 3 种。

一般项目是指清单中除暂定金额和计日工以外的全部项目,这类项目的支付是以经过监理工程师计量的工程数量为依据,乘以工程量清单中的单价。

暂定金额是指包括在合同中,并在工程量表中以此名称表明,供工程的任何部分的施工,或货物、材料、工程设备或服务的提供,或供不可预料事件之用的金额。承包人按监理工程师指示完成的指定金额项目,其费用可按合同中有关费率和价格估价,或按有关发票、凭证等计价支付。

计日工指工程量清单中没有合适项目的零星附加工作。根据 FIDIC 条款,使用计日工费用的计算一般是按合同中所定费率和价格计算,对合同中没有定价的项目,可按实际发生的费用计算。

②工程量清单以外项目。动员预付款,是建设单位借给承包人进驻场地和工程施工准备用款,一般为合同价的 5% ~10% 。付款条件有三:一是已签订合同协议书;二是承包人已提供了履约保函(或保证金);三是承包人已提供了动员预付款保函。按照合同规定,当承包人的工程进度款累计金额超过合同价的 10% ~20% 时开始扣回,至竣工前三个月全部扣清。

材料预付款,是指运至工地尚未用于工程的材料设备预付款。按材料设备价的某一比列支付(通常为材料发票价 70% ~75%),当材料和设备用于工程后,从工程进度款中扣回。

保留金的扣留与返还如前所述。工程变更价款、索赔费用将在后面叙述。

③工程费用支付程序。FIDIC 条款(红皮书)第四版 60 条规定了支付程序,主要有 4 个步骤:

a. 承包人提出支付款申请。

b. 监理工程师审核,编制期中付款证书。

c. 建设单位批准支付。

d. 建设项目已完成投资费用的动态结算。动态结算就是在工程款结算时,要考虑货币的时间价值,随着施工进度的进程,把价格上涨因素、通货膨胀因素等的映像,反映到结算中去不断地进行价格的"滚动"调价,使计算能较好地反映实际消耗的费用,有利于建设单位按照市场经济规律控制投资,按照国际惯例对建设项目已完成投资费用的结算,通常都是采用动态结算法。

应用较普遍的调价方法有文件证明法和调价公式法。文件证明法通俗地讲就是凭正式发票向建设单位结算价差,为了避免承包商对降低成本不感兴趣而引起的副作用,合同文中应规定建设单位和监理工程师有权指令承包人选择更廉价的供应货源。

4. 工程变更估价与索赔费用计算

1）工程变更估价

（1）我国现行工程变更价款的确定方法。由监理工程师签发工程变更令，进行设计变更或更改作为投标基础的其他合同文件，由此导致的经济支出和承包方损失，由建设单位承担，延误的工期相应顺延，因此监理工程师作为建设单位的委托人必须合理确定变更价款，控制投资支出。若变更是由于承包方的违约所致，此时引起的费用必须由承包方承担。

合同价款的变更价格，是在双方协商时间内，由承包方提出变更价格，报监理工程师批准后调整合同价款和竣工日期。监理工程师审核承包方所提出的变更价款是否合理可考虑以下原则：

①合同中有适用于变更工程的价格，按合同已有的价格计算变更合同价款。

②合同中只有类似和适用的价格，可以此作为基础，确定变更价格，变更合同价款。

③合同中没有类似和适用的价格，由承包方提出适当的变更价格，由监理工程师批准执行，这一批准的变更价格，应与承包方达成一致，否则应通过工程造价管理部门裁定。

（2）FIDIC条款下工程变更估价。按FIDIC合同条件（红皮书）第四版第52条进行估价。如监理工程师认为适当，应以合同中规定的费率及价格进行估价。如合同中未包括适用于该变更工作的费率或价格，则应在合理的范围内适用合同中的费率和价格作为估价的基础。若合同清单中，既没有与变更项目相同，也没有相似项目时，在监理工程师与建设单位和承包人适当协商后，由监理工程师和承包人商定一合适的费率或价格作为结算的依据，当双方意见不一致时，监理工程师有权当面确定其认为合适的费率或价格。但费率或价格确定的不合理很可能导致承包人提出费用索赔。

如果监理工程师在办理整个工程的移交证书时，发现由于工程变更和工程量表上实际工程量的增加或减少（不包括暂定金额、计日工和价格调整），使合同价格的增加或减少合计超过有效合同价（指不包括暂定金额和计日工补贴的合同价格）的15%时，在监理工程师与建设单位和承包人协商后，应在合同价格中加上或减去承包人和监理工程师议定的一笔款额。该款额仅以超过或低于"有效合同价"15%的那一部分作为基础。

2）索赔费用计算

（1）常见可以索赔的费用

常见可以索赔的费用无论对承包人还是监理工程师（建设单位），根据合同和有关法律规定，事先列出一个将来可能索赔的损失项目的清单，这是索赔管理中的一种良好做法，可以帮助防止遗漏或多列某些损失项目。下面这个清单列举了常见的损失项目（并非全部），可供参考。

①人工费。人工费在工程费用中所占的比重较大。人工费的索赔，也是施工索赔中数额最多者之一，一般包括：额外劳动力雇用，劳动效率降低，人员闲置，加班工作，人员人身保险和各种社会保险支出。

②材料费。材料费的索赔关键在于确定由于建设单位方面修改工程内容，而使工程材料增加的数量，这个增加的数量，一般可通过原来材料的数量与实际使用的材料数量的比较来确定。材料费一般包括：额外材料使用，材料破损估价，材料涨价，运输费用。

③设备费。设备费是除人工费外的又以大项索赔内容，通常包括：额外设备使用，设备使用时间延长，设备闲置，设备折旧和修理费分摊，设备租赁实际费用，设备保险。

④低值易耗品。一般包括:额外低值易耗品使用,小型工具,仓库保管成本。

⑤现场管理费。一般包括:工期延长期的现场管理费,办公设施,办公用品,临时供热、供水及照明,保险,额外管理人员雇用,管理人员工作时间延长,工资和有关福利待遇的提高。

⑥总部管理费。一般包括:合同期间的总部管理费超支,延长期中的总部管理费。

⑦融资成本。一般包括:贷款利息,自由资金利息。

⑧额外担保费用。

⑨利润损失。

⑩不允许索赔的费用:一般情况下,下列费用是不允许索赔的。

⑪承包人的索赔准备费用。

⑫工程保险费。

⑬因合同变更或索赔是想引起的工程计划调整、分包合同修改等费用,这类费用已在现场管理费中得到补偿。

⑭因承包人的不适当行为而扩大的损失。

⑮索赔金额在索赔处理期间的利息。

(2)计算方法

①实际费用法:它是工程索赔计算时最常用的一种方法。这种方法的计算原则,以承包人为某项索赔事件所支付的实际开支为根据,向其建设单位要费用补偿。每一项工程索赔的费用,仅限于在该项工程施工中所发生的额外人工费、材料费和施工机械使用费,以及响应的管理费。

用实际费用法计算时,在直接的额外费用部分的基础上,再加上应得的间接费和利润,即是承包人应得的索赔金额。由于实际费用法所依据是实际发生的成本记录或单据,所以,在施工过程中,系统而准确地积累记录资料是非常重要的。

②总费用法。即总成本法,就是当发生多次索赔事件后,重新计算工程的实际费用,实际总费用减去投标报价时的估算总费用,即为索赔金额,即:

$$索赔金额 = 实际总费用 - 投标估价算总费用$$

但应注意实际发生的总费用中可能包括了承包人的原因(如施工组织不善)而增加的费用,所以这种方法只有在难以采用实际费用法时才使用。

第五节　竣 工 决 算

一、竣工决算的概念

建设项目竣工后,承包人与建设单位之间及时办理竣工核验手续,在规定的期限之内,编制竣工结算单和工程价款结算单,向建设单位办理竣工结算,建设单位凭此办理建设项目竣工决算。

竣工项目竣工决算是建设单位向国家汇报建设成果和财务状况的总结性文件,也是竣工验收报告的重要组成部分。及时、正确编报竣工决算,对于考核建设项目投资,分析投资效果,促进竣工投产,以及积累技术经济资料等,都具有重要意义。

二、竣工决算报表

竣工决算报表由许多规定的报表组成。对于大、中型建设项目包括:竣工工程概况表(项目一览表);竣工财务决算表;交付使用财务明细表;总概(预)算执行情况;历年投资计划完成表。小型建设工程项目,一般包括:竣工决算总表;支付使用财产明细表。单项工程决算报表包括:单项工程竣工决算表;单项工程设备安装清单。

(1)竣工工程概括表:主要反映竣工的大、中、小型建设项目生产能力、建设时间、完成主要工程量、建设投资、主要材料消耗和重要技术经济指标等。

(2)竣工财务决算表:反映竣工的大、中型建设项目的投资的资金来源和运用,作为考核分析基本建设投资贷款及使用效果的依据。

(3)交付使用财产总表:反映竣工的大、中型建设项目成后新增固定资产和流动资产的价值,作为交接财产、检查投资计划完成情况、分析投资效果的依据。

(4)交付财产明细表:反映竣工的大、中型建设项目交付使用固定资产和流动资产的详细内容,使用单位据此建立明细台账。

第七章

建设工程监理信息管理

第一节　监理信息的概念和作用

一、监理信息的概念

信息管理是监理工作的基础,没有信息管理就无法进行目标控制,也无法进行计算机辅助建设监理工作,信息管理工作的优劣,将会直接影响监理工作的成败。监理信息是在监理活动中反映工程建设的状态和规律的各种信息的总称。常见的监理信息有以下一些形式。

1. 文字信息

它是监理信息的一种常见的表现形式。文件是最常见的用文字数据表现的信息。管理部门会下发很多文件,工程建设各方通常以书面形式进行交流,即使是口头上的指令,也要在一定时间内形成书面的文字,这也会形成大量的文件。这些文件包括国家、地区、部门、行业及国际组织颁布的有关工程建设的法律、法规文件,如经济合同、政府建设监理主管部门下发的通知和规定、行业主管部门下发的通知和规定等,还包括国际、国家和行业等制定的标准规范。如合同标准、设计及施工规范、材料标准、图形符号标准、产品分类及编码标准等。具体到每一个工程项目,还包括合同及招投标文件、工程承包(分包)单位的情况资料、会议纪要、监理月报、洽商及变更资料、监理通知、隐蔽及预检记录资料等。这些文件中包含了大量的信息。

2. 数字信息

数字信息也是监理信息的常见的一种表现形式。在工程建设中,监理工作的科学性要求"用数字说话",为了准确地说明各种工程情况,必然有大量数据产生,各种计算成果,各种试验检测数据,反映着工程项目的质量、投资和进度等情况。用数据表现的信息常见的有:设备与材料价格;工程概预算定额;调价指数;工期、劳动、机械台班的施工定额;地区地质数据;项目类型及专业和主材投资的单位指标;大宗主要材料的配合数据等。具体到每个工程项目,还包括:材料台账;设备台账;材料、设备检验数据;工程进度数据;进度工程量签证及付款签证数据。专业图纸数据;质量评定数据;施工人力和机械数据等。

3. 各种报表

报表是监理信息的另一种表现形式,工程建设各方都用这种直观的形式传播信息。承包人需要提供反映工程建设状况的多种报表。这些报表有:开工申请单、施工技术方案申报表、进场原材料报验单、进场设备报验单、施工放样报验单、检验批、分包申请单、合同外工程单价申报表、计日工单价申报表、合同工程月计量申报表、额外工程月计量申报表、人工与材料价格高速申报表、付款申请表、索赔申请书、索赔损失计算清单、延长工期申报表、复工申请、事故报告单、工程验收申请单、竣工报验单等。监理组织内部常采用规范化的表格来作为有效控制的手段。这类报表有:工程开工令、工程清单支付月报表、暂定金额支付月报表、应扣款月报表、工程变更通知、额外增加工程通知单、工程暂停指令、复工指令、现场指令、工程验收证书、工程验收记录、竣工证书等。监理工程师向建设单位反映工程情况也往往用报表形式传递工程信息。这类报表有:工程质量月报表、项目月支付总表、工程进度月报表、进度计划与实际完成报表、施工计划与实际完成情况表、监理月报表、工程状况报告表等。

4. 图形、图像和声音等

这些信息包括工程项目立面、平面及剖面等施工图、对每一个项目,还有设备安装部位图、分专业预留预埋部位图、专业管线系统图、质量问题和工程进度形象图,在施工中还有设计变更图等。图形、图像信息还包括工程录像、照片等,这些信息直观、形象地反映了工程情况,特别是能有效地反映隐蔽工程的情况。声音信息主要包括会议录音、电话录音以及其他的讲话录音等。

以上这些只是监理信息的一些常见形式,而且监理信息往往是这些形式的组合。了解监理信息的各种形式,对收集、整理信息很有帮助。

二、监理信息的作用

监理行业属于信息产业,监理工程师也是信息工作者,建设监理信息对监理工程师开展监理工作重要的作用。

1. 监理信息是监理工程师开展监理工作的基础

建设工程监理的目标是按计划的投资、质量和进度完成工程项目建设。建设监理目标控制系统内部各要素之间、系统和环境之间都靠信息进行联系;信息贯穿在目标控制的环节性工作之中,投入过程包括信息的投入;转换过程是产生工程状况、环境变化等信息的过程;反馈过程则主要是这些信息的反馈;对比过程是将反馈的信息与已知的信息进行比较,并判断是否有偏差;纠正过程则是信息的应用过程;主动控制和被动控制也都是以信息为基础。

2.监理信息是监理工程师进行合同管理的基础

监理工程师的中心工作是进行合同管理。这就需要充分地掌握合同信息,熟悉合同内容,掌握合同双方所应承担的权力、义务和责任;为了掌握合同双方履行合同的情况,必须在监理工作时收集各种信息,对合同出现的争议,必须在大量的信息基础上作出判断和处理;对合同的索赔,需要审查判断索赔的依据,分清责任原因,确定索赔数额,这些工作都必须以自己掌握的大量准确的市场信息为基础。比如,施工单位钢材涨价而进行索赔,监理工程师就要充分解读合同内容,和市场行情信息而做出处理。

3.监理信息是监理工程师进行组织协调的基础

工程项目的建设是一个复杂和庞大的系统,涉及的单位很多,需要进行大量的协调工作,监理组织内部也要进行大量的协调工作。这都要依靠大量的信息。协调一般包括人际关系的协调、组织关系的协调和资源需求关系的协调。人际关系的协调,需要了解人员专长、能力、性格方面的信息,需要岗位职责和目标的信息,需要人员工作绩效的信息;组织关系的协调,需要组织机构设置、目标职责、权限的信息,需要开工作例会、业务碰头会、发会议纪要、采用工作流程图来沟通信息。资源储备与供应需要在掌握人员、材料、设备、能源动力等资源方面的计划信息、储备情况以及现场使用情况等信息的基础上全面协调需求关系。

4.信息是监理工程师决策的重要依据

监理工程师在开展监理工作时,要经常进行决策。决策是否正确,直接影响着工程项目建设总目标的实现及监理单位和监理工程师的信誉。监理工程师做出正确的决策,必须建立在及时、准确的信息基础之上。没有可靠的、充分的信息作为依据,就不可能做出正确的决策。例如,监理对某部位的混凝土强度质量行使否决权时,除必须对有质量问题进行认真细致的调查、分析外,还要参阅相关的试验和检测报告,在掌握大量可靠信息基础上才能决定是否使否决权。

第二节 监理信息管理的内容

信息管理就是信息的收集、整理、处理、存储、传递与应用等一系列工作的总称。信息管理的目的是通过有组织的信息流通,使决策者能及时、准确地获得所需的信息,供科学决策之用。建设监理信息管理的主要内容为:

1.监理信息的收集

信息的收集就是把需要的信息聚集在一起,尤其是对原始信息的收集,是一项重要工作。它要求全面、详尽、可靠,并要保持系统性和完整性。信息收集一定有明确的目的;信息收集既包括系统内的,也包括系统外的。信息收集工作的好坏,直接决定着信息加工处理的质量的高低。在一般情况下,如果收集到的信息时效性强、真实度高、价值大、全面、系统,再经加工处理质量就更高,反之则低。因此,我们了解收集监理信息的基本原则和基本方式非常重要。

1)收集监理信息的基本原则

(1)主动及时。监理工程师要取得对工程控制的主动权,就必须积极主动地收集信息,善于及时发现、取得、加工各类工程信息。只有工作主动,获得信息才会及时。监理工作的特点和监理信息的特点都决定了收集信息要主动及时。监理是一个动态控制的过程,实时信息量大、时效性强、稍纵即逝,工程建设又具有投资大、工期长、项目分散、管理部门多、参与建设的单位多的特点,如果不能及时地得到工程中大量发生的变化极大的数据,不能及时地把不同的数据传递给需要相关数据的不同单位、部门,势必影响各部门工作,影响监理工程师做出正确的判断,影响监理的质量。

(2)全面系统。监理信息贯穿在工程项目建设的各个阶段及全部过程。各类监理信息和每一条信息,都是监理内容的反映或表现。所以,收集监理信息不能挂一漏万,以点代面,把局部当成整体,或者不考虑事物之间的联系。同时,工程建设不是杂乱无章的,而是有着内在的联系。因此,收集信息不仅要注意全面性,而且还要注意系统性和连续性。全面、系统就是要求收集到的信息具有完整性,以防决策失误。

(3)真实可靠。收集信息的目的在于对工程项目进行有效的控制。由于工程建设中人们的经济利益关系,由于工程建设的复杂性,由于信息在传输会发生失真现象等主客观原因,难免产生不能真实反映工程建设实际情况的假信息。因此,必须严肃认真地进行收集工作,要将收集到的信息进行严格核实、检测、筛选,去伪存真。

(4)重点选择。收集信息要全面系统和完整,不等于不分主次、缓急和价值大小,胡子眉毛一把抓。必须有针对性,坚持重点收集的原则。针对性首先是指有明确的目的性或目标;其次是指有明确的信息源和信息内容。还要做到适用,即所取信息符合监理工程的需要,能够应用并产生好的监理效果。所谓重点选择,就是根据监理工作的实际需要,根据监理的不同层次、不同部门、不同阶段对信息需求的侧重点,从大量的信息中选择使用价值大的主要信息。如建设单位委托施工阶段监理,则以施工阶段为重点进行收集。

2)监理信息收集的基本方式

监理工程师主要通过各种方式的记录收集监理信息,这些记录统称为监理记录,它是与工程项目建设监理相关的各种记录集合。监理信息收集的基本方式通常可分为以下几个方面:

(1)现场记录。现场监理人虽必须每天利用特定的表格或以日志的形式记录工地上所发生的事情,供监理工程师及其他监理人员查阅。现场记录通常记录以下内容:

①详细记录所监理工程范围内的机械、劳力的配备和使用情况。如承包单位现场人员和设备的配备是否同计划所列的一致;工程质量和进度是否因各类资源或某种设备不足而受到影响,受到影响的程度如何;是否缺乏专业施工人员或专业施工设备,承包单位有无替代方案;承包单位施工机械完好和使用率是否令人满意。

②记录气候及水文情况。记录每天的最高、最低气温,降雨和降雪量,风力,河流水位;记录有预报的雨、雪、台风及洪水到来之前对永久性或临时性工程所采取的保护措施;记录气候、水文的变化影响施工及造成损失等细节,如停工时间、救灾的措施和财产的损失等。

③记录承包单位每天工作范围,完成工程数量,以及开始和完成工作的时间,记录出现的技术问题,采取了怎样的措施进行处理,效果如何,能否达到技术规范的要求等。

④简单描述工程施工中每步工序完成后的情况,如此工序是否已被认可等;详细记录缺陷的补救措施或变更情况等。在现场特别注意记录隐蔽工程的有关情况。

⑤记录现场材料供应和储备情况。每一批材料的到达时间、来源、数量、质量、存储方式和材料的抽样检查情况等。

⑥记录并分类保存一些在现场进行的试验数据。

(2)会议记录。由专人记录监理人员所主持的会议,并且要形成纪要,并经与会者签字确认,这些纪要将成为今后解决问题的重要依据。会议纪要应包括以下内容:会议地点及时间;出席者姓名、职务他们所代表的单位;会议中发言者的姓名及主要内容;形成的决议;决议由何人及何时执行等;未解决的问题及其原因等。

(3)计量与支付记录。包括所有计量及付款资料,应清楚地记录哪些工程进行过计量,哪些工程没有进行计量,哪些工程已经进行了支付。

(4)试验记录。除正常的试验报告外,试验室应由专人每天以日志形式记录试验室工作情况,包括对承包单位的试验的监督、数据分析等。

(5)工程照片和录像。以下情况可辅以工程照片和录像进行记录:

①重大试验照片和录像。如桩的承载试验,板、梁的试验以及科学研究试验等;新工艺、新材料的原型及为新工艺、新材料的采用所做的试验等。

②工程质量照片和录像。能体现高水平的建筑物的总体或分部,能体现出建筑物的宏伟、精致、美观等特色的部位;对工程质量较差的项目,指令承包单位返工或须补强的工程的前后对比需要;工程事故处理现场及处理事故的状况;不合格原材料清除出现场等。

2.监理信息的处理

信息处理就是对信息进行加工、传输、存储、检索、输出等一系列操作的过程。

(1)监理信息加工

监理信息加工是对收集来的原始信息进行评选、分类、排队、比较、计算、聚同分异、去伪存真等加工工作,使之系统化,条理化,真实地反映工程建设状况。要及时处理各种信息,特别是对那些时效性强的信息,要使加工后的监理信息,符合实际监理工作的需要。监理工程师对信息进行加工整理,形成各种资料,如各种来往信函、来往文件、各种指令、会议纪要、备忘录或协议和各种工作报告等。这些报告包括:现场监理日报表、现场监理工程师周报、监理工程师月报。

(2)监理信息的传递

监理信息的传递指监理信息借助于一定的载体从信息源传递给使用者,实现信息沟通。监理信息在传递过程中,形成各种信息流。信息流常有以下几种:自上而下的信息流、自下而上的信息流、内部横向信息流、外部环境信息流。

(3)信息存储

经过加工处理后的监理信息,按照一定的规定,记录在相应的信息载体上,并把这些记录信息的载体,按照一定特征和内容性质,组织成为系统的、有机的、供人们检索的集合体,这个过程,称为监理信息的储存。信息的储存,可汇集信息,建立信息库,有利于进行检索,可以实现监理信息资料的共享,促进监理信息的重复利用,便于信息的更新和剔除。

监理信息储存的主要载体是文件、报告报表、图纸、音像材料等。监理信息的储存,主要就是将这些材料按不同的类别,进行详细的登录、存放,建立资料归档系统。该系统应简单和易于保存,但内容应足够详细,以便很快查出任何已归档的资料。

第三节　建设监理信息管理系统简介

建设监理信息管理系统是以电子计算机为手段,运用系统思维的方法,对建设监理各类信息进行收集、传递、处理、存储、分发的计算机辅助系统,以对信息进行自动管理。它的目标是实现信息的系统管理与提供必要的决策支持。

监理信息管理系统为监理工程师提供标准化的、合理的数据来源,提供一定要求的、结构化的数据;提供预测、决策所需的信息以及数学、物理模型;提供编制计划、修改计划、调控计划的必要科学手段及应变程序;保证对随机性信息处理时,为监理工程师提供多个可供选择的方案。

一、监理信息管理系统的一般构成

监理信息系统一般由两部分构成,一部分是决策支持系统,它主要完成借助知识库及模型库的帮助,在数据库大量数据的支持下,运用知识和专家的经验来进行推理,提出监理各层次,特别是高层次决策时所需的决策方案及参考意见。另一部分是管理信息系统,它主要完成数据的收集、处理、使用及存储,产生信息提供给监理各层次、各部门和各个阶段,起沟通作用。

1.决策支持系统

决策支持系统一般由人—机对话系统、模型库管理系境、数据库管理系统、知识库管理系统和问题处理系统组成。

人—机对话系统主要是人与计算机之间交换的系统,把人们的问题变成抽象的符号,描述所要解决的问题,并把处理的结果变成人们能接受的语言输出。

模型库系统给决策者提供的是推理、分析、解答问题的能力。模型库需要一个存储模型库及相应的管理系统。模型则有专用模型和通用模型,提供业务性、战术性、战略性决策所需要的各种模型,同时也能随实际情况变化、修改、更新已有模型。决策支持系统要求数据库有多重来源,并经过必要的分类、归并、改变精度、数据量及一定的处理以提高信息含量。

知识库包括工程建设领域所需的一切相关决策的知识。它是人工智能的产物,主要提供问题求解的能力,知识库中的知识是独立、系统的,可以共用,并可以通过学习、授予等方法扩充及更新。

2.监理管理信息系统

监理工程师的主要工作是控制工程建设的投资、进度和质量,进行工程建设合同管理,协调有关单位间的工作关系。监理管理信息系统的构成应当与这些主要的工作相对应。另外,每个工程项目都有大量的公文信函,作为一个信息系统,也应对这些内容进行辅助管理。因此,监理管理信息系统一般由文档管理子系统、合同管理子系统、组织协调子系统、投资控制子系统、质量控制子系统和进度控制子系统构成。

二、建设监理信息管理系统的作用

信息管理系统不仅可以对一个单位的信息进行自动管理,而且如果实行联机并用,配有功能强的软件和众多终端装置,构成较为高级的管理系统,还可对一个地区或更大范围的信息进行自动管理。建设监理信息管理系统对建设监理有重要的作用:

(1)为高层次建设监理人员提供所需要的信息、手段、模型和决策支持。

(2)为建设监理有关单位、各个层次收集、传递、处理、存储、分发各类数据和信息。

(3)提供人员、资金、材料、设备及其相互关系的信息和准确可靠的数据;并为编制和修改计划、实现调控提供必要的科学手段。

(4)提供必要的办公自动化手段,使监理人员摆脱烦琐的单调的事务作业,从而大大提高工作效率。

第八章
建设工程监理的协调

第一节　组织协调的概念

协调就是正确处理组织内外各种关系,为组织正常运转创造良好的条件和环境,促进组织目标的实现。协调作为一种管理方法贯穿于整个项目和项目管理过程中。项目系统是由若干相互联系而又相互制约的要素有组织、有秩序地组成的具有特定功能和目标的统一体。组织系统的各个要素是该系统的子系统,项目系统就是一个由人员、物质、信息等构成的人为组织系统。用系统方法分析项目协调的一般原理有三大类:一是"人员/人员界面";二是"系统/系统界面";三是"系统/环境界面"。

项目组织是由各类人员组成的工作班子。由于每个人的性格、习惯、能力、岗位、任务、作用的不同,即使只有两个人在一起工作,也有潜在的人员矛盾或危机。这种人和人之间的间隔,就是所谓的"人员/人员界面"。

项目系统是由若干个项目组组成的完整体系,项目组即子系统。由于子系统的功能不同,目标不同,容易产生各自为政的趋势和相互推诿的现象。这种子系统和子系统之间的间隔,就是所谓的"系统/系统界面"。

项目系统是一个典型的开放系统。它具有环境适应性,能主动地向外部世界取得必要的能量、物质和信息。在"取"的过程中,不可能没有障碍和阻力。这种系统与环境之间的间隔,就是所谓的"系统/环境界面"。

工程项目建设协调管理就是在"人员/人员界面""系统/系统界面""系统/环境界面"之间,对所有的活动及力量进行联结、联合、调和的工作。系统方法强调,要把系统作为一个整体来研究和处理,因为总体的作用规模要比各子系统的作用规模之和大。为了顺利实现工程项目建设系统目标,必须重视协调管理,发挥系统整体功能。在工程项目建设监理中,要保证项目的各参与方围绕项目开展工作,使项目目标顺利实现,组织协调最为重要,最为困难,也是监理工作是否成功的关键,只有通过积极的组织协调才能实现才能实现整个系统全面协调的目的。

第二节　监理单位的协调工作

一、监理组织内部的协调

1. 监理组织内部人际关系的协调

工程项目监理组织系统是由人组成的工作体系。工作效率很大程度上取决于人际关系的协调程度,总监理工程师应首先抓好人际关系的协调,激励监理组织成员。

(1)在人员安排上要量才录用。对监理组各种人员,要根据每个人的专长进行安排,做到人尽其才。人员的搭配应注意能力互补和性格互补,人员配置应尽可能少而精干,防止力不胜任和忙闲不均现象。

(2)在工作为人上要职责分明。对组织内的每一个岗位,都应订立明确的目标和岗位责任制,应通过职能清理,使管理职能不重不漏,做到事事有人管,人人有专责,同时明确岗位职权。

(3)在成绩评价上要实事求是。谁都希望自己的工作做出成绩,并得到组织肯定。但工作成绩的取得,不仅需要个人主观努力,而且需要一定工作条件和相互配合。要发扬民主作风,实事求是评价,以免与人员无功自傲或有功受屈,使每个人热爱自己的工作,并对工作充满信心和希望。

(4)在矛盾调解上要恰到好处。人员之间的矛盾总是存在的,一旦出现矛盾就应进行调解,要多听取项目组成员的意见和建议,及时沟通,使人员始终处于团结、和谐、热情高涨的工作气氛之中。

2. 项目监理系统内部组织关系的协调

项目监理系统是由若干子系统(专业组)组成的工作体系。每个专业组都有自己的目标和任务。如果每个子系统都从项目的整体利益出发,理解和履行自己的职责,则整个系统就会处于有序的良性状态,否则,整个系统便处于无序的紊乱状态,导致功能失调,效率下降。

组织关系的协调可从以下几方面进行:

(1)要在职能划分的基础上设置组织机构,根据工程对象及监理合同所规定的工作内容,确定职能划分,并相应设置配套的组织机构。

(2)要明确规定每个机构的目标、职责和权限,最好以规章制度的形势做出明文规定。

(3)要事先约定各个机构在工作中的相互关系。在工程项目建设中许多工作不是一个项目组可以完成的,其中有主办、牵头和协作、配合之分,事先约定,才不至于出现误事、脱节等贻误工作的现象。

(4)要建立信息沟通制度,如采用工作例会、业务碰头会、发会议纪要、采用工作流程图或信息传递卡等方式来沟通信息,这样可使局部了解全局,服从并适应全局需要。

(5)及时消除工作中的矛盾或冲突。总监理工程师应采用民主的作风,注意从心理学、行为科学的角度激励各个成员的工作和积极性;采用公开的信息政策,让大家了解项目实施情况、遇到的问题或危机;经常性地指导工作,和成员一起商讨遇到的问题,多倾听他们的意见、建议,鼓励大家同舟共济。

3. 项目监理系统内部需求关系的协调

工程项目监理实施中有人员需求、材料需求、试验设备需求等,而资源是有限的,因此,内部需求平衡至关重要。

需求关系的协调可从以下环节进行:

(1)抓计划环节,平衡人、财、物的需求。项目监理开始时,要做好监理规划和监理实施细则的编写工作,提出合理的监理资源配置,要注意抓住期限上的纪实性、规格上的明确性、数量上的准确性、质量上的规定性,这样才能体现计划的严肃性,发挥计划的指导作用。

(2)对监理力量的平衡,要注意各专业监理工程师的配合,要抓住调度环节。一个工程包括多个分项工程和分部工程,复杂性和技术要求各不一样,监理工程师就存在人员配备、衔接和调度问题。如土建工程的主体阶段,主要是钢筋混凝土工程和砌体工程;装饰阶段,工种较多,新材料、新工艺和测试手段就不一样;还有设备安装工程等。监理力量的安排必须考虑到工程进展情况,进行合理的安排,以保证工程监理的质量和目标的实现。

二、与建设单位的协调

建设监理是受建设单位的委托而独立、公正进行的工程项目监理工作。监理实践证明,监理目标的顺利实现和与建设单位的协调有很大关系。

我国实行建设监理制度时间还不长,工程建设各方对监理制度的认识有偏差,建设单位有些行为还不够规范,主要体现在:一是沿袭计划经济时期的基建管理模式,搞"大统筹,小监理",一个项目,往往是建设单位的管理人员要比监理人员多或管理层次多,对监理工作干涉多,并插手监理人员应做的具体工作;二是不把合同中规定的权力交给监理单位,致使总监理工程师有职无权,发挥不了作用;三是不讲究科学,项目科学管理意识差,在项目目标确定上压工期、压造价,在项目进行过程中变更多或时效不按要求,给监理工作的质量、进度、投资控制带来了困难。因此,与建设单位的协调是监理工作的重点和难点。

监理工程师可以从以下几方面加强与建设单位的协调工作:

(1)监理工程师首先要理解项目总目标、理解建设单位的意图。对于未能参加项目决策过程的监理工程师,必须了解项目构思的基础、起因、出发点,了解决策背景,否则可能对监理目标及完成任务有不完整的理解,会给其工作造成很大的困难。所以,必须花大力气来研究建设单位,研究项目目标。

(2)利用工作之便做好监理宣传工作,增进建设单位对监理的理解,特别是对项目管理各方职责及监理程序的理解;主动帮助建设单位处理项目中的事务性工作,以自己规范化、标准化、制度化的工作去影响和促进双方工作的协调的一致。

(3)尊重建设单位,尊重建设单位代表,让建设单位一起投入项目全过程。尽管有预定的目标,但项目实施必须执行建设单位的指令,使建设单位满意,对建设单位提出的某些不适当的要求,只要不属于原则问题,都可先行进行,然后利用适当时机,采取适当方式加以说明或解释;对于原则性问题,可采取书面报告等方式说明原委,尽量避免发生误解,以使项目进行顺利。

三、与承包单位的协调

监理工程师依据工程委托监理合同对工程项目实施建设监理,对承包单位的工程行为进行监督管理。

1.协调的原则

(1)坚持原则,实事求是,严格按照规范、规程办事。监理工程师在观念上应该认为自己是提供监理服务,尽量少对承包单位行使处罚权或经常以处罚威胁,应强调各方面利益的一致性和项目总目标;监理工程师应鼓励承包单位将项目实施状况、实施结果和遇到困难和意见向他汇报,以寻找对目标控制可能的干扰,双方了解得越多越深刻,监理工作中的对抗和争执就越少。

(2)注重语言艺术、感情交流。协调不仅是方法问题、技术问题,更多的是语言艺术、感情交流。尽管协调意见是正确的,但由于方式或表达不妥,会激化矛盾。而高超的协调能力则往往起到事半功倍的效果,令各方面都满意。

2.协调的形式

协调的形式可采取口头交流、会议制度和监理书面通知等。

监理内容包括见证、旁站、巡视和平行检验等工作,监理工程师应树立寓监于帮的观念,努力树立良好的监理形象,加强对施工方案的预先审核,对可能发生的问题和处罚可事前口头提醒,督促改进。

工地会议是施工阶段组织协调工作的一种重要形式,监理工程师通过工地会议对工作进行协调检查,并落实下阶段的任务。因此,要充分利用工地会议形式。工地会议分第一次工地会议、工地例会、现场协调会三种形式。工地例会由总监理工程师主持,会议后应及时整理成纪要或备忘录。

3.施工阶段的协调工作内容

施工阶段的协调工作,包括解决进度、质量、中间计量与支付的签证、合同纠纷等一系列问题。

监理工程师要处理好与承包单位项目经理的关系。从某种意义上来理解,监理工程师与项目经理的关系是一种"合作者"的关系,因为大家的目的都是为了建设好工程。由于所处位置不同,利益也不一样。监理工程师和项目经理双方在项目建设初期,都在观察对方,寻求配合途径。对监理工程师来说,此时要认真研究项目经理,观察项目经理的工作能力,以便判断值得给对方多大程度的信赖,从而制订一个相适应的控制管理方案。

从承包单位项目经理及其工地工程师的角度来说,他们最希望监理工程师是公正的、通情达理并容易理解别人的。他们希望监理工程师处得到明确而不是含糊的指示,并且能够对他们所询问的问题给予及时的答复。他们希望监理工程师的指示能够在他们工作之前发出,而不是在他们工作之后。这些心理现象,作为监理工程师来说,应该非常清楚。项目经理和他的工程师可能最为反感的是本本主义。

四、与设计单位的协调

设计单位为工程项目建设提供图纸,做出工程概算,以及修改设计等工作,是工程项目主要相关单位之一。监理单位必须协调设计单位的工作,以加快工程进度,确保质量,降低消耗。

(1)尊重设计单位的意见,例如组织设计单位向承包单位介绍工程概况、设计意图、技术要求、施工难点等;在图纸会审时请设计单位交底,明确技术要求,把标准过高、设计遗漏、图纸差错问题解决在施工之前;施工阶段,严格按图纸施工;结构工程验收、专业工程验收、竣工验收等工作,约请设计代表参加。若发生质量事故,认真听取设计单位的处理意见。

(2)主动向设计单位介绍工程进展情况,以便促使他们按合同规定或提前出图。施工中,发现设计问题,应及时主动向设计单位提出,以免造成很大的直接损失;若监理单位掌握比原设计更先进的新技术、新工艺、新材料、新结构、新设备时,可主动向设计单位推荐;支持设计单位技术革新等。为使设计单位有修改设计的余地而不影响施工进度,可与设计单位达成协议,限定一个星期,争取设计单位、承包单位的理解和配合,如果逾期,设计单位要负责由此造成的经济损失。

(3)协调的结果是要注意信息传递的及时性和程序性,通过监理工程师联系单或设计变更通知单传递,要按设计单位(经设计单位同意)→监理单位→承包单位之间的方式进行。

这里要注意的是,监理单位与设计单位都是建设单位委托进行工作的,两者间并没有合同关系,所以监理单位主要是和设计单位做好交流工作,协调要靠建设单位的支持。建筑工程监理的核心任务之一是使建筑工程的质量、安全得到保障,而设计单位应就其设计质量对建设单位负责,因此《中华人民共和国建筑法》中指出:工程监理人员发现工程设计不符合建筑工程质量标准或者合同约定的质量要求的,应当报告建设单位要求设计单位改正。

五、与政府部门及其他单位的协调

一个工程项目的开展还存在政府部门及其他单位的影响,如政府部门、金融机构、社会团体、服务单位、新闻媒介等,对工程项目起着一定的或决定性的控制、监督、支持、帮助作用,这层关系若协调不好,工程项目实施也可能严重受阻。

1. 与政府部门的协调

(1)工程质量监督站是由政府部门授权承包工程质量监督的实施机构,对委托监理的工程,质量监督站主要是核查勘察设计、施工承包单位和监理单位的资质,监督项目管理程序和抽样检验。监理单位在进行工程质量控制的质量问题的处理时,要做好与工程质量监督站的交流和协调,当参加验收各方对工程质量验收意见不一致时,可请当地建设行政部门或工程质量监督机构协调处理。

(2)重大质量、安全事故,在配合承包单位采取急救、补救措施时,应敦促承包单位立即向政府有关部门报告情况,接受检查和处理。

(3)工程合同直接送公证机关公证,并报政府建设管理部门备案;征地、拆迁、移民要争取有关部门支持和协调。

2. 协调与社会团体的关系

一些大、中型工程项目建成后,不仅会给建设单位带来效益、给该地区的经济发展带来好

处,同时还给当地人民生活带来方便,因此,必然会引起社会各界的关注。建设单位应把握机会,争取社会各界对工程建设的关心和支持。这是一种争取良好社会环境的协调。

对本部分的协调工作,从组织协调的范围来看是属于外层的管理,监理单位有组织协调的主持权,但重要的协调事项应当事先向建设单位报告。根据目前的工程监理实践,对外部环境协调,建设单位负责主持,监理单位主要是针对一些技术性工作协调。如建设单位和监理单位对此有分歧,可在委托监理合同中详细注明。

第三节 组织协调的方法

组织协调工作涉及面广,受主观和客观因素影响较大。所以监理工程师知识面要宽,要有较强的工作能力。能够因地制宜、因时制宜处理问题,这样才能保证监理工作顺利进行。组织协调的方法主要有以下内容。

一、第一次工地会议

第一次工地会议由建设单位主持召开,建设单位、承包单位和监理单位的授权代表必须参加出席会议,各方将在工程项目担任主要职务的负责人也应参加。第一次工地会议很重要,是项目开展前的宣传通报会。

第一次工地会议应包括以下主要内容:

(1)建设单位、承包单位和监理单位分别介绍各自驻现场的组织机构、人员及其分工。

①各方通报自己的单位正式名称、地址、通信方式。

②建设单位或建设单位代表介绍建设单位的办事机构、职责,主要人员名单,并就有关办公事项做出说明。

③总监理工程师宣布其授权的代表的职权,并将授权的有关文件交承包单位与建设单位。宣布监理机构、主要人员及职责范围,组织机构框图、职责范围及全体人员名单,并交建设单位与承包单位。

④承包单位应书面提出现场代表授权书主要人员名单、职能机构框图、职责范围及有关的资质材料以获得监理工程师的批准。

(2)建设单位根据委托监理合同宣布对总监理工程师的授权。

(3)建设单位介绍工程开工准备情况。

(4)承包单位介绍施工准备情况。

(5)建设单位和总监理工程师对施工准备情况提出意见和要求。

①宣布承包单位的进度和计划:

a. 承包单位的进度计划在中标后,在合同规定的期限内提交监理工程师;监理工程师可在第一次工地会议对进度计划做出说明。

b. 进度计划交于何时批准,或哪些分项工程已获批准。

c. 根据批准或将要批准的进度计划,承包单位何时可以开始进行哪些工程施工。

d. 有哪些重要或复杂的分项工程还应补充详细的进度计划。

②检查承包单位的开工准备：

a. 主要人员是否进场，并提交进场人员名单。

b. 工程采用的材料、机械、仪器和其他设施是否进场或何时进场，并提交清单。

c. 施工场地、临时工程建设进展情况。

d. 工地实验室及设备是否安装就绪，提交试验人员及设备清单。

e. 施工测量的基础是否复核。

f. 履约保证金及各种保险是否具备，并应提交已办手续的副本。

g. 为监理工程师提供的各种设施是否具备。并应提交清单。

③检查其他与开工条件有关的内容及事项。

（6）总监理工程师介绍监理规划的主要内容。

监理规划是项目监理机构现场监理工作的指导性文件，总监理工程师可将监理规则中和建设单位、承包单位有关的部分以书面形式进行交流，并做出初步解释。

（7）研究确定各方在施工过程中参加工地例会的主要人员，召开工地例会周期、地点及主要议题。

第一次工地会议纪要应由项目监理机构负责起草，并经与会各方代表会签。

二、工地例会

项目实施期间应定期举行工地例会，会议由总监理工程师主持，参加者有总监理工程师代表及有关监理人员、承包单位的授权代表及有关人员、建设单位代表及其有关人员。工地例会召开的时间根据工程进展情况安排，一般有周、旬、半月和月度例会等几种。工程监理中的许多信息和决定是在工地例会上产生和决定的，协调工作大部分也是在此进行的，因此，开好工地例会是工程监理的一项重要工作。

工地例会决定同其他发出的各种指令性文件一样，具有等效作用，会议纪要应由项目监理机构负责起草，并经与会各方代表会签，因此工地例会的会议纪要要准确；当会议上有关问题有不同意见时，监理工程师应站在公正的立场上做出决定，但对一些比较复杂的技术问题或难度较大的问题，不宜在工地例会上详细研究讨论，可以由监理工程师做出决定，另行安排专题会议研究。

工地例会举行次数较多，要防止流于形式。监理工程师可根据工程进展情况确定分阶段的例会协调要点，保证监理目标控制的需要。例如：对于建筑工程，基础施工阶段主要是交流支护结构、进度、文明生产情况；装饰阶段主要是考虑土建、水电、装饰等多工种协作问题及围绕质量目标进行工程预验收、竣工验收等内容。对例会要进行预先筹划，使会议内容丰富，针对性强，可以真正发挥协调的作用。

三、专题现场协调会

对十一些工程中重大问题，以及不宜在工地例会上解决的问题，根据工程施工需要，可召开有关人员参加的现场协调会，如设计交底、施工方案或施工组织设计审查、材料供应、复杂技术问题研讨、重大工程质量事故的分析和处理、工程延期、费用索赔等进行协调，提出解决办法，并要求各方及时落实。

专题会议一般由总监理工程师提出，或由承包单位提出后，由总监理工程师及时组织。

参加专题会议的人员应根据会议的内容确定,除建设单位、承包单位和监理单位的有关人员外,还可以邀请设计人员和有关部门人员参加。

由于专题会议研究的问题重大,又较复杂,因此会前应与有关单位一起,做好充分的准备,如进行调查、收集资料,以便介绍情况。有时为了使协调会达到更好的共识,避免在会议上形成冲突或僵局,或为了更快地达成一致,可以先将议程打印出来发给各位与会者,并可就议程与一些主要人员进行预先磋商,这样才能在有限的时间内,让有关人员充分地研究并得出结论。会议过程中,主持人应能驾驭会议局势,防止不正常的干扰影响会议的正常秩序。应善于发现和抓住有价值的问题,集思广益,补充解决方案。应通过沟通和协调,使大家意见一致,使会议富有成效。会议的目的是使大家取得协调一致,同时要争取各方面心悦诚服地接受协调,并以积极的态度完成工作。对于专题会议,应有会议记录和会议纪要,并作为监理工程师发出的相关指令文件或存档备查的文件。

四、监理文件

监理工程师组织协调的方法除上述会议制度外,还可以通过一系列书面文件进行,监理书面文件形式可根据工程情况和监理要求制定。建设工程监理规范中列出了施工阶段工作的基本表式,对这些监理工作的基本表式,各监理机构可结合工程实际进行适当补充或调整,使之满足监理组织协调和监理工作的需要。

1. 建设工程监理规范中的施工阶段监理工作的基本表式

施工阶段监理工作的基本表式分为三类,可以一表多用。对于工程质量用表,由于各行业部门的专业要求不同,已各自形成比较完整、系统的表式,各类工程的质量检验及评定均有相应的技术标准,质量检查及验收应按相关标准的要求办理。如果没有相应的表式,工程开工前,项目监理机构应与建设单位、承包单位进行协商,根据工程特点、质量标准、竣工及归档组卷要求协商一致后,制订相应的表式。

(1)A 类表

A 类表是承包单位用表。

主要表式有:

A1:工程开工/复工报审表。

A2:施工组织设计(方案)报审表。

A3:分包单位资格报审表。

A4:_____报验申请表。

A5:工程款支付申请表。

A6:监理工程师通知回复单。

A7:工程临时延期申请表。

A8:费用索赔申请表。

A9:工程材料/构配件/设备报审表。

A10:工程竣工报验表。

(2)B 类表

B 类表是监理单位用表。

主要表式有:

B1：监理工程师通知单。

B2：工程暂停令。

B3：工程款支付证书。

B4：工程临时延期审批表。

B5：工程最终延期审批表。

B6：费用索赔审批表。

（3）C 类表

C 类表为各方面用表。

主要表式：

C1：监理工作联系单。

C2：工程变更单。

2.湖南省制订的施工阶段监理现场用表示范表式

湖南省建设厅制订的施工阶段现场用表示范表式分为 A、B、C 三大类。内容更为具体,经过几年的监理工作实践,形成了目前使用的监理工作文件。

（1）A 类表是承包单位就现场工作报请监理工程师核验的申报用表,或为承包单位报告监理有关工程事项的申请用表。反映现场监理控制程序,记录双方来往过程,一般由施工项目经理部现场技术负责人或专职检员负责报送,承包单位的自评、检查、验收记录表和计算、说明、证书等相关材料作为各表式的附件。申报内容涉及的各方人员需在规定或商定的时间内予以处理。

（2）B 类表是建设单位、设计单位就现场有关工作与监理单位进行联络的用表。

（3）C 类表是项目监理部的自身工作用表,它包括对外用表和内部用表两大部分。

①C1：监理工程师指令单。监理工程师指令单是监理工程师监督承包单位保证工程按合同、规范要求进行的必要手段,带有强制性,比监理工程师通知单强制程度更大,只有当承包单位收到监理工程师通知单后仍不按合同、规范执行时,才发出该指令单强制执行。写明回复日期,承包单位必须按期回复。项目经理部对指令如有疑义,应在收到本指令单后 24 小时内面向监理工程师提出,监理工程师在收到承包单位报告后 24 小时内做出修改指令或继续执行原指令的决定,并以书面形式通知承包单位。紧急情况下监理工程师要求承包单位立即执行的指令,或承包单位虽有异议但监理工程师决定仍继续执行的指令,承包单位应予执行。

②C2：监理工程师通知单。监理工程师通知单是监理工程师监督施工单位保证工程按合同、规范要求进行施工的必要手段,带有强制性,承包单位应予执行。写明回复日期的,承包单位必须按期回复。一般要求均应以通知单形式发出。凡是工程变更（工程签证、设计变更含会议纪要商定）均必须以监理工程师通知单（工程变更类）发出。项目经理部对指令如有疑义,应在收到本通知单后 24 小时内书面向监理工程师提出,对承包单位疑义报告的处理同指令单。本通知单安全文明类以可能引起安全隐患的质量为主要对象,并可用本通知单对其他安全文明问题提出意见和要求。

③C3：监理工程师联系单。该表是监理工程师就工程有关事项与工程各方主体进行联络或回复的用表。

④C4：监理工程师备忘录。本表用于监理工程师就有关建议未被建设单位采纳或有关指令未被承包单位执行的最终书面说明,应抄报上级主管部门。

⑤C5：监理月报。监理月报是监理工程师按月向设计单位提交的，反映工程在本报告期内总执行情况的书面报告。月报每月月末提出，报告周期为上月 25 日至本月 25 日。

⑥C6：会议纪要。本表是工地例会会议、专题会议和项目监理部内部会议的纪要用表。参加单位、参加人员与会时应签名。

⑦C7：监理日志。监理日志是监理详细记录当天自然情况和主要工作（检查内容、发现问题、处理情况及结果和当天大事等）的用表，分土建、安装专业由值班或专业监理工程师汇总填写，总监理工程师应每天签阅。监理日志用词应当规范、简洁、准确。

⑧C8.1：_____试验记录登记表。本表是监理工程师材料、设备抽查、见证试验及检测情况的记录表，应分类登记。

C8.2：来文登记表。

C8.3：发文登记表。

C8.4：工程项目实施阶段概况台账。该表用于记录项目实施阶段全过程参与单位、人员及工程进展的详细情况，以使有关单位和监理工程师通过台账能全面、迅捷、综合地了解项目整体情况。

⑨C9：竣工预验收质量评估报告。本报告是在承包单位对工程进行内部验收合格后，建设单位组织正式竣工验收前，由项目监理部门会同有关单位对工程进行预验收，在承包单位整改合同的基础上提出的正式书面质量评估报告。如存在遗留整改问题必须经验收小组共同确认。本报告将作为工程正式竣工验收的主要依据之一。总监理工程师据此竣工验收备案表上签署意见。

⑩C10：工程监理总结报告。本报告是工程项目部完成后，由项目监理部向建设单位提交的工程总结，其主要内容包括：工程概况；监理经过；监理合同履行情况说明及评价；监理资料清单；物品清单；监理费用情况说明以及现场工作终结说明等。

⑪C11：监理工作总结。该总结是工程项目全部完成后，由项目监理部向监理单位提交的总结，其主要内容是总结项目监理部、监理部人员及监理单位在该工程监理工作中的经验教训。

⑫C12：监理规划。

⑬C13：监理细则。

第 九 章

建设工程监理风险管理

第一节 风 险 概 述

风险在工程建设中无处不在,风险无出不有,风险带来灾难,但风险与利益并存,风险并不可怕,可怕的是对风险一无所知,或拒绝承认风险,或对处理风险没有预料,没有紧急措施。

一、风险的定义、特征及分类

简单地说,风险(RISK)是指损失事物发生的不确定性,它是不利事件或损失发生的概率及其后果的函数,用数学公式表示为:

$$R = f(P,C)$$

式中:R—— 风险;

P——不利事件发生的概率;

C——该事件发生的后果。

稍微详细的文字表述为:风险是人们因对未来行为的决策及客观条件的不确定性而可能

引起的后果与预定目标发生多种负偏离的综合。

要全面理解上述定义,应注意以下几点:

(1)风险是与人们的行为相联系的,这种行为包括个人的行为,也包括群体或组织的行为。不与行为联系的风险只是一种危险。而行为受决策左右,因此风险与人们的决策有关。

(2)客观条件的变化是风险的重要成因,尽管人们无力控制客观状态,却可以认识并掌握客观状态变化的规律性,对相关的客观状态做出科学的预测,这也是风险管理的重要前提。

(3)风险是指可能的后果与国体发生负偏离,负偏离最多种多样的,且重要程度不同,而在复杂的现实经济生活中,"好"与"坏"有时很难截然分开,需要根据具体情况加以分析。

(4)尽管风险强调负偏离,但实际中肯定也存在正偏离。由于正偏离是人们的渴求,属于风险收益的范畴,因此在风险管理中也应予以重视,以它激励人们勇于承担风险,获得风险收益。

二、工程风险的特点

工程项目的风险具有以下特点:

(1)风险存在的客观性和普遍性。作为损失发生的不确定性,风险是不以人们的意志为转移并超越人们主观意识的客观实在,而且在项目的全寿命周期内,风险是无处不在、无时没有的。这些说明为什么虽然人类一直希望认识和控制风险,但直到现在也只能在有限的空间和时间内改变风险存在和发生的条件,降低其发生的频率,减少损失程度,而不能也不可能完全消除风险。

(2)某一具体风险发生的偶然性和大量风险发生的必然性。任一具体风险的发生都是诸多风险因素和其他因素共同作用的结果,是一种随机现象。个别风险事故的发生是偶然的、杂乱无章的,但对大量风险事故资料的观察和统计分析,发现其呈现出明显的运动规律,这就使人们有可能用概率统计方法及其他现代风险分析方法去计算风险发生的概率和损失程度,同时也导致了风险管理的迅猛发展。

(3)风险的可变性。这是指在项目的整个过程中、各种风险在质和量上的变化,随着项目的进行,有些风险会得到控制,有些风险会发生并得到处理,同时在项目的每一阶段都可能产生新的风险。尤其是大型项目中,由于风险因素众多,风险的可变性更加明显。

(4)风险的多样性和多层次性。大型项目周期长、规模大、涉及范围广、风险因素数量多且种类繁杂致使大型项目在全寿命周期内面临的风险多种多样,而且大量风险因素之间的内在关系错综复杂、各风险因素之间并与外界因素交叉影响又使风险显示出多层次性,这是大型项目中风险的主要特点之一。

三、风险的分类

根据不同的需要,从不同的角度,按不同的标准,可以对风险进行不同的分类。其目的在于理论上便于研究,实务上便于根据不同类别的风险采取不同的管理策略。按风险的潜在损失形态可将风险分为财产风险、人身风险和责任风险;按风险事故的后果可将风险分为纯粹风险和投机风险;按风险产生的原因可将风险分为静态风险和动态风险;按风险波及的范围可将风险分为特定风险和基本风险;按损失产生的原因可将风险分为自然风险和人为风险;按风险作用的对象可将风险分为微观风险和宏观风险;按风险能否处理可将风险分为可管理风险和不可管理风险。

第二节 建设工程风险管理

一、风险管理的概念

所谓风险管理,是指对风险从认识、分析乃至采取防范和处理措施等一系列过程。具体地说就是指风险管理的主体通过风险识别、风险分析和风险评估,并以此为基础,采取主动行动,合理地使用回避、减少、分散或转移等方法和技术,对活动或事件所涉及的风险实行有效地控制,妥善处理风险事件造成的不利后果,以合理的成本保证安全、可靠地实现预定的目标。

风险管理是一个系统的、完整的过程,履行的是一种管理的功能。风险管理并不是一个孤立的分配给项目组织中某一个部门的管理活动,而是健全的项目管理过程中的一个方面。但是,在项目的实施过程中需要有人负责风险管理的协调和组织,否则,风险管理的具体措施可能难以落实。风险管理的基础是调查研究,调查和收集资料,必要时还要进行实验或试验,同时利用众多管理技术的工具和手段来协助进行风险的分析和评估等。

由于风险管理的主体不同、目的不同,从而导致风险管理的内涵也有所区别。不同主题从各自的利益出发,风险管理的侧重点也不一样,因此,进行风险管理的方法和手段也有所区别,但是,风险管理的基本过程和原理是一致的。风险管理的步骤如图9-1 所示。

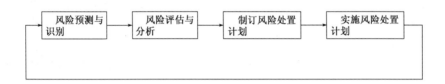

图 9-1 风险管理流程图

二、风险管理的目标

对于建设项目来说,参与项目建设活动的不同主体均存在不同程度的风险,均需要进行风险管理。毫无疑问,项目风险对项目的实施是一个威胁,风险管理是工程项目管理的重要内容。要真正搞好项目的风险管理,必须确立具体的目标,制定具体的指导原则,规定风险管理的责任范围。

建设项目从策划、实施到投入使用,需要一个较长的过程,在这个过程中的不同阶段,项目风险管理的处境及所追求的目标不一样,面临的风险因素不同,风险管理的重点和方法也会有所不同。例如,一个商品住宅项目在进行投资决策时,投资者最为关心的是该项目完成后能否顺利推出市场以及取得盈利的市场前景,因此,投资者应分析注入该市场的价格行情,市场的潜力,政局稳定程度,政策是否多变,法规是否完善的各种不可知、不确定或不稳定因素。项目进入实施阶段后,如何能避免项目在合同、技术以及施工环境等方面的风险因素就成为风险管理的主要问题,项目面临的各项风险因素见表9-1。

建设项目的风险因素和风险承担主体 表 9-1

风 险 类 型	风 险 因 素	风险主要承担主体
政治风险	政府政策、民众意见、意识形态的变化、宗教、犯规、战争、恐怖活动、暴乱	发展商、承包人、供应商、设计人、监理人
环境风险	环境污染、许可权、民众意见、国内/社团的政策、环境法规或社会习惯	发展商、承包人、监理人
计划风险	许可要求、政策和惯例、土地使用、社会经济影响、民众意见	发展商
市场风险	需求、竞争、经营陈旧化、顾客满意程度	发展商、承包人、设计人、监理人
经济风险	财政政策、税制、物价上涨、利率、汇率	发展商、承包人
融资风险	财产、利润、保险、风险分担	发展商、承包人、供应商
自然风险	不可预见的地质条件,气候,地震火灾或爆炸,考古发现	发展商、承包人
项目风险	采购策略、规范、标准、组织能力、施工经验、计划和质量控制、施工程序、劳力和资源、交流和文化	发展商、承包人
技术风险	设计充分、操作效率、安全性	发展商、承包人
人为风险	错误、无能力、疏忽、疲劳、交流能力、文化、缺乏安全、故意破坏、盗窃、欺骗、腐败	发展商、承包人、设计人、监理人
安全风险	规章、危险物质、冲突、倒塌、洪水、火灾或爆炸	发展商、承包人

由于不同阶段风险管理的目标不一致,因此,对于建设项目来说,风险管理的目标并不一定是单一不变的,而应该是一个有机的目标系统。在总的风险控制的目标下,不同阶段需要有不同阶段的风险管理目标。当然,风险管理目标必须与项目管理的总目标一致,包括项目的盈利、形象、信誉及影响等;同时,风险管理的目标必须与项目的环境因素和项目的特有属性相一致,包括将来的顾客、项目投资决策人的个性与经历等。这些因素可能是相对稳定的,也可能是变幻不定的,在确定风险管理目标时,必须充分考虑这些因素,否则,即使在理论上已经确立目标而在实践中也无法实现。

要实现风险管理目标,必须明确项目组织内部风险管理职能的分目标和总目标,规定风险管理部门的任务、权利和责任,协调组织内部各部门之间的风险关系,建立和改进信息渠道和管理信息系统,以保证风险管理计划正常执行。对于建设项目来说,风险管理的具体目标又可以更加具体的表述为在保证建设过程安全的前提下,实现投资,禁毒的质量的控制要求。显然,建设工程风险管理的总目标和建设工程项目管理的目标是一致的,从某种意义上来说,风险管理的为目标控制来服务的,而奉献管理的基本理论是建设工程项目管理理论的一个组成部分。

项目无论大或小、简单还是复杂,都可以进行风险管理。当然,从成本效益的角度来说,并不是任何一个项目的实施过程都必须进行风险管理。但是,对从事项目管理的人员来说,必须具备风险的意识,提高对风险的警觉。在建设项目的生命周期内,正确的运用风险管理,可以取得较好的效果。项目各阶段风险因素见表9-2。

建设项目不同阶段的风险因素 表9-2

项 目 阶 段	分 部 阶 段	典型风险因素
项目准备阶段	设想/可行性	(1)政治风险;
	必要条件说明	(2)环境风险;
	技术说明	(3)规章制度风险
项目实施阶段	初步设计	(1)合同;
	详细设计	(2)采购;
		(3)设计;
	采购	(4)施工方法;
		(5)规章制度;
	施工	(6)安全;
		(7)妨害公众安宁;
	交付	(8)环境
项目使用阶段	经营	(1)产品市场;
	维护	(2)经营;
	退出使用和废弃	(3)污染

(1)投资准备阶段。这一阶段项目变动的灵活性最大,通过风险分析可以了解项目的可能会遇到的风险,并检查是否采取了所有可能的步骤来减少和管理这些风险。在做出必要的定量风险分析之后,还能够指导思想项目各种目标的可能性,例如费用、时间和功能等。这是所做出减少项目风险的变更,代价小,而且有助于选择项目的最佳方案。

(2)项目实施阶段。通过风险分析,可以建立风险监控系统,及早采取预防措施;也可以查明项目不同参与主体是否认识到项目可能会遇到的风险,以及这些风险因素对自身的影响程度,在此基础上判断是否能够完成项目的总体目标。

(3)投入使用阶段。项目投入使用后,风险管理对其后的经营等问题仍然有非常积极的意义,做好风险管理工作,可以避免许多不必要的损失,从而降低成本、增加利润。

风险识别、风险分析和风险评估是建设项目管理的重要内容,由于建设项目的风险来源、风险的形成过程、风险的影响范围以及风险的破坏力等因素错综复杂,运用传统单一的工程、技术、财务、组织、教育和程序等管理手段难以达到预期的效果。因此,建设项目风险管理是一种综合性的管理活动,其理论和实践涉及自然科学、社会科学、工程技术、系统科学、管理科学等多种学科。

三、风险管理的成本效益

实施风险管理将会增加管理的成本,通常称为风险成本。同时风险管理能阐明风险并切使风险明确化,通过运用一系列的管理技术措施来帮助降低风险所造成的损失,从而降低项目的总体成本,从某种意义上说可以带来收益。在项目的开始阶段,不确定因素较多,风险发生的概率较大,而此时处理风险的成本却比较低,也就是说,通过进行低成本的风险分析就能获得避免发生损害的最大机会;随着项目的进行,虽然不确定性逐渐减少,但项目已经大量投入,处理风险事件的成本也急剧上升。因此,在项目早期阶段就重视风险问题的解决方法更可能会获得较高的成本收益。

　　风险管理有助于控制风险,但是所承担的成本要多于简单的凭个人直觉做出的决定。图2-3 表明,在项目的开始阶段,采用直觉决定可能不需要花费时间,也不需要花费直接的管理成本,从某种意义上来说,直觉的方式可以给你一定的成本收益,但有时直觉的决定是错误的。一方面,采用风险管理将在一定的程度上增加管理的成本,而且,风险评估越准确、越详细,所需要的成本就越大。另一方面,有效的、系统化的风险管理是基于对风险有正确的认识,减少了决策的盲目性,并且提供了减少风险带来损失的手段和方法,从而带来正面的收益。控制风险所需付出的成本和相应带来的收益综合起来,将会大于仅仅依靠直觉的判断所带来的收益。也就是说,采用有效的风险管理系统,它的成本收益很可能会更接近于最佳效果。

四、风险管理的重点

　　风险管理的是一个连续不断的过程,可以在项目生命周期的任何一个阶段进行。对于从事风险管理的不同主体,风险管理的侧重点会有所不同;对于不同的项目,风险的因素和控制的方法也会有所差异。但是,无论是什么项目,有一点是共同的,即越是在项目的早期,进行风险分析和风险管理的效果就越好。当然,在项目进行过程中出现未曾料到的新情况,或是项目进展出现转折,或有一些特殊的目标需要实现时,项目风险管理的重要性就更加突出了。下面是一些特别需要考虑风险管理的情况:

　　(1)具有重要政治、经济和社会意义的项目,对于某些事情可能会相互问题需要特别加以关注时。

　　(2)当项目中引入技术上或组织上的新事物或变更时。

　　(3)当项目中有不可预见的新的变化,或者要满足特定的目标时。

　　(4)在项目的生命周期内主要决策或变更点,需要帮助解决特定的问题时,例如,采购策略,意外准备金。

　　(5)在处理实质性的开支,成本的不确定性巨大时(成本的不确定性通常是隐藏的,例如,大量的暂定金额,争端解决与诉讼费用,气候、地质构造、考古学和污染的风险)。

　　(6)项目投资数额大、财务影响明显,或者资金提供人(例如,财政部门、金融业者或保险业者)要求进行时。

　　(7)项目涉及敏感问题、受法律法规等严格要求,或者当风险发生的后果是灾难性的,所考虑的问题超出正常经验的范围时。

五、风险管理的程序与原理

1. 风险识别

　　风险识别是进行风险管理的第一步,指的是确认哪些风险因素有可能会影响项目进展,并记录每个风险因素所具有的特点。其目的就是通过对影响建设项目实施过程的各种因素进行分析,寻找出可能的风险因素,也就是说,需要确定项目就近存在什么样的风险。对于建设项目而言,是在财产、责任和人身损失刚出现就系统、连续地发现它们。

　　风险识别是一项复杂的系统工程,即使是规模很小的一个项目,它所面临的风险也是多方面的,而任何一个风险因素如果处理得不好,都可能使得项目遭受损失。因此,如何把握全局、正确识别全部风险,是理论研究和实践调查中必须解决的实际问题,需要运用科学的方法进行多角度、多层次的认识和分析。

风险识别首先要明确项目的组成、各个风险的性质和相互间的关系以及项目与环境之间的关系等。在此基础上利用系统的、明确的步骤和方法来查明对项目及项目所需资源形成潜在威胁的各种因素的作用范围。为了便于项目管理人员理解和掌握,风险已经识别,一般都要划分为不同的类型,针对不同类型的风险采用不同的分析方法和处理对策。

风险识别是一个连续的过程。因为项目建设是一个发展的过程,情况在不断地变化,风险因素当然就不会一成不变。即使某一工程项目刚进行可以做大规模的风险识别工作,但一段时间后,旧的风险可能消失或减少、新的风险可能出现。因此,风险识别工作是持续不断的。

2. 风险分析

风险分析的主要对象是单个的风险因素,主要包含以下几个方面的内容:

(1)在查明项目活动在哪些方面、哪些地方、什么时候可能存在风险的基础上,对识别出来的风险因素尽可能量化,估算风险事件发生的概率。

(2)估计风险后果的大小,确定各风险因素的大小以及轻重缓急顺序。

(3)对风险出现的时间和影响范围进行确认。

或者说,风险分析是对个别风险因素及其影响进行量化并以此为基础形成风险清单,为风险的控制提供各种行动路线和方案的过程。根据选定的计量尺度和方法确定风险后果的大小,需要同时考虑哪些有可能增加或减少的潜在风险。风险因素的发生概率估计分为主管和客观两种,客观的风险估计以历史数据和资料为依据,主观的风险估计无历史数据和资料可参照,因为建设项目的进展情况并非一目了然,而且新技术、新材料的应用时代的影响建设项目进程的客观因素更加错综复杂,原有的数据过时较快,因此,在某些情况下,主观的风险估计尤其重要。

3. 风险评估

风险评估就是对各风险事件的后果进行评估,并确定不同风险的严重程度顺序。重点是综合考虑各种风险因素对项目总体目标的影响,确定对风险应该采取何种应对措施,同时也要评估各种处理措施需要花费的成本,也就是综合考虑风险成本效益。在风险评估过程中,管理人员要详细研究决策者决策的各种可能后果,并兼顾决策者做出的决策同自己单独预测的后果相比较,判断这些预测能否被决策者受接受。各种风险的可接受或危害程度互不相同,因此就产生了哪些风险应该首先或者是否需要采取措施的问题。风险评估方法有定量和定性两种,进行风险评估时,还要提出防止、减少、转移风险损失的初步方法,并将其列入风险管理阶段要进一步考虑的各种方法之中。在实践中,方向识别、风险分析和风险评估绝非互不相关,而常常是互相重叠的,需要反复交替进行。

4. 风险控制

在完成风险分析与评估后,需要采取必要的应对措施来避免风险的发生或减少风险造成的损失。风险控制的前提是制定并正确的实施风险管理计划。通常情况下,对风险的应对,一是采取措施防患于未然,尽可能的消除或减轻风险,将风险的发生控制在一定的程度下;二是通过适当的风险转移安排来讲前锋线时间发生后对项目目标的影响。例如,在结合考虑不同风险承担主体的风险承受能力后,将某些风险的后果转由其他人承担,如保险公司等。当然,并非所有的风险都需要转移,也不是所有的风险都能转移,因此,如何正确地分析查明风险的来源,所属类型以及特点等,并谨慎地对风险进行评估,做出风险转移计划,就是风险控制的基本工作内容。表 9-3 总结了在这部分所说明的风险控制方法。

风险控制的要点　　　　　　　　　　　　　　　表 9-3

序　号	风险控制的关键步骤
一	识别评估的目标
二	识别风险因素
三	评估各种风险(可能性和后果)
四	识别减轻风险的行为
五	评估残留风险(包括间接风险)
六	评估减轻风险的成本收益
七	考虑风险的归属
八	决定要做的事情:选择和执行能获得收益的减轻风险的行动
九	必要时通过更新风险清单来监测和重复上述过程

原 理 解 释	实　例
风险是一种造成损害的不确定性	发生火灾就是一种风险,可能带来损失
风险的可能性和后果取决于危险周围的环境	哪里有火灾?暴露情况?消防队所在位置?火灾可能出现的时间?
用减轻行动来改变环境,减轻风险的主要成本是行动成本	培训从业人员,改善工作环境,安装灭火系统等行动均是减轻风险的行动
	火灾发生的可能性不变,但是后果减小了。因为安装了灭火系统,火灾扩展的可能性就会减少
残留风险包括间接风险。间接风险的成本应该包括在成本收益评估中	如果灭火系统意外的发生事故而造成损失,只是间接风险
风险的责任主体是谁?	可能是发展商、承包人、设计人、监理人、供应商,或者是保险公司等

5. 风险监控

正如前面的阐述,风险因素以及风险管理的过程并非一成不变的,随着工程项目的进展和相关措施的实施,影响项目目标的各种因素都会发生变化。只有适时地对风险新的变化进行过跟踪,才可能发现新的风险因素,并及时对风险管理计划和措施进行修改和完善。

六、风险管理的组织

项目风险管理组织主要指为实现风险管理目标而建立的组织机构。没有一个健全、合理和稳定的组织结构,项目风险管理活动就不能有效地进行。

风险管理要求团队的智慧以及经营与建设专家的经验,并且不能有一个人来独立决策。

要集合一个合适的团队来管理风险,需要在经过充分的思考、时间和努力的基础上进行谨慎的行动。项目风险的管理组织具体如何设立、采取何种方式、需要多大的规模,取决于多种因素,其中决定性的因素是项目风险的特点。

项目风险存在于项目的所有阶段和方面,因此项目风险管理职能必然分散与项目管理的所有方面,管理团队的所有成员都负有一定的风险管理责任。但是,如果因此而无专人专职对项目风险管理负起责任,则项目的风险管理就要落空。因此,项目风险管理职能的履行在组织上具有集中和分散相结合的特点。

此外,项目的规模、技术和组织上的重复程度,风险的复杂和严重程度,风险成本的大小,项目执行组织最高管理层对风险的重视程度,国家和政府法律、法规和规章的要求等因素,都对建立项目风险的管理组织有影响。

风险管理组织内因设有项目风险分析人员,由于具备技术经济专业知识、信息技术处理技能和项目管理经验的人士来担任。项目管理人员都要参与风险分析过程,这样既可保证风险分析具有针对性和合理性,又能够了解问题的来龙去脉,能够对风险分析的结果做到心中有数,从而可以正确的选择有关对策,以达到控制和减少风险影响的目的。在组成风险管理团队的过程中,应注意如下几点:

(1)团队成员应能保持客观态度,思想敏锐、清晰、善于交流,能很好地理解项目目标和约束条件。

(2)所涉及的每个关键专业都应该有一个代表。

(3)团队尽可能地精简,便于决策。

(4)具有灵活性(随着项目的进展,团队的成员宜相应调整以反映各专业投入的变化)。

(5)具有好奇心和横向思考问题的能力,能考虑到更加隐含的问题。

七、风险管理的措施

1. 合同的应用

无论是在编写风险管理的计划还是在计划的实施过程中,都应该记住,合同是进行风险管理的工具,合同的基本作用是管理和分配风险。因此,在风险管理的过程中,在分享完成评估以及相应的决策后,选择适当的合同形式和条文是十分重要的。我们知道,在建设的初期,项目的不确定性程度相当高,运用适当的合同,可以在相当大的程度上消除诸如工作的最终范围,完成工作所需要的时间合同各方面的工作范围以及生产成本等方面的不确定性。

可以说,合同在很大程度上决定了所识别出的风险因素的后果。当合同达成时,合同各方的权利和义务得到明确,包括工作的范围、资金的支付形式等,这样就能够确定和项目资金相关的不确定性所产生的后果,如此,项目过程中出现的概率就相应降低。特别需要指出的是,由于新工艺、新技术不断在现代项目中得到应用,使得参与项目建设的除了传统的建设管理团队如设计师、工程师等,还不断增加新的交叉学科的团队,尽管学科多是相互连续的,但整体必须在单独连贯的法律和合同框架内进行管理。必须记住:合同框架是管理法律风险的关键,建设阶段的合同框架需要符合实际、适合项目目标和项目的限制条件。因此,合同的框架应该充分配合管理风险的角度不断地加以调整。

合同策略总结如表9-4所示。

合同策略的总结 表 9-4

项目目标		满足项目目标的适当合同策略				
参数	目标	传统	施工管理	管理时间	设计与管理	设计与建造
时间	提前完工	×	√	√	√	√
成本	施工开始前价格的确定	√	×	×	×	√
质量	设计和施工的声望水平	√	√	√	×	×
变化	避免禁止的成本变更	√	√	√	√	√
复杂性	技术上先进或高度复杂的建筑物	×	√	√	√	√
责任性	项目执行是合同间的关联	√	×	×	×	√
专家责任	需要设计团队报告给委托人	√	√	√	×	√
风险回避	希望转移所有的风险	√	×	×	×	√
损失恢复	直接由承包人弥补成本	√	√	√	√	√
可建造性	承包人实行有益于委托人的经济施工方法	×	√	√	√	×

注:适用√;不适用×。

2. 风险回避

在完成了项目风险分析和评估后,如果发现项目风险发生的概率很高,而且可能的损失也很大,又没有其他有效的对策来降低该种风险,这时应采取放弃项目、放弃原有行动计划或改变目标的方法,这种方法就是风险回避。从风险管理的角度看,风险回避也就是拒绝承担风险,这是一种最彻底的消除风险的方法。虽然建设项目的风险是不可能全部消除的,但借助于风险回避的一些方法,对某一些特定的风险,在塔顶发生之前就消除其发生的机会后可能造成的损失还是有可能的。

一方面,风险回避可以在建设项目的不同阶段进行,相应的损失也不同,在项目决策阶段,风险回避的主要方式是拒绝接受风险。例如,在水源保护区内,建设某些特殊的工程项目,可能给该地区的水源造成污染,因此,在进行城市规划时,就不允许建设可能造成水源污染的项目,不允许将有核辐射危险、产生有毒气体的电厂、农药厂建立在人口稠密的城市周围,这是在项目的决策阶段就应回避的风险。而在项目进行的过程中,回避风险往往是采用终止的方法以避免风险的影响蔓延和扩大,这可能会带来相当大的损失。

另一方面,采取风险回避策略,与有关项目参与方的风险态度有关。如前所述,决策者和管理人员可分为保守型、中性型和冒险型三种类型。对于保守型主体认为风险很大,需要回避,而冒险型主体则可能认为风险程度可以接受。众所周知,风险与收益并存,而且风险越大,潜在的收益也越大。航天工程被认为是一项风险极大的项目,但也是一项综合效益极大的项目。单纯强调回避风险,这不但失去了潜在的赢利机会,还会阻碍技术的创新发展。尤其是在建设项目进行过程中,实际上不可能完全回避风险,当前的风险回避了,新的风险可能又出现了。如果一味地强调回避风险,则建设工程领域的创新和进步就无从谈起。

对建设项目来说,遇到下列几种情形,通常应考虑风险回避的策略。

(1)风险事件发生概率很大且后果损失也很大的项目。例如,在山谷中建工厂可能面临洪水的威胁。

(2)发生损失的概率并不大,但当风险事件发生后产生的损失是灾难性的、无法弥补的。换句话说,一旦损失出现,项目执行是无力承担后果的项目。例如,在人口稠密地区建核电站,一旦发生核泄漏,将危及成千上万人的生命安全。

(3)对客观上不需要的项目,或仅仅是为了个人的功名利禄而设立的项目,不应该冒险,应该回避。

3. 风险的减轻与分散

通常把风险控制的行为称为风险减轻,包括减少风险发生的概率或控制风险的损失。在某些条件下,采用减轻风险的措施可能会收到比风险回避更好的技术经济效果。如果你能了解风险的来源和环境情况,就能更容易地选择风险减轻措施。虽然风险的影响有时很难顾及,但有效地识别风险,作用仍然是很大的。在制订减轻风险措施前,必须将风险降低的程度具体化,既要确定风险降低后的可接受水平。风险降低要达到什么目标,则主要决定与项目的具体情况、项目管理的要求和对风险的认识态度。

早期采用降低风险的措施,比在风险发生后采用补救措施会有更好的效果。风险减轻的途径表现在两个方面:一是风险发生概率的降低,二是降低其发生所造成的损失。

采取风险减轻的行动并不能够完全消除风险,还会存在残余的风险,残余的风险同样需要进行适当的识别和管理,通过评估风险减轻行动后项目各个组成部分的变化可以有效地识别残余的风险。需要注意的是,有些降低风险的措施可能造成一种带有错觉的安全感,反而使该风险增加。因此,还要注意间接的风险,也就是说,由于风险减轻行为所造成的那些风险,在考虑参与的风险是要把它们考虑进去。不要忘记,风险管理的核心问题还是考虑项目的综合成本效益,过度的风险管理措施并不符合成本效益的原则。表9-5 给出了风险减轻行动的识别问卷,表9-6 给出了一个评估风险降低行动效果的实例。

典型的风险减轻问卷   表9-5

项目:	项 目 名 称	编号: 日期:
风险描述:	对如何识别风险进行简短描述	
可能风险减轻措施:	对减轻风险的措施进行描述	
间接风险的描述:	采取减轻风险措施可能引起的新风险	
残留风险的描述:	采取减轻措施后,仍然无法完全消除的风险	
归属权:	残留风险归属人	
行动成本:	风险减轻成本效益分析	

风险减轻行动和残留风险 表9-6

序号	风险减轻效果识别		日期：　来源： 校对：　批准：	
	风险描述		行　　动	残留风险
	风险因素	详细情况		
1	土方工程施工成本超出发包价格	土方承包人场外弃土可能造成的合同以外的清理成本	在合同中要求只能采用被批准的弃土方案与土方运输承包人	风险降低到可以接受的程度但不能消除,减轻风险的效果将取决于设计师和监理工程师理解建设工程要求和建设工程控制成本的目标能力
2	排污管理深过浅而上浮	排污管采用盾构穿越水库底部,土层含水量饱和,浮力巨大	增加排污管埋深,增加监测手段,测量排污管的位移,必要时可以通过增加锚杆来进行处理	可以将排污管上浮的风险降至可以接受,但该行动将引起排污管流速降低,影响排污量

分散风险是指通过增加风险承担者,将风险各部分分配给不同的参与方,以达到减轻总体风险的目的。做这样的风险分配必须注意的是,风险要分配给最有能力控制风险并有最好的控制动机的一方,如果拟分担风险的一方不具备这样的条件,就没有理由将风险传递给他们,否则反而会增大风险。如果试图把风险分配给他人但又不想转移对该风险的控制权,那将导致在风险成本上的全面增加。事实上,单方面的想把风险转移出去是不现实的。

4. 风险自留与利用

风险自留是指有关项目参与方自己承担风险带来的损失,并做好相应的准备工作。在工程项目管理的实践中,许多风险发生的概率很小,且造成的损失也很小,采用风险回避、降低、分散或者是转移的手段都难以发挥其效果,以至于项目参与方不得不自己承担这样的风险。另一方面,从项目参与方的角度出发,又是必须承担一定的风险才有可能获得较好的收益,因此,也可以在对风险做出比较准确的评估后,量力而行,采取适当的财务准备,主动地承担风险的全部或一部分。

从某种意义上来说,不论采用了和种风险管理技术,都无法完全彻底的消除风险,也不是所有的风险都可以转移出去,或是不符合风险管理的成本效益原则。因此,其中有一部分风险残留下来,则部分风险就必须有项目参与方自己来承担。无论是项目管理者、承包人还是其他管理者,要想完成一个工程项目而又不承担任何风险是不可能的。

需要指出的是,风险自留是一种建立在风险评估基础上的财务技术,主要依靠项目参与主体自己的财力去弥补财务上的损失。因此,必须对项目的风险有充分的认识,对风险可能造成的损失不应超过项目参与主体的承担能力,也就是说,风险自留的前提是决策者应掌握较完备的风险信息。

采用风险自留的对策时,一般在事先对风险不加控制,但通常都会制订一个应对计划,以备风险发生时之用。一般需要准备一笔费用,一旦风险发生时,将这笔费用用于损失补偿,如果损失不发生,则这笔费用可以节余,这一点将在下一小节做更详细的讨论。

正如前面所阐述的,风险与机会并存,因此,风险应对的措施也不仅仅是回避、消除风险或减轻风险的负面影响,在某些情况下,合理的利用风险有可能带来一些积极的效果和效益。影响建设项目风险的因素是在变化的后果也在发展变化,同时,风险在某些情况下是社会生产力发展的动力,风险往往蕴藏着机会。

当然,利用风险是风险管理的较高层次,对风险管理人员的管理水平要求较高,必须要慎重对待。必须在识别风险的基础上,对风险的可利用性和利用价值进行分析;决策既要当机立断,把握机会,又要量力而行,制定好应急的措施。同时,对项目进行过程中风险因素的变化情况要进行不断地监控,以便在风险达到一定的程度时及时采取相应的应急措施。

5. 风险应急计划

如果采用风险自留或利用的方案,那么就应该考虑一个应急的计划,最常见的应急计划就是在项目的经费预算中准备一笔应急的费用,确保能够提供实际的意外费用,风险越大,所需的应急费用就越多。在整个项目周期过程中,要密切注意对这些以外费用的管理;要不断地重估应急费,随着项目形势的变化,适当的调整应急费来适应其变化。通常情况下,对于特定主要的风险,需要准备独立的应急费用,在风险的分析评估中就应该同时考虑到应急的费用,其中,既要考虑到应急费用的多少,还要明确谁有权使用,在什么用的情况下使用。通常是由项目经理或合同管理者使用,他们需要具备丰富的经验和训练有素的判断力,而且还能在风险事件苗头初现时果断、迅速地采取行动。

在进行项目成本规划时应该对风险因素的影响进行评估,可以使用诸如电子表格等传统的工具建立成本模型和进行预算估计,当然,需要同时考虑以外的应急费用。然而,有时候进行成本估计是可能会遇到较大的不确定性,如果能运用单个风险度量的话,则可以使用风险模拟技术来把概率分布之分配给风险估计值。如果能够做到这一步,则可以利用蒙特卡洛模拟方法来预测一个合理的应急费用值。计算机从各种分布中"随机"选择一个值,并且重复分析数百次,提供对总体估计的一种概率分布。该方法为分配应急费提供了基础。

更好的一种做法是对可能采取的应急行动分配成成本费,通过主观的方法对行动成本的变动范围进行评估,然后通过上述的模拟来确定一个合理的应急费用水平,基本的步骤如下:

(1)收集各项风险应急行动的成本评估。

(2)对简化的概率分布的成本项分配参数,例如,成本的中间值、最大值和最小值。

(3)选择成本的概率分布。

(4)选出最好的评估——有时为50/50(也就是被超过的机会为50%)——和其他想得到的置信水平。

(5)将各种成本概率分布用50次以上的试验来进行模拟,并在此基础上决定应急费用。

在合理的基础上对各项行动分配应急费用。但这些行动完成时,应急费就可以相应的减少。

另一种应急措施就是对项目原有计划的范围和内容做出及时地调整,这需要在事先准备好若干种替代方案,凡遇到某种风险的时候,能够及时地根据应急预案做出调整。例如,调整整个建设工程的进度计划、采购计划、供应计划以及全面审查可使用的资金情况,必要时进行筹资计划的调整等。对于可能出现的灾难性风险事件还需要事先编制好明确的工作程序和具体措施,为现场人员提供明确的行动指南,使其在灾难性的事件发生后,不至于惊慌失措,也不需要临时研究应对措施,可以做到从容不迫、及时妥善的处理事故。对于建设项目来说,这种

应对灾难性风险事件的计划,通常包括以下内容:

(1)安全撤离现场人员。

(2)援救及处理伤亡人员。

(3)控制风险事件影响的进一步发展,最大限度地减少资产和环境损害。

(4)保证受影响区域的安全尽快恢复正常。

6.风险转移

风险转移是进行风险管理的一个十分重要的手段,当有些风险无法回避、必须直接面对,而以自身的承受能力又无法有效地承担时,风险转移就是一种十分有效地选择。必须注意的是,所谓风险的转移,是通过某种方式将某些风险的后果连同对风险应对的权利和责任转移给他人。转移的本身并不能消除风险,只是将风险管理的责任和可能从该风险管理中所能获得的利益移交给了他人,工程管理者不再直接面对被转移的风险。特别要注意的是,某些在建设工程看来较大的风险,其他方可能认为风险较小或者根本不是风险,甚至可能从风险管理中受益,风险转移并不是纯粹地向他人转嫁风险。在工程建设过程中,可能遇到的风险因素众多,工程项目的管理者不可能样样自己面对,因此,适当、合理的风险转移是合法的、正当的,是一种高水平管理的体现。风险转移的方法很多,主要包括非保险转移和保险转移两大类。

1)非保险转移

非保险转移又称为合同转移,就是通过签订合同的方式将工程风险转移给非保险人的对方当事人,对于建设项目来说,非保险转移包括以下 3 种情况。

(1)保证担保

在工程的招投标和合同的履行过程中,有两大类情况时经常出现的,一是投标方在投标前后投标过程中没有能够很好地对项目的实施条件进行了解,盲目参与投标,而其后退出投标的过程,不签订合同或者是在合同签订后不履行合同义务或提出新的履约条件等。这对招标人来说就是一种风险,可能导致招标的失败或其他损失。针对投标人上述行为导致的风险,招标人可以在投标开始前或施工开始前分别要求投标人或中标人提供担保公司或银行出具的投标担保或履约担保。这样,一旦出现投标人的上述行为,则由担保公司或银行来赔偿招标人的损失。另一方面,招标人在项目开工建设后,经常会出现资金不到位的情况,项目法人拖欠承包人施工费用的现象在我国比较普遍,这对于承包人来说是一种巨大的风险,为转移这种风险,承包人可以要求发包人提供付款担保,如果在施工过程中发生过拖欠付款情况,承包商可以要求担保人赔偿损失。上述措施实质上是通过保证担保的方式将风险转移给了担保公司或银行,这是一种风险量不变的转移方式,即在风险转移的过程中,风险量并没有发生变化,只是风险承担的主体发生了变化。

(2)工程分包

工程分包是工程建设过程中不可避免地承担方式,这是社会化大生产条件向专业化分工的结果。在合同的履行过程中,对某些特殊的施工项目,如果总包单位的技能、装备或经验不足,对该项目进行分包,无论从工程管理还是风险管理的角度,都是一个很好的选择,将该项目分包,总包人的风险发生了转移,当对于分包人来说,这正是自身的特长,风险可以得到有效的控制。这是一种改变了风险的转移方式。

（3）合同条件

合同条件的内容是多种多样的,合理地制订合同条件、采取正确的合同方式,可以达到转移风险的目的。在合同中经常采用的固定总价合同、单价合同及成本加酬金合同等。就分别适用于不同的具体条件。例如,在较大型的工程项目中,由于实施的过程较长,施工期间可能遇到物价上涨等情况,因此,采用单价合同,固定其基础的单价,就可以将施工期间物价上涨的风险转移给施工单位。再如,对于施工设计深度还不够的项目,施工过程中可能会遇到大量由于工程量计算不准确带来的风险,如果采用单价合同,工程总价随工程量而变化,建设工程将承担较大的经济风险,而采用固定总价合同,工程的总价不随工程量而变化,该部分的风险就由建设工程转移给承包人来承担,同样达到了转移风险的目的。

2）保险转移

工程保险是一种非常有效的风险转移方式,也就是在工程建设中引入了另一种由市场日益驱动的风险转移机制。通过工程保险,将工程项目可能会遇到的某些类型的风险由营利性质的保险公司来承担。当然,这种风险的转移是有偿的,投保人需要向保险公司交纳一定的费用来换取风险的转移,通过保险来实现的风险转移是一种补偿性的,当风险事件发生造成损失后,有保险人对被保险人提供一种经济上的补偿,如果风险事件没有发生或者发生后所造成的损失很小,这投保人所缴纳的保险费就成为保险人所获得的利润。需要指出的是,并不是工程项目中的任何风险都可以通过保险来得到转移,能够保险的风险通常称为可保风险。一般说来,可保风险具备的特点是风险是偶然的、意外的,而往往损失巨大而损失又是可以较准确的计量的。

7. 风险监控

如前所述,无论采取什么样的风险控制措施,都很难将风险完全消除,而且,原有的风险消除后,还可能产生新的风险。因此,在项目进行的过程中,定期对风险进行监控就是一项必不可少的工作内容。其目的是考察各种风险控制行动产生的实际效果、确定风险减少的程度、建立残留风险的变化情况,进而考虑是否需要调整风险管理计划以及是否启动相应的应急措施等。

1）监控的内容

风险管理计划实施后,人们的风险控制行动必然会对风险的发展产生相应的效果,其过程是一个不断认识项目风险的特性及不断修订风险管理计划和行为的过程,对这一过程的监控,主要包括如下内容:

（1）评估风险控制行动产生的效果。

（2）及时发现和度量新的风险因素。

（3）跟踪、评估残余风险的变化和程度。

（4）监控潜在风险的发展、检测项目风险发生的征兆。

（5）提供启动风险应变计划的实际和依据。

2）风险跟踪检查

跟踪风险控制措施的效果是风险监控的主要内容,在实际工作中通常采用风险跟踪表格来记录跟踪的结果,然后定期地将跟踪的结果制成跟踪报告,使决策者及时从中分享发展趋势的相关信息,以便及时地做出反应。表9-7是一个风险跟踪表实例。

风险跟踪表实例 表 9-7

项目风险跟踪表			
项目名称: 风险标识:			
风险来源: 风险类别:			
风险的影响程度:			
风险的跟踪情况			
跟踪时间			
减轻行动措施描述:			
措施开始时间:	措施结束时间:	发生的成本:	实施人:
风险影响的修订			
风险发生概率:		风险严重程度:	
受影响范围的修订			
对进度的影响: 对造价的影响: 对质量的影响: 对安全的影响: 对环境的影响:			
下一步应采取的行动:			执行人:
填表人:	日期:		批准人:

3) 风险的重新估算

无论什么时候,只要在风险监控的过程中发现有新的风险因素,就要对其进行重新估算。除此之外,在风险管理的进程中,即使没有出现新的风险,也需要在项目的里程碑等关键时刻对风险进行重新估计。

4) 风险跟踪报告

风险跟踪的结果需要及时地进行报告,报告通常供较高层次的决策者使用。因此,风险报告应该及时、准确、简明扼要,向决策者传达风险信息,报告内容的详细程度应按照决策者的需要而定。编制可提交风险报告是风险管理的一项日常工作,报告的格式和频率应视需要和成本而定,没有固定的要求,当应该作为风险管理计划的一部分在事先进行统一考虑。表 9-8 给出了一个风险跟踪报告表实例,该标简单明了,适用于高层决策者宏观掌握风险信息,对于专业管理人员也有相当的实用意义。除此之外,在重要的里程碑时段编写的风险报告应该反映出更为丰富的风险信息。

风险跟踪报告实例 表9-8

主要风险跟踪报告表					报告编号：
项目名称：某污水外排工程			编制人：		报告时间：
风险编号	风险名称	本次排名	上次排名	潜 在 后 果	解决进展情况
RV10	施工安全措施不足	1	3	发生漏水事故时,人员无法及时撤离	一通过资格预审选择有经验的承包商,具体措施尚需进一步落实
RV21	排污管施工上浮	2	1	工程无法达至目标,可能造成人员伤亡,损失无法估计	已组织专家论证,拟增加排污管埋深,已交设计院修改原设计
RV15	土方费用超出预算	3	5	可能致使总成本超出项目预控目标	计划将土方工程分包给专业承包商,采用固定总价合同,招标文件已发
RV46	建筑材料涨价	4	26	可能致使总成本超出项目预控目标	招标文件的合同条件中已考虑采用固定单价合同,在承包商申报的工程量清单报价中重点审查主材单价。承包合同条件正在谈判

第三节 监理工作风险的规避

规避法律责任是指工程监理单位(监理工程师)依法执业、防范和避免被追究法律责任,维护自己的正当权益的行为。依法执业是前提,不被追究法律责任也就是顺理成章的事了。

建设工程施工现场发生安全事故后,工程监理单位(监理工程师)即使按《建设工程安全生产管理条例》(以下简称《条例》)的规定做了,也往往要被加以引申和外联而受连带处罚,因此,工程监理单位(监理工程师)规避法律责任也就成为维护自身权益的正当选择。

一、工程监理单位加强自身建设

根据《条例》要求开展建设工程安全监理工作,工程监理单位应抓好以下自身建设工作:

(1)学习掌握有关建设工程安全生产法律法规和施工安全技术规程标准,充实安全监理的技术准备和人力准备。

(2)编写企业内部实用的建设工程安全监理手册,指导安全监理工作。

(3)补充和充实监理人员在安全监理方面职业道德和纪律的规定,对以下有故意情节的要给予重罚:

①将违反工程建设强制性标准的施工组织设计或专项施工方案等签字认可的。

②迁就建设单位(或建设工程)意愿或施工单位压力将严重安全事故隐患说成一般性安全问题的。

③迁就建设单位(或建设工程)意愿或施工单位压力将暂停工指令改为整改指令的。

④故意将安全事故隐患隐瞒不报,私下处理而贻误时机的。

⑤故意将安全事故隐患拖延报告,拖延处理而贻误时机的。

⑥对进场无安全生产许可证的施工企业,或无上岗证的作业人员知情不报或拖延报告而贻误时机的。

⑦对擅自变更原施工组织设计(施工方案)或专项方案的安全技术措施知情不报或拖延不报告而贻误时机的。

⑧越权指令施工单位违章作业等。

二、在承揽监理业务及履行监理委托合同中,学会并善于防范风险

(1)承担与其资质、能力相称的监理业务。对不熟悉又缺乏实际经验的建设工程,工程监理单位承接该业务要慎重。

(2)对资本金不足,而又无良好融资渠道,主要甚至全依赖压低工程造价(包括压低监理费),施工单位垫资及拖欠工程款为手段运作的建设工程,工程监理单位承接该业务要特别慎重。在这种情况下,施工单位很难保证施工安全生产资金的必要投入,有的施工单位甚至于理直气壮地压减安全生产费用及安全设施的投入等。

(3)在与建设单位签订监理委托合同时,要补充关于安全监理双方权利义务条款。

(4)协助建设单位选好施工单位。对无安全生产许可证而建设单位(或建设工程)又执意要选择的施工单位,工程监理单位应表明立场,切勿迁就,即使被中止监理合同也要坚持。此时,可能监理工作才开展不久,撤出项目也无实际利益损失,反而避免了日后的风险。若此时已开展较多的监理工作,则可利用建设单位违法理亏之机追讨回应得的经济利益。

(5)如工程监理单位进场时,建设单位已选定施工单位,经考查若不具备相应安全生产许可证时,工程监理单位亦应明确表明立场,如建设单位执意坚持,亦可按(4)方式处理。

(6)施工过程中发生工程变更,工程监理单位应评估对施工安全方面的影响,表明态度并签注意见。各方协商制定措施时,工程监理单位应有明确的观点并留下凭证。

(7)在施工过程中,建设单位出于某种需要压缩工期实行抢工时,一方面工程监理单位应协同建设单位、施工单位完善相应施工安全措施,使"抢工"具有实施可行性。若其措施不能保证施工安全或建设单位又不愿为"抢工"支付安全措施费时,工程监理单位应表明态度,竭力规劝不要蛮干并留下凭证,必要时向主管部门报告。

(8)在履行合同过程中,若建设单位故意违法违规,工程监理单位应及时提醒、规劝,表明制止的态度。如建设单位仍得寸进尺,一意妄为,工程监理单位应高度警惕,情况严重时,应在有理(及时提出意见并收集和留下凭证)、有利(收到相应经济收益后)的原则下,适时中止合同以防陷入更大的风险。

(9)对于由施工单位垫资的工程,建设单位也要受施工单位的控制,工程监理单位的行为也更得不到建设单位的支持,因此,施工单位对工程监理单位的检查监督会置之不理,恣意妄为。此时,工程监理单位更应在有理、有利的原则下,利用相关条款适时中止监理合同。有时,作为一项选择甚至放弃余下的监理费也应退出合同,以防落入更深的陷阱。

三、学会并应用法律保护工程监理单位自身的正当权益

1. 规避法律责任保护自己的根本性措施

(1)承担与其资质、能力相称的监理业务。

（2）严格依据法律法规、标准规范、合同、职业道德及行为准则尽心尽力履行监理职责；时时、处处、事事讲依据，按程序，重数据，留凭证。

2. 在界定法律责任时应注意的区别

当工程监理单位被追究法律责任时，应首先搞清楚是否真要负什么样的法律责任，为此，要注意以下区别：

（1）有无责任的区别。工程监理单位严格依法执业了，但仍被追究法律责任。

（2）共同责任与独立承担责任的区别。工程监理单位也可能有过失，本来为共同责任，却被追究为独立承担责任。

（3）共同责任中主要责任与次要责任的区别。工程监理单位本为共同责任中负次要责任，却被追究为共同责任中负主要责任。

（4）一项责任与数项责任的区别。工程监理单位可能承担一项责任，但被追究为承担数项责任。

（5）责任的性质、程度有无扩大的区别。工程监理单位承担责任的性质、程度被扩大等。

3. 被不当追究法律责任时要做好申诉和举证，以维护自身的正当权益

当工程监理单位无过错或有轻微过错被扩大追究法律责任时，工程监理单位应为自身无过错或轻微过错的主张进行申诉和举证。举证的一般内容包括：

（1）反映监理依据合法性的证据。用以表明监理履行职责是严格按照法律法规规范、合同、施工图纸等进行的。

（2）反映监理工作的程序、方法的合法性及规范性的证据。用以表明监理工作的程序、方法、手段既合法又符合规范，特别是对施工安全风险事前就有预见，并有对策建议向施工单位提出，施工中又及时督促施工单位。

（3）反映监理进行工程协调和处理问题的后果具有合理性的证据。用以表明监理工作的效果是合理的，能为各方接受的，因而对防止或减少施工安全事故、推动工程进展是有益的。

（4）针对所追究的事故责任，要能得出有可信证据支持的事故原因申诉报告。在该报告中要有能充分反映监理的行为合法、合理、及时的论据和证据，要有反映事故责任方（或主要责任方）行为不当或不力的论据和证据。比如，责任方对监理的意见、指令不接受，拖延处理，甚至阳奉阴违的证据等。

总之，工程监理单位（监理工程师）的申诉或举证要科学、客观、公正，既表明监理自身的责任是有或没有、大或小，同时也要为事故责任的处理提供佐证。所谓可信证据，是指能为法律认可的，包括不同载体形成的文字、数据、图像等信息。因此，从项目监理工作一开始就做好相关信息的可靠性、完整性建设，是工程监理单位（监理工程师）依法保护自己的十分重要的基础性工作。

工程监理企业资质管理规定

(2007 年 06 月 26 日建设部令第 158 号发布,2015 年 05 月 04 日住房和城乡建设部令第 24 号修正)

第一章 总　　则

第一条　为了加强工程监理企业资质管理,规范建设工程监理活动,维护建筑市场秩序,根据《中华人民共和国建筑法》、《中华人民共和国行政许可法》、《建设工程质量管理条例》等法律、行政法规,制定本规定。

第二条　在中华人民共和国境内从事建设工程监理活动,申请工程监理企业资质,实施对工程监理企业资质监督管理,适用本规定。

第三条　从事建设工程监理活动的企业,应当按照本规定取得工程监理企业资质,并在工程监理企业资质证书(以下简称资质证书)许可的范围内从事工程监理活动。

第四条　国务院建设主管部门负责全国工程监理企业资质的统一监督管理工作。国务院铁路、交通、水利、信息产业、民航等有关部门配合国务院建设主管部门实施相关资质类别工程监理企业资质的监督管理工作。

省、自治区、直辖市人民政府建设主管部门负责本行政区域内工程监理企业资质的统一监督管理工作。省、自治区、直辖市人民政府交通、水利、信息产业等有关部门配合同级建设主管部门实施相关资质类别工程监理企业资质的监督管理工作。

第五条　工程监理行业组织应当加强工程监理行业自律管理。

鼓励工程监理企业加入工程监理行业组织。

第二章　资质等级和业务范围

第六条　工程监理企业资质分为综合资质、专业资质和事务所资质。其中,专业资质按照工程性质和技术特点划分为若干工程类别。

综合资质、事务所资质不分级别。专业资质分为甲级、乙级;其中,房屋建筑、水利水电、公路和市政公用专业资质可设立丙级。

第七条　工程监理企业的资质等级标准如下:

(一)综合资质标准

1.具有独立法人资格且具有符合国家有关规定的资产。

2.企业技术负责人应为注册监理工程师,并具有15年以上从事工程建设工作的经历或者具有工程类高级职称。

3.具有5个以上工程类别的专业甲级工程监理资质。

4.注册监理工程师不少于60人,注册造价工程师不少于5人,一级注册建造师、一级注册建筑师、一级注册结构工程师或者其他勘察设计注册工程师合计不少于15人次。

5.企业具有完善的组织结构和质量管理体系,有健全的技术、档案等管理制度。

6.企业具有必要的工程试验检测设备。

7.申请工程监理资质之日前一年内没有本规定第十六条禁止的行为。

8.申请工程监理资质之日前一年内没有因本企业监理责任造成重大质量事故。

9.申请工程监理资质之日前一年内没有因本企业监理责任发生三级以上工程建设重大安全事故或者发生两起以上四级工程建设安全事故。

(二)专业资质标准

1.甲级

(1)具有独立法人资格且具有符合国家有关规定的资产。

(2)企业技术负责人应为注册监理工程师,并具有15年以上从事工程建设工作的经历或者具有工程类高级职称。

(3)注册监理工程师、注册造价工程师、一级注册建造师、一级注册建筑师、一级注册结构工程师或者其他勘察设计注册工程师合计不少于25人次;其中,相应专业注册监理工程师不少于《专业资质注册监理工程师人数配备表》(附表1)中要求配备的人数,注册造价工程师不少于2人。

(4)企业近2年内独立监理过3个以上相应专业的二级工程项目,但是,具有甲级设计资质或一级及以上施工总承包资质的企业申请本专业工程类别甲级资质的除外。

(5)企业具有完善的组织结构和质量管理体系,有健全的技术、档案等管理制度。

(6)企业具有必要的工程试验检测设备。

(7)申请工程监理资质之日前一年内没有本规定第十六条禁止的行为。

(8)申请工程监理资质之日前一年内没有因本企业监理责任造成重大质量事故。

(9)申请工程监理资质之日前一年内没有因本企业监理责任发生三级以上工程建设重大安全事故或者发生两起以上四级工程建设安全事故。

2.乙级

(1)具有独立法人资格且具有符合国家有关规定的资产。

（2）企业技术负责人应为注册监理工程师,并具有10年以上从事工程建设工作的经历。

（3）注册监理工程师、注册造价工程师、一级注册建造师、一级注册建筑师、一级注册结构工程师或者其他勘察设计注册工程师合计不少于15人次。其中,相应专业注册监理工程师不少于《专业资质注册监理工程师人数配备表》(附表1)中要求配备的人数,注册造价工程师不少于1人。

（4）有较完善的组织结构和质量管理体系,有技术、档案等管理制度。

（5）有必要的工程试验检测设备。

（6）申请工程监理资质之日前一年内没有本规定第十六条禁止的行为。

（7）申请工程监理资质之日前一年内没有因本企业监理责任造成重大质量事故。

（8）申请工程监理资质之日前一年内没有因本企业监理责任发生三级以上工程建设重大安全事故或者发生两起以上四级工程建设安全事故。

3.丙级

（1）具有独立法人资格且具有符合国家有关规定的资产。

（2）企业技术负责人应为注册监理工程师,并具有8年以上从事工程建设工作的经历。

（3）相应专业的注册监理工程师不少于《专业资质注册监理工程师人数配备表》(附表1)中要求配备的人数。

（4）有必要的质量管理体系和规章制度。

（5）有必要的工程试验检测设备。

（三）事务所资质标准

1.取得合伙企业营业执照,具有书面合作协议书。

2.合伙人中有3名以上注册监理工程师,合伙人均有5年以上从事建设工程监理的工作经历。

3.有固定的工作场所。

4.有必要的质量管理体系和规章制度。

5.有必要的工程试验检测设备。

第八条 工程监理企业资质相应许可的业务范围如下:

（一）综合资质

可以承担所有专业工程类别建设工程项目的工程监理业务。

（二）专业资质

1.专业甲级资质

可承担相应专业工程类别建设工程项目的工程监理业务(见附表2)。

2.专业乙级资质:

可承担相应专业工程类别二级以下(含二级)建设工程项目的工程监理业务(见附表2)。

3.专业丙级资质:

可承担相应专业工程类别三级建设工程项目的工程监理业务(见附表2)。

（三）事务所资质

可承担三级建设工程项目的工程监理业务(见附表2),但是,国家规定必须实行强制监理的工程除外。

工程监理企业可以开展相应类别建设工程的项目管理、技术咨询等业务。

第三章　资质申请和审批

第九条　申请综合资质、专业甲级资质的,应当向企业工商注册所在地的省、自治区、直辖市人民政府建设主管部门提出申请。

省、自治区、直辖市人民政府建设主管部门应当自受理申请之日起20日内初审完毕,并将初审意见和申请材料报国务院建设主管部门。

国务院建设主管部门应当自省、自治区、直辖市人民政府建设主管部门受理申请材料之日起60日内完成审查,公示审查意见,公示时间为10日。其中,涉及铁路、交通、水利、通信、民航等专业工程监理资质的,由国务院建设主管部门送国务院有关部门审核。国务院有关部门应当在20日内审核完毕,并将审核意见报国务院建设主管部门。国务院建设主管部门根据初审意见审批。

第十条　专业乙级、丙级资质和事务所资质由企业所在地省、自治区、直辖市人民政府建设主管部门审批。

专业乙级、丙级资质和事务所资质许可。延续的实施程序由省、自治区、直辖市人民政府建设主管部门依法确定。

省、自治区、直辖市人民政府建设主管部门应当自做出决定之日起10日内,将准予资质许可的决定报国务院建设主管部门备案。

第十一条　工程监理企业资质证书分为正本和副本,每套资质证书包括一本正本,四本副本。正、副本具有同等法律效力。

工程监理企业资质证书的有效期为5年。

工程监理企业资质证书由国务院建设主管部门统一印制并发放。

第十二条　申请工程监理企业资质,应当提交以下材料:

(一)工程监理企业资质申请表(一式三份)及相应电子文档;

(二)企业法人、合伙企业营业执照;

(三)企业章程或合伙人协议;

(四)企业法定代表人、企业负责人和技术负责人的身份证明、工作简历及任命(聘用)文件;

(五)工程监理企业资质申请表中所列注册监理工程师及其他注册执业人员的注册执业证书;

(六)有关企业质量管理体系、技术和档案等管理制度的证明材料;

(七)有关工程试验检测设备的证明材料。

取得专业资质的企业申请晋升专业资质等级或者取得专业甲级资质的企业申请综合资质的,除前款规定的材料外,还应当提交企业原工程监理企业资质证书正、副本复印件,企业《监理业务手册》及近两年已完成代表工程的监理合同、监理规划、工程竣工验收报告及监理工作总结。

第十二条　资质有效期届满,工程监理企业需要继续从事工程监理活动的,应当在资质证书有效期届满60日前,向原资质许可机关申请办理延续手续。

对在资质有效期内遵守有关法律、法规、规章、技术标准,信用档案中无不良记录,且专业技术人员满足资质标准要求的企业,经资质许可机关同意,有效期延续5年。

第十四条 工程监理企业在资质证书有效期内名称、地址、注册资本、法定代表人等发生变更的,应当在工商行政管理部门办理变更手续后30日内办理资质证书变更手续。

涉及综合资质、专业甲级资质证书中企业名称变更的,由国务院建设主管部门负责办理,并自受理申请之日起3日内办理变更手续。

前款规定以外的资质证书变更手续,由省、自治区、直辖市人民政府建设主管部门负责办理。省、自治区、直辖市人民政府建设主管部门应当自受理申请之日起3日内办理变更手续,并在办理资质证书变更手续后15日内将变更结果报国务院建设主管部门备案。

第十五条 申请资质证书变更,应当提交以下材料:

(一)资质证书变更的申请报告;

(二)企业法人营业执照副本原件;

(三)工程监理企业资质证书正、副本原件。

工程监理企业改制的,除前款规定材料外,还应当提交企业职工代表大会或股东大会关于企业改制或股权变更的决议、企业上级主管部门关于企业申请改制的批复文件。

第十六条 工程监理企业不得有下列行为:

(一)与建设单位串通投标或者与其他工程监理企业串通投标,以行贿手段谋取中标;

(二)与建设单位或者施工单位串通弄虚作假、降低工程质量;

(三)将不合格的建设工程、建筑材料、建筑构配件和设备按照合格签字;

(四)超越本企业资质等级或以其他企业名义承揽监理业务;

(五)允许其他单位或个人以本企业的名义承揽工程;

(六)将承揽的监理业务转包;

(七)在监理过程中实施商业贿赂;

(八)涂改、伪造、出借、转让工程监理企业资质证书;

(九)其他违反法律法规的行为。

第十七条 工程监理企业合并的,合并后存续或者新设立的工程监理企业可以承继合并前各方中较高的资质等级,但应当符合相应的资质等级条件。

工程监理企业分立的,分立后企业的资质等级,根据实际达到的资质条件,按照本规定的审批程序核定。

第十八条 企业需增补工程监理企业资质证书的(含增加、更换、遗失补办),应当持资质证书增补申请及电子文档等材料向资质许可机关申请办理。遗失资质证书的,在申请补办前应当在公众媒体刊登遗失声明。资质许可机关应当自受理申请之日起3日内予以办理。

第四章　监　督　管　理

第十九条 县级以上人民政府建设主管部门和其他有关部门应当依照有关法律、法规和本规定,加强对工程监理企业资质的监督管理。

第二十条 建设主管部门履行监督检查职责时,有权采取下列措施:

(一)要求被检查单位提供工程监理企业资质证书、注册监理工程师注册执业证书,有关工程监理业务的文档,有关质量管理、安全生产管理、档案管理等企业内部管理制度的文件;

(二)进入被检查单位进行检查,查阅相关资料;

（三）纠正违反有关法律、法规和本规定及有关规范和标准的行为。

第二十一条 建设主管部门进行监督检查时,应当有两名以上监督检查人员参加,并出示执法证件,不得妨碍被检查单位的正常经营活动,不得索取或者收受财物、谋取其他利益。

有关单位和个人对依法进行的监督检查应当协助与配合,不得拒绝或者阻挠。

监督检查机关应当将监督检查的处理结果向社会公布。

第二十二条 工程监理企业违法从事工程监理活动的,违法行为发生地的县级以上地方人民政府建设主管部门应当依法查处,并将违法事实、处理结果或处理建议及时报告该工程监理企业资质的许可机关。

第二十三条 工程监理企业取得工程监理企业资质后不再符合相应资质条件的,资质许可机关根据利害关系人的请求或者依据职权,可以责令其限期改正;逾期不改的,可以撤回其资质。

第二十四条 有下列情形之一的,资质许可机关或者其上级机关,根据利害关系人的请求或者依据职权,可以撤销工程监理企业资质:

（一）资质许可机关工作人员滥用职权、玩忽职守做出准予工程监理企业资质许可的;

（二）超越法定职权做出准予工程监理企业资质许可的;

（三）违反资质审批程序做出准予工程监理企业资质许可的;

（四）对不符合许可条件的申请人做出准予工程监理企业资质许可的;

（五）依法可以撤销资质证书的其他情形。

以欺骗、贿赂等不正当手段取得工程监理企业资质证书的,应当予以撤销。

第二十五条 有下列情形之一的,工程监理企业应当及时向资质许可机关提出注销资质的申请,交回资质证书,国务院建设主管部门应当办理注销手续,公告其资质证书作废:

（一）资质证书有效期届满,未依法申请延续的;

（二）工程监理企业依法终止的;

（三）工程监理企业资质依法被撤销、撤回或吊销的;

（四）法律、法规规定的应当注销资质的其他情形。

第二十六条 工程监理企业应当按照有关规定,向资质许可机关提供真实、准确、完整的工程监理企业的信用档案信息。

工程监理企业的信用档案应当包括基本情况、业绩、工程质量和安全、合同违约等情况。被投诉举报和处理、行政处罚等情况应当作为不良行为记入其信用档案。

工程监理企业的信用档案信息按照有关规定向社会公示,公众有权查阅。

第五章 法 律 责 任

第二十七条 申请人隐瞒有关情况或者提供虚假材料申请工程监理企业资质的,资质许可机关不予受理或者不予行政许可,并给予警告,申请人在 1 年内不得再次申请工程监理企业资质。

第二十八条 以欺骗、贿赂等不正当手段取得工程监理企业资质证书的,由县级以上地方人民政府建设主管部门或者有关部门给予警告,并处 1 万元以上 2 万元以下的罚款,申请人 3 年内不得再次申请工程监理企业资质。

第二十九条 工程监理企业有本规定第十六条第七项、第八项行为之一的,由县级以上地方人民政府建设主管部门或者有关部门予以警告,责令其改正,并处 1 万元以上 3 万元以下的罚款;造成损失的,依法承担赔偿责任;构成犯罪的,依法追究刑事责任。

第三十条 违反本规定,工程监理企业不及时办理资质证书变更手续的,由资质许可机关责令限期办理;逾期不办理的,可处以 1 千元以上 1 万元以下的罚款。

第三十一条 工程监理企业未按照本规定要求提供工程监理企业信用档案信息的,由县级以上地方人民政府建设主管部门予以警告,责令限期改正;逾期未改正的,可处以 1 千元以上 1 万元以下的罚款。

第三十二条 县级以上地方人民政府建设主管部门依法给予工程监理企业行政处罚的,应当将行政处罚决定以及给予行政处罚的事实、理由和依据,报国务院建设主管部门备案。

第三十三条 县级以上人民政府建设主管部门及有关部门有下列情形之一的,由其上级行政主管部门或者监察机关责令改正,对直接负责的主管人员和其他直接责任人员依法给予处分;构成犯罪的,依法追究刑事责任:

(一)对不符合本规定条件的申请人准予工程监理企业资质许可的;

(二)对符合本规定条件的申请人不予工程监理企业资质许可或者不在法定期限内做出准予许可决定的;

(三)对符合法定条件的申请不予受理或者未在法定期限内初审完毕的;

(四)利用职务上的便利,收受他人财物或者其他好处的;

(五)不依法履行监督管理职责或者监督不力,造成严重后果的。

第六章 附 则

第三十四条 本规定自 2007 年 8 月 1 日起施行。2001 年 8 月 29 日建设部颁布的《工程监理企业资质管理规定》(建设部令第 102 号)同时废止。

附件:1. 专业资质注册监理工程师人数配备表(附表 1)

2. 专业工程类别和等级表(附表 2)

专业资质注册监理工程师人数配备表(单位:人) 附表 1

序 号	工程类别	甲级	乙级	丙级
1	房屋建筑工程	15	10	5
2	冶炼工程	15	10	
3	矿山工程	20	12	
4	化工石油工程	15	10	
5	水利水电工程	20	12	5
6	电力工程	15	10	
7	农林工程	15	10	
8	铁路工程	23	14	
9	公路工程	20	12	5
10	港口与航道工程	20	12	
11	航天航空工程	20	12	

续上表

序 号	工程类别	甲 级	乙 级	丙 级
12	通信工程	20	12	
13	市政公用工程	15	10	5
14	机电安装工程	15	10	

注:表中各专业资质注册监理工程师人数配备是指企业取得本专业工程类别注册的注册监理工程师人数。

专业工程类别和等级表

附表 2

序号	工程类别		一 级	二 级	三 级
一	房屋建筑工程	一般公共建筑	28 层以上;36 米跨度以上(轻钢结构除外);单项工程建筑面积 3 万平方米以上	14 ~ 28 层;24 ~ 36 米跨度(轻钢结构除外);单项工程建筑面积 1 万 ~ 3 万平方米	14 层以下;24 米跨度以下(轻钢结构除外);单项工程建筑面积 1 万平方米以下
		高耸构筑工程	高度 120 米以上	高度 70 ~ 120 米	高度 70 米以下
		住宅工程	小区建筑面积 12 万平方米以上;单项工程 28 层以上	建筑面积 6 万 ~ 12 万平方米;单项工程 14 ~ 28 层	建筑面积 6 万平方米以下;单项工程 14 层以下
二	冶炼工程	钢铁冶炼、连铸工程	年产 100 万吨以上;单座高炉炉容 1250 立方米以上;单座公称容量转炉 100 吨以上;电炉 50 吨以上;连铸年产 100 万吨以上或板坯连铸单机 1450 毫米以上	年产 100 万吨以下;单座高炉炉容 1250 立方米以下;单座公称容量转炉 100 吨以下;电炉 50 吨以下;连铸年产 100 万吨以下或板坯连铸单机 1450 毫米以下	
		轧钢工程	热轧年产 100 万吨以上,装备连续、半连续轧机;冷轧带板年产 100 万吨以上,冷轧线材年产 30 万吨以上或装备连续、半连续轧机	热轧年产 100 万吨以下,装备连续、半连续轧机;冷轧带板年产 100 万吨以下,冷轧线材年产 30 万吨以下或装备连续、半连续轧机	
		冶炼辅助工程	炼焦工程年产 50 万吨以上或炭化室高度 4.3 米以上;单台烧结机 100 平方米以上;小时制氧 300 立方米以上	炼焦工程年产 50 万吨以下或炭化室高度 4.3 米以下;单台烧结机 100 平方米以下;小时制氧 300 立方米以下	
		有色冶炼工程	有色冶炼年产 10 万吨以上;有色金属加工年产 5 万吨以上;氧化铝工程 40 万吨以上	有色冶炼年产 10 万吨以下;有色金属加工年产 5 万吨以下;氧化铝工程 40 万吨以下	
		建材工程	水泥日产 2000 吨以上;浮化玻璃日熔量 400 吨以上;池窑拉丝玻璃纤维、特种纤维、特种陶瓷生产线工程	水泥日产 2000 吨以下;浮化玻璃日熔量 400 吨以下;普通玻璃生产线;组合炉拉丝玻璃纤维;非金属材料、玻璃钢、耐火材料、建筑及卫生陶瓷厂工程	

续上表

序号		工程类别	一　级	二　级	三　级
三	矿山工程	煤矿工程	年产120万吨以上的井工矿工程;年产120万吨以上的洗选煤工程;深度800米以上的立井井筒工程;年产400万吨以上的露天矿山工程	年产120万吨以下的井工矿工程;年产120万吨以下的洗选煤工程;深度800米以下的立井井筒工程;年产400万吨以下的露天矿山工程	
		冶金矿山工程	年产100万吨以上的黑色矿山采选工程;年产100万吨以上的有色砂矿采、选工程;年产60万吨以上的有色脉矿采、选工程	年产100万吨以下的黑色矿山采选工程;年产100万吨以下的有色砂矿采、选工程;年产60万吨以下的有色脉矿采、选工程	
		化工矿山工程	年产60万吨以上的磷矿、硫铁矿工程	年产60万吨以下的磷矿、硫铁矿工程	
		铀矿工程	年产10万吨以上的铀矿;年产200吨以上的铀选冶	年产10万吨以下的铀矿;年产200吨以下的铀选冶	
		建材类非金属矿工程	年产70万吨以上的石灰石矿;年产30万吨以上的石膏矿、石英砂岩矿	年产70万吨以下的石灰石矿;年产30万吨以下的石膏矿、石英砂岩矿	
四	化工石油工程	油田工程	原油处理能力150万吨/年以上、天然气处理能力150万方/天以上、产能50万吨以上及配套设施	原油处理能力150万吨/年以下、天然气处理能力150万方/天以下、产能50万吨以下及配套设施	
		油气储运工程	压力容器8MPa以上;油气储罐10万立方米/台以上;长输管道120千米以上	压力容器8MPa以下;油气储罐10万立方米/台以下;长输管道120千米以下	
		炼油化工工程	原油处理能力在500万吨/年以上的一次加工及相应二次加工装置和后加工装置	原油处理能力500万吨/年以下的一次加工及相应二次加工装置和后加工装置	
		基本原材料工程	年产30万吨以上的乙烯工程;年产4万吨以上的合成橡胶、合成树脂及塑料和化纤工程	年产30万吨以下的乙烯工程;年产4万吨以下的合成橡胶、合成树脂及塑料和化纤工程	
		化肥工程	年产20万吨以上合成氨及相应后加工装置;年产24万吨以上磷氨工程	年产20万吨以下合成氨及相应后加工装置;年产24万吨以下磷氨工程	
		酸碱工程	年产硫酸16万吨以上;年产烧碱8万吨以上;年产纯碱40万吨以上	年产硫酸16万吨以下;年产烧碱8万吨以下;年产纯碱40万吨以下	

续上表

序号	工程类别		一 级	二 级	三 级
四	化工石油工程	轮胎工程	年产 30 万套以上	年产 30 万套以下	
		核化工及加工工程	年产 1000 吨以上的铀转换化工工程；年产 100 吨以上的铀浓缩工程；总投资 10 亿元以上的乏燃料后处理工程；年产 200 吨以上的燃料元件加工工程；总投资 5000 万元以上的核技术及同位素应用工程	年产 1000 吨以下的铀转换化工工程；年产 100 吨以下的铀浓缩工程；总投资 10 亿元以下的乏燃料后处理工程；年产 200 吨以下的燃料元件加工工程；总投资 5000 万元以下的核技术及同位素应用工程	
		医药及其他化工工程	总投资 1 亿元以上	总投资 1 亿元以下	
五	水利水电工程	水库工程	总库容 1 亿立方米以上	总库容 1 千万~1 亿立方米	总库容 1 千万立方米以下
		水力发电站工程	总装机容量 300 兆瓦以上	总装机容量 50 兆瓦~300 兆瓦	总装机容量 50 兆瓦以下
		其他水利工程	引调水堤防等级 1 级；灌溉排涝流量 5 立方米/秒以上；河道整治面积 30 万亩以上；城市防洪城市人口 50 万人以上；围垦面积 5 万亩以上；水土保持综合治理面积 1000 平方公里以上	引调水堤防等级 2、3 级；灌溉排涝流量 0.5~5 立方米/秒；河道整治面积 3 万~30 万亩；城市防洪城市人口 20 万~50 万人；围垦面积 0.5 万~5 万亩；水土保持综合治理面积 100~1000 平方公里	引调水堤防等级 4、5 级；灌溉排涝流量 0.5 立方米/秒以下；河道整治面积 3 万亩以下；城市防洪城市人口 20 万人以下；围垦面积 0.5 万亩以下；水土保持综合治理面积 100 平方公里以下
六	电力工程	火力发电站工程	单机容量 30 万千瓦以上	单机容量 30 万千瓦以下	
		输变电工程	330 千伏以上	330 千伏以下	
		核电工程	核电站；核反应堆工程		
七	农林工程	林业局（场）总体工程	面积 35 万公顷以上	面积 35 万公顷以下	
		林产工业工程	总投资 5000 万元以上	总投资 5000 万元以下	
		农业综合开发工程	总投资 3000 万元以上	总投资 3000 万元以下	
		种植业工程	2 万亩以上或总投资 1500 万元以上；	2 万亩以下或总投资 1500 万元以下	
		兽医/畜牧工程	总投资 1500 万元以上	总投资 1500 万元以下	
		渔业工程	渔港工程总投资 3000 万元以上；水产养殖等其他工程总投资 1500 万元以上	渔港工程总投资 3000 万元以下；水产养殖等其他工程总投资 1500 万元以下	

序号	工程类别		一　级	二　级	三　级
七	农林工程	设施农业工程	设施园艺工程1公顷以上;农产品加工等其他工程总投资1500万元以上	设施园艺工程1公顷以下;农产品加工等其他工程总投资1500万元以下	
		核设施退役及放射性三废处理处置工程	总投资5000万元以上	总投资5000万元以下	
八	铁路工程	铁路综合工程	新建、改建一级干线;单线铁路40千米以上;双线30千米以上及枢纽	单线铁路40千米以下;双线30千米以下;二级干线及站线;专用线、专用铁路	
		铁路桥梁工程	桥长500米以上	桥长500米以下	
		铁路隧道工程	单线3000米以上;双线1500米以上	单线3000米以下;双线1500米以下	
		铁路通信、信号、电力电气化工程	新建、改建铁路(含枢纽、配、变电所、分区亭)单双线200千米及以上	新建、改建铁路(不含枢纽、配、变电所、分区亭)单双线200千米及以下	
九	公路工程	公路工程	高速公路	高速公路路基工程及一级公路	一级公路路基工程及二级以下各级公路
		公路桥梁工程	独立大桥工程;特大桥总长1000米以上或单跨跨径150米以上	大桥、中桥桥梁总长30~1000米或单跨跨径20~150米	小桥总长30米以下或单跨跨径20米以下;涵洞工程
		公路隧道工程	隧道长度1000米以上	隧道长度500~1000米	隧道长度500米以下
		其他工程	通信、监控、收费等机电工程,高速公路交通安全设施、环保工程和沿线附属设施	一级公路交通安全设施、环保工程和沿线附属设施	二级及以下公路交通安全设施、环保工程和沿线附属设施
十	港口与航道工程	港口工程	集装箱、件杂、多用途等沿海港口工程20000吨级以上;散货、原油沿海港口工程30000吨级以上;1000吨级以上内河港口工程	集装箱、件杂、多用途等沿海港口工程20000吨级以下;散货、原油沿海港口工程30000吨级以下;1000吨级以下内河港口工程	
		通航建筑与整治工程	1000吨级以上	1000吨级以下	
		航道工程	通航30000吨级以上船舶沿海复杂航道;通航1000吨级以上船舶的内河航运工程项目	通航30000吨级以下船舶沿海航道;通航1000吨级以下船舶的内河航运工程项目	
		修造船水工工程	10000吨位以上的船坞工程;船体质量5000吨位以上的船台、滑道工程	10000吨位以下的船坞工程;船体质量5000吨位以下的船台、滑道工程	

续上表

序号	工程类别		一 级	二 级	三 级
十	港口与航道工程	防波堤、导流堤等水工工程	最大水深6米以上	最大水深6米以下	
		其他水运工程项目	建安工程费6000万元以上的沿海水运工程项目;建安工程费4000万元以上的内河水运工程项目	建安工程费6000万元以下的沿海水运工程项目;建安工程费4000万元以下的内河水运工程项目	
十一	航天航空工程	民用机场工程	飞行区指标为4E及以上及其配套工程	飞行区指标为4D及以下及其配套工程	
		航空飞行器	航空飞行器(综合)工程总投资1亿元以上;航空飞行器(单项)工程总投资3000万元以上	航空飞行器(综合)工程总投资1亿元以下;航空飞行器(单项)工程总投资3000万元以下	
		航天空间飞行器	工程总投资3000万元以上;面积3000平方米以上;跨度18米以上	工程总投资3000万元以下;面积3000平方米以下;跨度18米以下	
十二	通信工程	有线、无线传输通信工程,卫星、综合布线	省际通信、信息网络工程	省内通信、信息网络工程	
		邮政、电信、广播枢纽及交换工程	省会城市邮政、电信枢纽	地市级城市邮政、电信枢纽	
		发射台工程	总发射功率500千瓦以上短波或600千瓦以上中波发射台;高度200米以上广播电视发射塔	总发射功率500千瓦以下短波或600千瓦以下中波发射台;高度200米以下广播电视发射塔	
十三	市政公用工程	城市道路工程	城市快速路、主干路,城市互通式立交桥及单孔跨径100米以上桥梁;长度1000米以上的隧道工程	城市次干路工程,城市分离式立交桥及单孔跨径100米以下的桥梁;长度1000米以下的隧道工程	城市支路工程、过街天桥及地下通道工程
		给水排水工程	10万吨/日以上的给水厂;5万吨/日以上污水处理工程;3立方米/秒以上的给水、污水泵站;15立方米/秒以上的雨泵站;直径2.5米以上的给排水管道	2万~10万吨/日的给水厂;1万~5万吨/日污水处理工程;1~3立方米/秒的给水、污水泵站;5~15立方米/秒的雨泵站;直径1~2.5米的给水管道;直径1.5~2.5米的排水管道	2万吨/日以下的给水厂;1万吨/日以下污水处理工程;1立方米/秒以下的给水、污水泵站;5立方米/秒以下的雨泵站;直径1米以下的给水管道;直径1.5米以下的排水管道

序号	工程类别		一 级	二 级	三 级
十三	市政公用工程	燃气热力工程	总储存容积 1000 立方米以上液化气储罐场(站);供气规模 15 万立方米/日以上的燃气工程;中压以上的燃气管道、调压站;供热面积 150 万平方米以上的热力工程	总储存容积 1000 立方米以下的液化气储罐场(站);供气规模 15 万立方米/日以下的燃气工程;中压以下的燃气管道、调压站;供热面积 50 万～150 万平方米的热力工程	供热面积 50 万平方米以下的热力工程
		垃圾处理工程	1200 吨/日以上的垃圾焚烧和填埋工程	500～1200 吨/日的垃圾焚烧及填埋工程	500 吨/日以下的垃圾焚烧及填埋工程
		地铁轻轨工程	各类地铁轻轨工程		
		风景园林工程	总投资 3000 万元以上	总投资 1000 万～3000 万元	总投资 1000 万元以下
十四	机电安装工程	机械工程	总投资 5000 万元以上	总投资 5000 万以下	
		电子工程	总投资 1 亿元以上;含有净化级别 6 级以上的工程	总投资 1 亿元以下;含有净化级别 6 级以下的工程	
		轻纺工程	总投资 5000 万元以上	总投资 5000 万元以下	
		兵器工程	建安工程费 3000 万元以上的坦克装甲车辆、炸药、弹箭工程;建安工程费 2000 万元以上的枪炮、光电工程;建安工程费 1000 万元以上的防化民爆工程	建安工程费 3000 万元以下的坦克装甲车辆、炸药、弹箭工程;建安工程费 2000 万元以下的枪炮、光电工程;建安工程费 1000 万元以下的防化民爆工程	
		船舶工程	船舶制造工程总投资 1 亿元以上;船舶科研、机械、修理工程总投资 5000 万元以上	船舶制造工程总投资 1 亿元以下;船舶科研、机械、修理工程总投资 5000 万元以下	
		其他工程	总投资 5000 万元以上	总投资 5000 万元以下	

说明:

(1)表中的"以上"含本数,"以下"不含本数。

(2)未列入本表中的其他专业工程,由国务院有关部门按照有关规定在相应的工程类别中划分等级。

(3)房屋建筑工程包括结合城市建设与民用建筑修建的附建人防工程。

湖南省建设工程安全生产监理规程(试行)

第一条 为了落实建设工程安全生产监理责任,保证建设工程施工安全,根据《中华人民共和国安全生产法》《建设工程安全生产管理条例》《湖南省建设工程质量和安全生产管理条例》等法律法规,结合我省实际,制定本规程。

第二条 本省行政区域内对各类房屋建筑和市政基础设施工程及其附属设施和与其配套的线路、管道、设备的新建、扩建、改建和拆除等活动实施工程监理,必须遵守本规程。

第三条 建设工程监理委托合同应当包含安全生产监理内容,明确安全生产监理的权利和义务,并确定相应的安全生产监理费用。

第四条 工程监理单位主要负责人对本单位的安全生产监理工作全面负责。工程监理单位应当建立安全生产监理责任制度和教育培训制度,保证本单位监理人员掌握安全生产的法律法规和建设工程安全生产强制性标准条文,督促工程项目监理机构落实安全生产监理责任。

总监理工程师对工程项目的安全生产监理工作全面负责,工程项目监理机构应根据工程项目特点和要求明确总监理工程师、专业监理工程师和监理员在安全生产监理方面的各自职责。

工程项目监理机构应配备与工程项目相适应的专(兼)职安全生产监理人员,对工程项目的安全生产进行监督检查,承担具体的安全生产监理责任。

第五条 工程项目监理机构应当建立安全生产监理的审查核验制度、检查验收制度、督促整改制度、重大安全生产隐患报告制度、工地例会制度及资料归档制度,并明确各项制度的责任人员。

第六条　工程监理单位及其工程项目监理机构在工程项目各施工准备阶段,应当履行以下安全生产监理职责:

(一)在编制工程项目监理规划时,明确安全生产监理的范围、内容、工作程序和制度措施,以及人员配备计划和相应工作职责等。

(二)明确工程项目的危险性较大的专项工程,编制危险性较大的专项工程安全生产监理实施细则。实施细则应当明确安全生产监理的方法、措施和控制要点,以及对施工单位安全技术措施的检查方案。

(三)审查施工单位编制的施工组织设计、施工方案中的安全技术措施和危险性较大的专项工程施工方案的安全技术措施是否符合工程建设强制性标准要求,并签署审查意见。审查的主要内容应当包括:

1.施工单位编制的地下管线保护措施方案是否符合强制性标准要求;

2.基坑支护与降水、土方开挖与边坡防护、高大模板及支撑系统、起重吊装、脚手架、拆除、爆破等危险性较大的专项工程施工方案是否符合强制性标准要求,是否按规定要求经过专家论证;

3.施工临时用电方案设计及安全用电技术措施和电气防火措施是否符合强制性标准要求;

4.冬暑、雨期等季节性施工方案的制定是否符合强制性标准要求;

5.施工总平面布置图是否符合安全生产的要求,办公、宿舍、食堂、道路等临时设施设置以及排水、防火措施是否符合强制性标准要求;

(四)查验施工单位拟在工程项目使用的施工起重机械设备、整体提升脚手架、模板等自升式架设设施和安全设施的相关证照和资料是否符合规定。

(五)检查施工单位(包括分包单位)工程项目的安全生产规章制度的建立以及专职安全生产管理人员的配备情况。

(六)审查工程项目施工安全重大危险源目录、内容与工程项目实际情况是否相符,施工安全重大危险源防护保证措施是否符合工程建设强制性标准要求。

(七)查验工程项目所有施工单位(包括分包单位)的资质和安全生产许可证;相关管理人员的安全生产考核合格证以及特种作业人员的特种作业证。

(八)审核施工单位应急救援预案和安全文明施工措施费用使用计划。

(九)审查工程项目及危险性较大的专项工程开工安全生产条件及各项手续。

总监理工程师应当审查施工单位报审的有关技术文件及资料并在报审表上签署意见;审查未通过的,应当要求相关施工单位及时纠正和完善,没有进行纠正和完善施工组织设计、施工方案及安全技术措施不得允许实施。

第七条　工程项目监理机构在工程项目各施工阶段应当履行以下安全生产监理职责:

(一)检查施工单位是否按照审查批准的施工组织设计、施工方案中的安全技术措施和危险性较大的专项工程施工方案组织施工;审查施工安全重大危险源防护保证措施是否得到落实。

(二)督促施工单位对危险性较大的专项工程施工方案按照规定内容组织专家论证,并办理开工安全生产条件审查;督促施工单位在危险性较大的专项工程施工过程中进行安全巡视检查,督促施工单位安全生产专职人员进行现场监控。

（三）审查施工起重机械设备、整体提升脚手架、模板等自升式架设设施、钢管及扣件、漏电保护器、安全网等的检测检验报告和进场验收手续。参加施工起重机械设备、整体提升脚手架、模板等自升式架设设施以及施工临建设施的安装验收，督促施工单位及时办理相关设备设施的使用登记手续。

（四）检查施工现场各种安全警示标志设置是否齐全，是否符合强制性标准要求。

（五）检查施工单位对施工安全重大危险源的台账建立、检查记录、整改记录情况；监督检查施工单位对施工现场安全重大危险源的动态管理情况。

（六）核查安全文明防护施工措施费用专款使用情况，并按规定签署意见。

（七）督促施工单位进行安全生产自查，对其自查情况进行抽查，检查自查记录。参加建设单位组织的安全生产专项检查；检查施工单位专职安全生产管理人员的工作职责落实情况，包括其工作日志；检查施工临时用电、施工起重机械设备、整体提升脚手架、模板等自升式架设设施的运行维护记录等。

（八）建立工程项目安全生产隐患台账，对安全生产违法违规行为和安全生产隐患，及时要求有关单位整改，并检查整改结果，签署整改验收意见。

第八条 工程项目监理机构应当对下列专项工程施工作业（含安装、运行、拆卸）过程进行安全生产监督检查，并督促施工单位安全生产管理人员加强对关键工序施工全过程的跟班检查：

（一）基坑（槽）开挖与支护、降水工程；开挖深度超过2.5m（含2.5m）的基坑、1.5m（含1.5m）的基槽（沟）；或基坑开挖深度未超过2.5m，基槽开挖深度未超过1.5m，但因地质水文条件或周边环境复杂，需要对基坑（槽）进行支护和降水的基坑（槽）；采用爆破方式开挖的基坑（槽）。

（二）人工挖孔桩；沉井、沉箱；地下暗挖工程。

（三）模板工程：各类工具式模板工程，包括滑模、爬模、大模板等；水平混凝土构件模板支撑系统及特殊结构模板工程。

（四）物料提升设备（包括各类扒杆、卷扬机、井架等）、塔吊、施工电梯、架桥机等施工起重机械设备的安装、检测、顶升、拆卸工程；各类吊装工程。

（五）脚手架工程：落地式钢管脚手架、木脚手架、附着式升降脚手架、整体提升与分片式提升、悬挑式脚手架、门型脚手架、挂脚手架、吊篮脚手架，卸料平台。

（六）拆除、爆破工程。

（七）施工现场临时用电工程。

（八）其他危险性较大的专项工程：建筑幕墙（含石材）的安装工程；预应力结构张拉工程；隧道工程，围堰工程，架桥工程；电梯、物料提升等特种设备安装；网架、索膜及跨度超过5m的结构安装；2.5m（含2.5m）以上边坡的开挖、支护；较为复杂的线路、管道工程；采用新技术、新工艺、新材料对施工安全可能有影响的工程。

工程项目监理应当参加对前款所列工程中涉及深基坑（槽）、地下暗挖工程、高大模板工程、大件设备、结构吊装就位等工程以及其他危险性较大的专项工程的专项工程施工方案专家论证，督促施工单位按照专家论证审查意见对专项工程施工方案进行修订完善，并经总监理工程师签字后方能允许实施。

第九条 工程项目监理机构应当建立安全生产隐患整改报告制度。对安全生产违法违规行为和安全生产隐患应及时制止并书面通知有关单位限期整改，情况严重的，由总监理工程师签发暂停施工令,并及时书面通报建设单位;有关单位拒不在限期内整改或者拒不暂停施工的,工程项目监理机构应当及时书面报告相关建设行政主管部门或其安全生产监督机构,必要时,应当及时书面报告上一级建设行政主管部门。

第十条 工程项目安全生产监理资料应明确专人进行管理和归档,其主要内容应包括:

(一)本规程第七条、第八条规定的审查、检查、验收等资料及处理结果;

(二)安全生产违法违规行为和安全生产隐患整改通知单、暂停施工令及整改回复验收单,定期安全生产检查记录及整改、回复、复查验收记录,对建设单位以及建设行政主管部门或其安全生产监督机构的书面报告备份材料;

(三)监理人员的安全生产监理每日巡查记录或监理日志。

第十一条 工程监理单位及工程项目监理机构的安全生产监理行为应当接受相关建设行政主管部门及其安全生产监督机构的监督检查,督促监理人员认真履行安全生产监理职责。

第十二条 工程监理单位及其工程项目监理机构、监理人员未按照安全生产法律法规、工程建设强制性标准以及相关政策文件和本规程履行工程项目安全生产监理职责的,由相关建设行政主管部门及其安全生产监督机构认定上报其不良行为记录,依法作出行政处罚或提出行政处罚建议。

第十三条 本规程自 2008 年 4 月 1 日起施行。

二〇〇八年二月二十五日

参 考 文 献

［1］ 中华人民共和国国家标准.GB/T 50319—2013 建设工程监理规范［S］.北京:中国建筑工业出版社,2013.

［2］ 中华人民共和国国家标准.GB 50300—2013 建筑工程施工质量验收统一标准［S］.北京:中国建筑工业出版社,2014.

［3］ 中华人民共和国行业标准.JGJ 59—2011 建筑施工安全检查标准［S］.北京:中国建筑工业出版社,2011.

［4］ 中华人民共和国国家标准.GB/T 50326—2006 建设工程项目管理规范［S］.北京:中国建筑工业出版社,2006.

［5］ 中国建设监理协会.2016 年度全国监理工程师执业资格考试辅导资料［M］.北京:中国建筑工业出版社,2016.

［6］ 邓铁军.土木工程建设监理(第 3 版)［M］.武汉:武汉理工大学出版社,2014.

［7］ 董维东,汪雷.建筑工程施工监理实施细则［M］.北京:中国建筑工业出版社,2011.

［8］ 李明安.建设工程监理操作指南［M］.北京:中国建筑工业出版社,2013.

［9］ 上海现代建筑设计集团工程建设咨询有限公司.房建工程总监理工程师工作指南［M］.上海:同济大学出版社,2015.

［10］ 中国建设监理协会.建设工程监理合同(示范文本)应用指南［M］.北京:知识产权出版社,2012.